生物质新材料研发与制备技术丛书

李 坚　郭明辉　主编

无醛纤维板制造
关键技术

姬晓迪　郭明辉　杜文鑫　著

化学工业出版社

·北京·

内容简介

本书主要介绍了无醛纤维板的研究现状及发展趋势，并详细论述了两种代表性的无醛纤维板制造关键技术。全书共分为七章，分别阐述了纤维板研究进展、无醛纤维板的基体材料及其基本性质、无醛纤维板关键技术——胶合成型技术、木质素基无醛胶黏剂、木质素胶黏剂基无醛纤维板的成型技术、壳聚糖基无醛胶黏剂和壳聚糖胶黏剂基无醛纤维板的成型技术。

本书可作为木材科学与技术、家具设计与制造、人造板等领域的研究人员、工程技术人员及相关专业师生的参考用书，亦可作为生产企业工程技术人员实践指导用书。

图书在版编目（CIP）数据

无醛纤维板制造关键技术/姬晓迪，郭明辉，杜文鑫著
. —北京：化学工业出版社，2023.3
（生物质新材料研发与制备技术丛书）
ISBN 978-7-122-42689-5

Ⅰ．①无…　Ⅱ．①姬…②郭…③杜…　Ⅲ．①生物材料-应用-纤维板-研究　Ⅳ．①TS653.6

中国版本图书馆 CIP 数据核字（2022）第 258726 号

责任编辑：邢　涛　　　　　　　　　　文字编辑：姚子丽　师明远
责任校对：王　静　　　　　　　　　　装帧设计：韩　飞

出版发行：化学工业出版社（北京市东城区青年湖南街 13 号　邮政编码 100011）
印　　装：北京印刷集团有限责任公司
710mm×1000mm　1/16　印张 18½　字数 352 千字　2023 年 5 月北京第 1 版第 1 次印刷

购书咨询：010-64518888　　　　　　售后服务：010-64518899
网　　址：http://www.cip.com.cn
凡购买本书，如有缺损质量问题，本社销售中心负责调换。

定　　价：138.00 元　　　　　　　　　　　　　版权所有　违者必究

前　言

　　无醛纤维板是指以木材或非木材植物纤维为主要原料，施加无醛胶黏剂或不施加胶黏剂，且不添加含有甲醛成分的其他添加剂，并满足相关标准的指标要求的纤维板。随着人们环保理念的不断进步及环保意识的不断增强，威胁人类健康和生态环境的家具及装修装饰材料中的游离甲醛释放问题逐渐成为制约行业发展的瓶颈，而开发无醛纤维板无疑是解决这一问题的有效途径。

　　近些年来，国内出版的介绍人造板的书籍中，大多只是介绍了传统人造板的原料、生产工艺及后期加工等，详细介绍无醛纤维板研究与关键技术的书籍基本空白。本书全面阐述了无醛纤维板的研究现状及发展趋势，系统论述了无醛纤维板的关键技术——胶合成型技术，详细介绍了两种代表性的无醛纤维板制造关键技术：基于改性木质素胶黏剂的无醛纤维板成型技术和基于改性壳聚糖胶黏剂的无醛纤维板成型技术。本书为无醛纤维板的开发与利用提供了技术支撑，对人造板清洁生产和绿色加工具有重要意义。

　　本书所介绍的成果得到了"十四五"国家重点研发计划项目中的子专项（2021YF2200601-3）和林业科学技术推广项目（编号：〔2019〕09号）以及"十二五"国家科技支撑课题（2011BAD08B03）等项目的资助，在此表示衷心的感谢。

　　本书主要面向从事无醛纤维板生产与应用方面的工程技术人员、管理人员，同时也可供从事无醛纤维板研发工作的人员参考，亦可作为木材科学与技术等相关学科本科生、研究生等的参考资料。

　　限于著者水平，书中不妥之处在所难免，欢迎广大读者批评指正。

著　者
2022 年 2 月

目 录

4　木质素基无醛胶黏剂　　⬤121

5　木质素胶黏剂基无醛纤维板的成型技术　　⬤164

1

纤维板研究进展

纤维板是以木质纤维或其他植物素纤维为原料，施加脲醛树脂或其他适用的胶黏剂制成的人造板，具有材质均匀，纵横强度差小，胀缩性小，不易开裂、腐朽、被虫蛀，便于加工等优点，此外，纤维板表面平整，易于粘贴各种饰面，可以使制成品表面更加美观，因此在建筑材料、车船制造、包装材料等行业用途广泛。纤维板是我国主要的木制林产品之一，是人造板重要的产品分支。相对胶合板和刨花板等其他人造板而言，纤维板行业自动化程度高，产业发展较为成熟。纤维板行业产业链示意图见图 1-1。

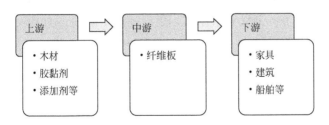

图 1-1　纤维板行业产业链示意图

近年来，随着我国经济建设的快速发展，人民生活水平普遍得到了提高，大量农村人口向着发达城市流动，带动了房地产市场和建材市场的发展，家具生产和建筑房屋装修对纤维板的需求量也不断增加，此外，很多纤维板还出口东南亚，出口量的增加，也促进了我国纤维板生产规模的扩大。2020 年，我国建成投产 15 条纤维板生产线，新增年生产能力 276 万立方米。截至 2020 年底，全国 392 家纤维板生产企业保有纤维板生产线 454 条，分布在 25 个省（直辖市、自治区），总年生产能力为 5176 万立方米，在 2019 年底基础上降低了 1.3%，平均单线年生产能力进一步上升到 11.4 万立方米。

自 2002 年以来，我国一直是世界上纤维板产量最高的国家。从 2010 年至 2016 年，我国的纤维板产量从 4355 万立方米逐渐上升至 6651 万立方米，之后至 2021 年一直保持稳定在 6200 万立方米左右（图 1-2）。

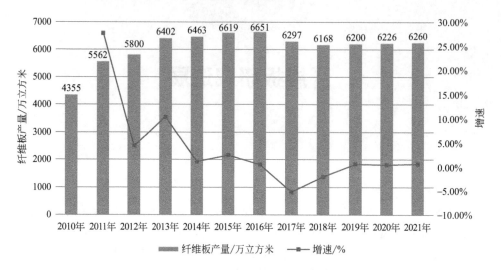

图 1-2　2010～2021 年我国纤维板产量及增速

世界其他国家和地区的纤维板生产规模也维持在较高的水平。截至 2020 年，北美的纤维板生产能力达到 741.2 万立方米。到目前为止，美国是北美三国（美国、加拿大和墨西哥）中纤维板产量最高的国家，从 2010 年到 2016 年，美国的产能基本上稳定在 820 万立方米左右，之后逐渐下降到 2020 年的 605.8 万立方米。与此同时，加拿大的纤维板产能自 2010 年到 2019 年一直呈上升趋势，从 2010 年的 88.4 万立方米逐渐上升到 2019 年的 152.4 万立方米；在 2020 年又略微下降到 129 万立方米。墨西哥 2010 年以来的年产能较为稳定，从 2010 年的 5.4 万立方米跃升至 2012 年的 6.8 万立方米，2012 年后产能略微下降至 6.4 万立方米，之后一直保持不变。总体来看，北美的纤维板产量在 2016 年达到最高，为 937.6 万立方米，之后逐年下降。

欧洲的纤维板产能也一直维持在较高的水平。2010～2020 年整个欧洲的生产能力从 1737.1 万立方米上升到 2516.8 万立方米。西欧（奥地利、比利时、法国、德国、列支敦士登、卢森堡、荷兰和瑞士）、南欧（阿尔巴尼亚、波斯尼亚和黑塞哥维那、克罗地亚、希腊、意大利、马耳他、黑山、北马其顿、葡萄牙、塞尔维亚、斯洛文尼亚和西班牙）和北欧（丹麦、爱沙尼亚、芬兰、冰岛、爱尔兰、拉脱维亚、立陶宛、挪威、瑞典和英国）的产能一直比较稳定，其中西欧约为 800 万立方米，南欧约为 300 万立方米，北欧约为 160 万立方米；东欧（白俄罗斯、保加利亚、捷克、匈牙利、波兰、摩尔多瓦、罗马尼亚、俄罗斯、斯洛伐克和乌克兰）的产能在逐年增加，从 2010 年的 551.2 万立方米逐渐升至了 2020 年的 1269.5 万立方米。

总而言之，纤维板在世界范围内都有着较大的需求量，已成为全球产量最多、使用最广泛的人造板产品之一，近年来，随着纤维板应用范围的扩大以及相应设备的更新，纤维板向高强度、功能性、环保型等方面发展，产品种类不断增多（高密度纤维板、强化木地板用纤维板、超薄高密度纤维板、3D 模塑板以及防潮中密度纤维板等），进一步开辟了纤维板新市场。

1.1　纤维板发展历程回顾

1.1.1　国外纤维板发展历程回顾

在欧洲，英国发明家 Clay 于 1772 年获得了一项专利，用于保障"纸机"的应用，该"纸机"不仅可用于住宅、家具、门，还可以用于马车，当然这种新材料也可以用于大型刚性建筑构件。自 19 世纪中叶以来，使用纤维板的领域大大增加。1858～1928 年间，该领域共发布了 200 多项专利，到 1957 年，共发布了 600 多项专利。

尽管之前存在着一些关于纤维板的应用，但真正的纤维板工业直到 20 世纪初才开始发展，最初是在英国和美国。至 1926 年，纤维板工业的发展还很零散，产能没有显著增加。截至 20 世纪 60 年代，纤维板工业的发展历史如表 1-1 和表 1-2 所示。

表 1-1　纤维板工业的发展历史

年份	发展
1898	Sutherland 在英国泰晤士河的桑伯里建立了第一家采用四缸纸板机生产半硬纤维板的工厂（The Patent Imperable Miliboard Co.），该工厂采用与生产层积半硬质纤维板相似的方式与设备生产纤维板
1901	美国明尼苏达州开始生产用于建筑行业的隔热板
1908	Sutherland 在美国纽约特伦顿成立了一家与英国泰晤士河的桑伯里工厂相似的工厂
1909	加拿大安大略省索罗尔德市开始试验生产保温隔热板
1914	美国国际瀑布城建立了以废木屑为原料生产保温板的试验工厂（Minnesota & Ontario Paper Co.）
1914	奥地利维也纳的 Leikam Josephstadt AG 公司申请了一项关于纤维气力输送的专利，1918 年使用垃圾拉伸机对干纤维进行铺层成型
1916	美国明尼苏达州成立了用粗磨纤维生产厚绝缘板的工厂（Insulite Co.）

年份	发展
1921	美国路易斯安那州马雷罗成立了使用甘蔗渣作为原材料生产绝缘板的工厂(Celotex plant)
1926	美国密西西比州劳雷尔建立了 Masonite 公司。Mason 改进了 Lyman1858 年的发明,以木材废料为原材料,通过热水、蒸汽或压缩空气的爆破分离木纤维;蒸汽爆炸将木屑转化为纤维,在不添加人工胶黏剂的情况下,通过热压可以将其转变为高质量的硬质纤维板
1929	Nordmalings Angs äg AB 在瑞典北马灵成立了生产硬质纤维板的工厂(Masonite AB)
1930	Midn äs AB 在瑞典创建了一家以磨木浆为原料生产硬质纤维板的工厂
1931	瑞典发明了在压力和 170~175℃蒸汽作用下连续对木屑解纤的工艺,并于 1932 年由 Svenska Cellulosa AB 成立了首家工厂
1932	德国成立了第一家纤维板厂
1938	在欧洲和美国同时进行的实验,通过压力将传统方法生产的湿法隔热板转化成了硬质纤维板
1943	Weyerhaeuser Timber Co. 和刨花板研究基金会(1945 年)开发了工业规模的基于气力的纤维运输和铺装;在美国,Heritage、Evans 和 Neiler 提出了半干法和干法的工艺
1951	刨花板研究基金会成立了 Anacores Veneer Inc. 企业以采用半干法工艺生产硬质纤维板;德国的 Gebrüder Künnemeyer 建立了原始产能为 90t/d 的半干法工厂
1952	Weyerhaeuser Timber Co. 建成了采用干法工艺生产硬质纤维板的试验工厂
1959	捷克斯洛伐克建立了用半干法生产纤维板的试验工厂(年产量 5000t)
1960	法国建成了设计产量为 300t/d 的硬质纤维板工厂
1961	日本建成了年产 10000t 的硬质纤维板工厂

表 1-2　各国纤维板工业的起始时间及 1955 年不同原料消耗的百分比

起始年份	国家	原材料消耗/%					
		实木		木材加工剩余物、小径级材	造纸废料	秸秆	甘蔗渣
		针叶材	阔叶材				
1898	英国	8	30	48	5		9
1908	美国		10	78	10		2
1909	加拿大			90	10		
1928	法国			90	10		
1929	瑞典	25		75			
1931	芬兰			100			
1932	瑞士	90		10			
1933	挪威	97	3				
1936	意大利			100			

起始年份	国家	原材料消耗/%					
		实木		木材加工剩余物、小径级材	造纸废料	秸秆	甘蔗渣
		针叶材	阔叶材				
1937	奥地利	5		95			
1937	丹麦	100					
1938	德国		15	84	1		
1939	比利时			10～30		70～90	
1948	荷兰						

表1-3列出了湿法、半干法和干法生产纤维板的主要特点。通过此表可以看出，采用半干法或者干法工艺的成本要比湿法高，然而，由于干法工艺更具有环保性，干法工艺取代了湿法工艺和半干法工艺。

表1-3　湿法、半干法和干法工艺的对比

每吨产品消耗量及废水和污染		湿法（北欧）	半干法（美国）		干法（美国、日本、法国）	
原水/m³		10～25（硬质板）	10		7	
		10～20（隔热板）				
蒸汽/t		2.8～3.8（硬质板）	2.5～3.0	硬质板	2.6～3.5	硬质板
		4.0～4.5（隔热板）				
电力/kW·h		380～450（硬质板）	500～600		500～600	
		550～650（隔热板）				
产率/%		65～82（硬质板）	85		85	
		90～95（隔热板）				
废水和污染		极大	极低		极低	

自20世纪70年代以来，随着经济的发展和人口的增加，全球对木材的需求在不断地增长。以廉价、量大的天然林原木作为原料的时代已经过去了，必须愈来愈多地依靠人工林来解决工业用材的需求，必须不断地开发能实现高效利用木材资源的新产品、新工艺。目前，人造板是实现木材资源高效利用的主要方式，是木材工业中高增值、高技术含量的主要产业之一。20世纪70年代以来，世界范围内由于木材资源由利用天然林资源为主向利用人工林资源为主的方向转变，人造板工业发展更为迅速。

1970～1994年，世界木材消耗量增长了36%，达到34亿立方米。工业原木产量从12.78亿立方米增长到14.67亿立方米，增长了14.7%，但锯材产量从

4.15亿立方米减少到4.13亿立方米，而人造板从7000万立方米增加到1.27亿立方米。1970年，世界人造板消费量仅为锯材的17%，1997年增长到34%，达到1.53亿立方米。这一组数字中引人注目的变化是人造板增长迅速，锯材增长停滞。市场需求的增长部分由人造板的增长来补充。产生这种变化的原因是，市场对木材产品高质量的需求和发展人造板工业对合理利用人工林木材资源和增加就业有明显的促进，同时科学技术的进步和资本的支持也为人造板工业的发展提供了良好的条件。

具体到纤维板，以纤维板产品中占比最大的中密度纤维板为例，中密度纤维板是人造板中发展最迅速的板种，截至1997年，在过去15年中其消费量每年以13%的速度递增，1997年全球产量更是高达1085万立方米。与纤维板产量及消费量的不断增长相比，胶合板消费量在逐渐下降。产生这种品种结构变化的主要原因是木材资源的变化。工业化社会以来，人类对水和森林资源的过度利用，使自然界的生态平衡遭到破坏。全球天然林采伐已不可能维持原有的供应量，只能通过天然林更新和建立更多的人工林来维持增加木材的供给。在这种情况下，胶合板工业所需的大径级木材供应量减少，价格上涨，导致胶合板工业产量下降。而人工林资源更适宜发展非单板类人造板，如刨花板、中密度纤维板等，因此纤维板的发展速度超过了人造板工业的平均发展速度，这个趋势一直持续到现在。

1.1.2　我国纤维板发展历程回顾

在我国，人造板工业历史悠久。20世纪90年代以来，我国人造板工业发展速度很快，据第三次全国工业普查统计资料及其他资料，1995年，我国人造板产量已达到1684万立方米，就总量而言仅低于美国而居世界第二位；可以看出，我国人造板产量进入20世纪90年代有了大幅度增长（详见表1-4）。增长的主要原因是我国建筑业、房地产业的起步和经济快速发展带来消费市场需求的增长。

表1-4　我国历年主要人造板产量　　　　　单位：万立方米

年份	总产量	胶合板	刨花板	纤维板
1945~1952	4.45	4.45		
1953~1957	25.90	25.90		
1958~1962	68.86	57.94	0.54	10.83
1963~1965	52.55	36.28	6.58	9.68
1966~1970	98.08	69.60	6.54	21.94
1971~1975	166.09	91.20	13.46	61.50
1976~1980	321.32	126.73	29.00	165.58

年份	总产量	胶合板	刨花板	纤维板
1981~1985	648.57	222.84	65.37	360.36
1986~1990	1196.44	370.05	194.12	632.27
1991~1995	3284.14	1494.20	937.66	852.28
1996~2000	6722.13	3415.51	1492.75	1605.95
2001~2005	21434.19	8755.66	2480.25	6086.88
2006~2010	52584.57	21422.10	5509.76	15946.11
2011~2015	124866.3	66092.27	10911.61	30845.73
2016~2020	152841.22	90651.38	14140.78	31542.21

注：从1995年起，统计口径发生了变化，1995年以前只统计到乡镇以上生产企业，而1995年全国工业普查将范围扩大到村办企业和销售收入在100万元以上的私营企业。

硬质纤维板工业是20世纪50年代末期才发展起来的，由于当时在我国尚属空白，一开始就采取成套引进，在成套引进的基础上进行消化吸收。50年代末，我国先后从瑞典和波兰引进了五条硬质纤维板生产线，先后安装在黑龙江友好、新青木材厂，内蒙古甘河木材加工厂，吉林敦化、松江河纤维板厂，这五条硬质纤维板生产线给我国硬质纤维板工业乃至整个人造板工业的发展奠定了基础，同时也起着巨大的推动作用。

20世纪，硬质纤维板设备的消化吸收工作是人造板行业做得最好的，其投资不多、见效较快。我国消化吸收引进了一些代表性的成套设备，在此基础上又结合我国国情研制了新设备，为发展我国纤维板工业做出了很大的贡献，这是我国硬质纤维板工业能有昔日辉煌的基础。20世纪90年代中期，我国硬质纤维板加工企业已发展到550余家，产量约200万吨，这是我国硬质纤维板行业的鼎盛时期。

随后硬质纤维板产量急剧减少，1999年全国硬质纤维板产量只有19.64万立方米。现在仍维持生产的已寥寥无几，绝大多数已关、停、并、转，硬质纤维板已经成为真正的夕阳产业。造成硬质纤维板行业产生如此大变化的原因有以下两个方面：首先，近十年硬质纤维板的替代产品如薄型刨花板和中密度纤维板等产品不断丰富，有的质量指标和性能甚至已超过硬质纤维板，导致硬质纤维板因其功能、外观、强度等原因而逐渐不被用户所接受。其次，硬质纤维板生产产生较大量的废水，对环境造成很大的污染。采用废水处理的技术和投入大量资金进行废水处理对利润微薄的硬质纤维板生产企业已不适宜。在环保要求不断提高之时，正是硬质纤维板加工业逐步走向衰亡之际，这也是发达国家曾经走过的硬质纤维板发展道路。

中密度纤维板是取代硬质纤维板的代表性产品。在我国，中密度纤维板于

20 世纪 80 年代开始发展，中国林科院和株洲木材厂率先进行联合攻关，并在株洲木材厂建成自行研制生产的年产 1 万立方米中密度纤维板生产线。我国于 1985 年开始引进中密度纤维板生产线，首先引进的两条生产线分别安装在福州人造板厂和南岔木材水解厂。中密度纤维板进入市场初期并不被市场所接受，市场开拓存在一定困难，直至 80 年代末 90 年代初期，随着市场需求的膨胀才慢慢被市场所接受。

进入 20 世纪 90 年代，我国中密度纤维板生产进入飞速发展阶段，一度出现过热势头。90 年代后期，中密度纤维板发展过热势头有所抑制，但由于我国存在地域经济发展的独特性，尚难完全做到有序发展。从上市销售的产品看，品种单一是无法回避的现实，室内型中等厚度的中密度纤维板几乎一统天下。这种现象的存在，既反映了对市场需求认识的不足，同时也在很大程度上制约了中密度纤维板的进一步发展。

从我国中密度纤维板生产布点看，遍布全国近 28 个省（直辖市、自治区），但绝大多数集中在东、中部地区，即经济发达或较发达地区，它和刨花板生产企业所在的地理位置明显不同，这也是当前中密度纤维板的主要消费对象在城市地区所决定的。

发展到现在，纤维板已逐步成为木材的主要替代产品。在纤维板市场中，中密度纤维板占据首要地位。纤维板在我国的生产区域集中度较高，排名前三的省（市）合计占据了全国纤维板产量近 50% 的份额（图 1-3）。其中，山东省为纤维板的主要生产区域，占全国纤维板产量的份额达到 22%；江苏和广西分别位列第二、第三，两地区纤维板产量份额分别为 13% 和 12%；广东地区近年来纤维板行业发展迅速，排名跃升至全国第四，超越安徽、河南、河北等地，产量份额

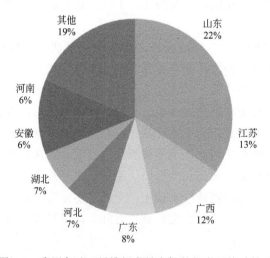

图 1-3　我国各地区纤维板产量市场份额占比统计情况

比重达到 8%。

　　纤维板产品根据产品材质不同可以分为木质纤维板和非木质纤维板（相关统计数据见表 1-6）。其中木质纤维板又可以根据其密度分为低密度纤维板、中密度纤维板和高密度纤维板。纤维板产品分类、特点及应用情况见表 1-5。

表 1-5　纤维板产品分类、特点及应用情况

种类	特点	应用
低密度纤维板	密度不大,物理力学性能不及硬质纤维板	主要运用于建筑工程中的绝缘、保温和吸声、隔声等方面
中密度纤维板	幅面大、结构均匀、强度高,尺寸稳定变形小、易于切削加工,板边坚固、表面平整,便于直接胶贴和涂饰	主要适用于家具制造以及建筑、车船制造和家用电器等行业
高密度纤维板		可用于制作强化木地板、电子行业生产用垫板和装饰板等高档装饰材料和包装材料

表 1-6　2013～2020 年纤维板细分品类产量统计情况　　　　单位:万立方米

纤维板	2013 年	2014 年	2015 年	2016 年	2017 年	2018 年	2019 年	2020 年
木质纤维板	6253.26	6339.90	6412.83	6443.97	6002.94	5880.00	5910.79	5935.88
非木质纤维板	148.84	122.74	205.7	207.25	294.76	288.7	288.83	290.44

图 1-4　2013～2020 年我国纤维板龙头企业产量及市场占有率

　　虽然我国纤维板企业数与产量规模都较为可观,但大多数生产企业规模较小,设备与技术水平偏低,产品质量及应用水平有待提高。根据国家统计局的数据,在我国现有中密度纤维板生产企业中,年产量在 3 万立方米以下的占绝大多数,而国外厂家年产 10 万立方米以上的占 69%。据国家林业局统计,我国规模

以上的纤维板企业数量超过 2000 家，但纤维板行业龙头大亚圣象 2020 年纤维板产量仅为 131 万立方米，市场占有率仅为 2.1%，行业集中度较低，有待进一步提升。

随着国家对人造板环保要求的逐渐加大，纤维板可以利用秸秆、甘蔗渣等植物纤维进行再生利用，充分践行了环保、绿色生产的经营理念，因此，纤维板行业的发展前景十分乐观。

1.2 纤维板科学技术发展趋势

我国人口众多，经济社会发展处于新的转型期，属于尚不发达阶段。目前我国经济建设和人民生产生活方方面面，对木材的需求日益剧增。但我国的森林资源总量不足、分布不均、质量不高，人均森林蓄积和人均森林面积分别只有全世界平均水平的七分之一和四分之一，同时树木由幼龄材成长为成熟材需要经过漫长时间，生长周期很长，因此我国的木材和其他林产品的供给能力远远不能满足人民群众的基本需要。

虽然我国成熟木材的供给能力远远低于市场需求，但我国的林木剩余物（林木采伐与造材剩余物、木材加工剩余物、竹子采伐及其加工剩余物、林木抚育间伐物和废旧木材）总量巨大，据不完全统计，2013 年我国林木剩余物总量达到了 3.03 亿吨。利用林木剩余物开发成熟木材的替代产品，不仅可以赋予林木剩余物以高附加值、提高经济效益，也能大大缓解我国木材供需矛盾，有利于提高社会效益和生态环境效益。

以林木剩余物为原料生产加工人造板产品，可以实现林木剩余物的高附加值和功能化利用。目前，人造板产业在我国蓬勃发展，年生产量增长迅猛，已超 20%，将推动我国成为全球人造板生产、进出口贸易和消费的第一大国。人造板产业的支柱产品是纤维板。纤维板是由许多形态和尺寸不一的木纤维经过胶合热压而形成的木质基复合材料，是我国木质基复合材料的主要产品，广泛应用在房屋建筑、家具生产和室内装修等行业，我国对纤维板产品的需求也在与日俱增。

1.2.1 纤维板技术现状

经过多年的不断努力，我国纤维板行业无论是设备水平、生产工艺还是产品质量都有了很大的发展。

（1）引进先进设备，产量快速提高

自 20 世纪 80 年代初期以来，我国中密度纤维板发展经历了两个阶段：第一阶段是从福州人造板厂引进美国华盛顿铁工厂年产 5 万立方米周期式热压生产线设备开始，到 20 世纪 90 年代引进德国成套连续式热压生产线设备为止。这一阶段主要以引进设备为主，进行吸收消化后，实现达产达标，取得较好的经济效益。第二个发展阶段，是从 20 世纪 90 年代初开始，在经过一段时间的摸索、消化吸收后国内有关科研单位与设备制造厂家合作，开始了中密度纤维板成套设备的国产化进程。四川东华机械厂、上海人造板机器厂等人造板设备生产厂家都相继推出了年产 1 万～3 万立方米的国产人造板生产线。随着国产设备的改进与提高，生产线的设计规模逐步向年产 5 万～8 万立方米以上方向发展。20 世纪 90 年代中后期，随着市场对中密度纤维板需求的增长，国产的中密度纤维板生产线得到了快速的发展，占据了新建项目的绝大多数。在总体上形成了巨大的生产能力，最终使我国成为世界上的中密度纤维板生产大国。

（2）以科技为支撑，工艺水平大幅提升

中密度纤维板生产过程中，大量地采用了计算机、电子与自动控制技术，如热磨工序的 γ 射线料位控制器；施胶和成型工序的电子称量、精密变频技术、直流调速技术；热压工序的 PLC（可编程序逻辑控制器）技术等，尽可能地避免了人为误操作所造成的损失，又确保产品质量的稳定性得到大幅的提高。

20 世纪 90 年代以后从德国引进的连续平压热压机改变了传统多层压机生产节拍不和谐、压制板材厚度不均匀、预固化层厚、原材料消耗大、能耗大的缺陷，生产的板材表面平整、质地细密、断面密度分布合理，在生产工艺和产品质量方面居国内领先水平。

脲醛树脂（UF 树脂）胶黏剂和石蜡防水剂是中密度纤维板生产中最重要的添加剂。福州人造板厂最早对美国引进的"UF"现场胶进行改进和研制，开发出适应福建高温、潮湿气候的胶黏剂。此后，国内各高等院校、科研院所及生产厂家都相继研制出适应不同生产环境的脲醛胶。20 世纪 90 年代中后期，一些纤维板制造厂家利用三聚氰胺对普通脲醛胶进行改性，生产出耐水性能更好的三聚氰胺脲醛树脂（MUF）胶黏剂。最近随着国家对环保执行力度的加大，又开始研制使用低物质的量比的脲醛胶，以及在生产过程中加入甲醛捕捉剂，从而降低产品的游离甲醛含量。

石蜡防水剂的添加也是多种多样的。可以将石蜡溶液直接喷入磨室内，也可以制成石蜡乳液从喷浆管中加入。中密度纤维板的染色技术正悄然兴起，染色工艺也日趋成熟。

（3）加强过程管理，质量不断提高

中密度纤维板生产企业无论是引进生产线还是国产生产线，都不断地完善生产过程的在线监控、生产工艺操作规程和监督检验制度。设立关键工序控制点，定时监测质量，生产始终处于受控状态，使中纤板产品质量得到基本保证。同时，引入 ISO9000 系列质量管理体系，以保证生产管理的每个环节处于稳定的受控状态，产品整体水平逐年提高。

（4）性能优良，用途扩大

20 世纪 80 年代初期，中密度纤维板作为一种新产品进入中国市场，曾经历过一段十分艰难的历程。中密度纤维板在引进投产的初期，产品质量不稳定，厚度公差大，板面质量低，同时人们对中纤板的性能、加工使用方法缺乏正确的认识，致使产品难以打开市场。20 世纪 80 年代中后期，中密度板生产工艺水平和产品质量有了很大的提高，同时由于板式家具的兴起，家具生产的机械化、自动化程度的提高，中密度纤维板所具有的优异加工性能和尺寸稳定性开始逐渐为人们所认识并接受，并且随着家具产业的蓬勃发展，中密度纤维板的产量也直线上升。到目前为止，家具仍是中密度纤维板的主要用途。同时，随着强化木地板在室内装饰中的流行，8mm、12mm 厚的中密度纤维板需求量在不断急剧增长。此外中纤板在建筑、音响器材、乐器、工艺品加工等领域方面也有着广泛的用途。

1.2.2　纤维板行业发展中存在的问题

随着我国经济的发展及人们对纤维板质量要求的提高，纤维板行业的一些问题也逐渐暴露出来，影响了纤维板行业的高质量发展。

（1）原材料供给不足

（2）规模小，单机产量低

（3）销售市场无序竞争

（4）工业污染严重

1.2.3　未来的纤维板发展对策

针对我国纤维板行业发展中存在的这些问题，学者们提出了一系列的行业发展对策。

（1）开发非木质原料，建设原料林基地

用于中密度纤维板生产的非木质原料有竹材、蔗渣农作物的秸秆等，可根据原料不同特点，选择具体的生产工艺流程、专用的设备等；研发新型胶黏剂以适应不同原料的粘接，针对非木质原料供应周期和季节性，详细制订原料的收购、运输储存计划。

合理建设原料林基地，从根本上保证长久、充足的原料供应是企业采用的最直接、有效途径，如何在保持水土平衡的前提下，种植多纤速生树种是企业需考虑的主要问题，进行不同的树种栽培和搭配使用不失为种有效的方法。

（2）加强技术改造，实现规模效应

对现有生产线进行技术改造和完善，扩大产量规模是行业做大做强的必然趋势。按照中纤板生产技术发展的趋势，单机产量越高，生产线的自动化控制程度也越高，产品质量越稳定，经济效益也越好。所以对于已经投产的中密度纤维板生产企业而言，如何做好技术改造、提高生产规模，是一个十分重要的问题。

（3）生产新产品，开发新市场

为避免不良价格竞争，生产适应市场需求的产品、提高产品质量，开发新产品、新市场是避免低水平竞争的有效手段。中密度纤维板的质量不仅要满足国家标准的要求，还要满足不同用途的特殊要求。如用于生产家具面板的中密度纤维板，要求板面平整、细腻、光滑，可进行涂饰、贴薄装饰纸等表面装饰。用于生产工艺品的中密度纤维板，芯层密度和内结合强度要高，可进行镂铣、雕刻和切削加工。目前在国内十分流行的强化木地板，就要求中密度纤维板基材具有较高的密度、较小的厚度公差，要有一定的防水防潮性能和低醛低毒性。只有根据产品不同用途的要求细分市场，生产出质量好、性能符合使用要求的产品，才能在竞争激烈的市场中打开销路。

国家最新颁布的室内装饰装修材料国家标准对人造板制品中的甲醛释放量实行了强制性限制。甲醛释放量达不到标准要求的人造板产品禁止在市场上销售。此外具有防霉、防潮功能的室外型板，具有防火阻燃功能的板等，都具有十分诱人的发展前景，可加大开发力度。在新西兰、澳大利亚已开始生产非标准中密度纤维板，这种产品在国外增长速度很快，开发生产这种产品也将适应市场发展的多种需求。

（4）清洁生产，节能减排

实行清洁生产有两个层次的概念：第一层次是指生产企业对周围环境的影响必须是良性友好的，无噪声污染，废水、废气必须经过处理后达标排放。那么必须要做好除尘工作、合理设计输送系统、除尘系统和回收系统，如采用废料燃烧炉，其产生的烟气可作为干燥介质加以利用。同时对水源进行清浊分流、分别治理，净化后的水可再重新回收使用，而沉淀后的废渣可用作锅炉燃料。而对于设备产生的噪声，可加设消音装置或通过封闭隔离等办法加以治理；可在建筑上采取吸声和隔声相结合的措施，能有效地降低噪声；让操作工配备如耳塞、防声棉等防噪声用具；车间周围进行适宜的绿化，不仅美化环境，还能对噪声形成屏障。在防潮型、防霉型和阻燃型中密度纤维板的研制开发中，应充分考虑到清洁生产的要求。防水剂、防霉剂、阻燃剂的选用向着低毒、低污染的方向发展。只有这样才能使生产出来的中密度纤维板实现多功能化和无毒化，成为真正的绿色产品。

清洁生产第二层次的概念是指企业生产的中密度纤维板产品在后续的加工和使用中不会产生有害物质，对人体无害。由于中密度纤维板生产中普遍使用脲醛胶，在生产和使用过程就会不断地释放出游离甲醛。采用以下几种方法可以有效地降低游离甲醛的释放量：①在生产树脂胶时降低甲醛和尿素的物质的量比，采用二次或多次缩聚工艺，严格控制树脂反应工艺条件。②在生产中加入甲醛捕捉剂是近年来国际上比较流行的做法，如使用尿素、酰胺类胺盐及各种过硫化物等甲醛捕捉剂。③对中密度纤维板进行后降醛处理。如福建福人木业有限公司使用从美国引进的氨熏蒸降醛处理生产线，可以有效地减少板材中的游离甲醛，达到E1、E0级绿色产品认证要求的指标。④开发无胶纤维板。通过增强纤维的自黏性，可在不外加胶黏剂的情况下，使纤维之间依靠其自黏性自胶合成板，即为无胶纤维板。⑤加快非甲醛系低毒、无毒新胶种的开发。如研制苯酚改性的醋酸乙烯乳胶胶黏剂、三聚氰胺改性的脲醛树脂胶、异氰酸酯（PMDI）系胶黏剂等。

在纤维板行业发展中存在的问题当中，甲醛污染是危及人类健康及环境的一大问题，随着人们健康理念和绿色环保概念的提升，彻底解决纤维板的甲醛污染问题显得愈加迫切。在上述几种降低游离甲醛释放量的方法中，采用非甲醛系低毒、无毒新胶种作为胶黏剂制备无醛纤维板能够彻底解决纤维板的甲醛污染问题，具有极大的发展潜力。在后续章节中，本书将着重介绍基于非甲醛系低毒、无毒胶黏剂无醛纤维板基体材料和关键成型技术。

参考文献

[1] 伊博.2020年我国人造板生产能力情况.中国人造板，2021，5：45.
[2] 尹江苹.近10年欧洲和北美中密度纤维板发展历程.中国人造板，2021，8：18-19.
[3] 吴盛富.浅谈我国人造板工业的发展（一）.中国人造板，2001，5：3-7.
[4] 商定柱，孙伟强.浅议纤维板工业的出路.林业机械，1993，1：7-8.
[5] 吴树栋.世界人造板工业现状和发展趋势.人造板通讯，2001，1：3-5.
[6] 林俊峰.我国中密度纤维板发展对策初探.福建林业，2014，3：40-42.
[7] 盛振湘，赵成名，刘华.我国中密度纤维板工业发展回顾.人造板通讯，2005，4：12-14.
[8] 钱小瑜.我国中密度纤维板行业发展方略刍议.木材工业，2005，4：1-3.

无醛纤维板的基体材料及其基本性质

基于非甲醛系低毒、无毒胶黏剂无醛纤维板的基体材料与传统纤维板的基体材料基本一致。在我国，通常使用小径级原木，采伐、加工剩余物以及非木质的植物纤维原料。

为了保证板材的物理和力学性能，对原料的基本要求是：具有一定含量纤维素的木质或非木质植物纤维。使用小径材、薪类材等时，最好为单一树种，如若为几种原料混用，应将性质相近的（特别是密度、压缩率、化学组成等指标）放在一起，主要为了保证生产工艺容易控制。原料品种选择时，一般考虑选用密度低而强度高的树种，为制造优质产品创造条件。

小径材、枝丫材及各类加工剩余物，树皮含量高会给产品质量和外观带来不良的影响，所以一般要求控制在10%以下。

此外，原料的含水率对纤维板成板工艺及板材性能也有较大的影响。含水率过低，原料刚性大、发脆，易碎易裂；含水率过高，切削质量也受到影响，而且增加干燥的负荷。一般而言，原料的含水率在40%～60%时较为理想。

2.1 木材

木材、竹材、藤本、灌木、作物秸秆类资源当中，无疑木材的重要性是第一位的。自古木材就是人类生存所依赖的主要原材料，迄今仍是世界公认的四大原材料（木材、钢铁、水泥、塑料）之一。

影响纤维板成板性能的木材主要性质包括：物理性质、力学性质、化学性质、加工性质等。前三项属于基本性质；后一项包括刨、锯、旋、涂装、胶粘、干燥、防腐等，与木材的基本性质和木材构造有联系。了解木材的基本性质，对纤维板的加工和利用是很重要的。

2.1.1 木材的物理性质

木材的物理性质是指不改变木材的化学成分，也无外界机械力的作用，就能了解的性质。主要包括：木材的水分、质量和胀缩，这与木材的一般加工与利用有关系；此外，还有木材对电、热、声的传导性，对电磁波的透射性等都属于此类性质的范畴。

2.1.1.1 木材水分与缩胀

木材中的水分占木材本身质量的一大部分，这些水分直接影响到木材的许多性质，如质量、强度、干缩与湿胀、耐久性、燃烧性及加工性能等。

木材中的水分有两种：吸着水与自由水。

吸着水存在于木材细胞壁里，又叫吸湿水，与胞壁物质结合，直接影响木材的胀缩和强度。因此，这种水分在木材加工利用上要特别重视。自由水存在于细胞腔及细胞间隙内，与木材加工利用无密切关系，只影响木材的质量、保存性和燃烧性等。

当木材胞腔内的水分完全蒸发，而胞壁的吸着水没散失时，或者当干木材的细胞壁吸满吸着水，即胞壁水分达到饱和状态，但胞腔内完全没有水分时，木材的含水状态称为纤维饱和点。纤维饱和点是木材材性变异的转折点。木材含水率在纤维饱和点以上时，木材强度不变，木材没有胀缩变化；在纤维饱和点以下时，木材强度随含水率的降低而增加，木材随含水率的减少而收缩，减少至零，收缩达到最大值，反之，随含水率的增加而膨胀，直至达到纤维饱和点为止。纤维饱和点的含水率因树种不同而有差别，通常在30％左右。

木材的缩胀，顺纹方向（纵向）与横纹方向（径向与弦向）不同，径向与弦向的差异也很大。纵向通常较小，约0.1％，径向平均约3％~7％，弦向达6％~14％。这与木材的构造（主要是细胞壁结构）有关，因为干缩湿胀是发生在垂直于纤丝的方向，起主导作用的是纤维细胞壁中次生壁中层，该层纤丝排列方向与细胞纵轴接近平行，因此木材的横向缩胀最大，纵向缩胀很小。此外，与细胞壁中主要化学成分的分布也有一定的关系。

2.1.1.2 木材密度

单位体积木材的质量，即木材密度，用 ρ 表示 $\rho=G/V$，ρ 为木材的密度（g/cm³），G 为木材质量（g），V 为木材体积（cm³）。木材的密度是木材物理性质的一项重要指标，可以根据它来估计木材的质量，判断木材的物理和力学性质（强度、硬度、干缩率、湿胀率等）和工艺性质，有很大的实用意义。

木材是多孔性物质，其外形体积由细胞壁物质和显微孔隙（胞腔、胞间隙、纹孔等）及超微孔隙（微纤丝之间的孔隙等）构成，因而其密度除木材容积密度外，尚有细胞壁密度和木材物质密度。木材物质密度与树种关系不大，不同树种间基本上相似，通常取平均值 1.5g/cm³。木材胞壁密度因树种不同而异，一般为 0.71～1.27g/cm³。

木材密度，影响它的因子很多，变化的幅度很大，通常根据它的含水率不同分为基本密度、生材密度、气干密度、绝干密度。基本密度 ρ_i＝绝干材质量/生材体积；生材密度 ρ_y＝生材质量/生材体积；气干密度 ρ_g＝气干材质量/气干材体积；绝干密度 ρ_o＝绝干材质量/绝干材体积。最常用的是基本密度和气干密度，我国规定的气干含水率为 15%。不同树种的木材密度与含水率、木材构造、抽提物等有关；而木材的构造和抽提物又受树龄、树干部位、立地条件等的影响。

木材的强度与刚性随木材密度而变化，其实质是单位体积内所含木材细胞壁物质数量的多少决定木材强度与刚性的大小。

2.1.2　木材的强度性质

木材强度又叫木材力学性质，它表示木材抵抗外部机械力作用的能力。外部机械力的作用有拉伸、压缩、剪切、弯曲等。由于组成木材的细胞是定向排列的，各项强度也就有平行纤维方向与垂直纤维方向之区别，而垂直纤维方向又分为弦向、径向；同项强度因木材各向异性，其大小在三个方向各不相同。

影响木材强度的因素很多，主要是木材缺陷，还有木材密度、含水率、生长条件、解剖因子等。密度大，强度亦大，所以密度通常是判断木材强度的标准。产地不同、生长条件不同，木材强度亦会有差异。在同一株树上，因部位不同，强度也会有差别，如靠髓心部分易开裂，强度亦较低。

2.1.3　木材的化学组分与性质

（1）木材化学组分

木材化学是研究木材中各种物质的组成、结构、理化性质及有效利用木材资源的科学。根据木材中有机物所处位置分为细胞壁物质和非细胞壁物质。细胞壁物质是构成木材的基本物质，如纤维素、半纤维素和木质素，都属于天然高聚物。非细胞壁物质主要在细胞间隙和细胞腔内，因能溶于水或中性有机溶剂，所以又称木材提取物，此外，尚含不到 1% 的无机物。温带针叶树材和阔叶树材的主要化学组分分别为：纤维素（42%±2%、45%±2%）；半纤维素（27%±2%、30%±5%）；木质素（28%±3%、20%±4%）；提取物（3%±2%、5%±3%）。树种不同，组分相差很大，即使同一树种，因立地条件、树龄及采伐季节的关系，组分也不一样。几种国产主要木材的化学组分见表2-1和表2-2。

表2-1　部分针叶树材的化学组分（以绝干材为准）　　　　单位：%

树种	灰分	冷水抽提物	热水抽提物	1%NaOH溶液抽提物	苯-乙醇抽提物	克-贝纤维素	克-贝纤维素中的α-纤维素	木质素	半纤维素	木(竹)材中α-纤维素	产地
臭冷杉	0.50	3.00	3.80	13.34	3.37	59.21	69.82	28.96	10.04	41.34	黑龙江
柳杉	0.66	2.18	3.45	12.68	2.47	55.27	77.86	34.24	11.18	43.03	安徽
杉木	0.26	1.19	2.66	11.09	3.51	55.82	78.90	33.51	8.54	44.04	福建
落叶松	0.38	9.75	10.84	20.67	2.58	52.63	76.33	26.46	12.18	40.17	黑龙江
黄花落叶松	0.28	10.14	11.48	20.98	3.37	52.11	76.71	26.21	11.96	39.97	黑龙江
鱼鳞云杉	0.29	1.69	2.47	12.37	1.63	59.85	70.98	28.58	10.28	12.18	黑龙江
红皮云杉	0.24	1.75	2.79	13.44	3.54	58.96	72.18	26.98	9.97	42.56	黑龙江
黄山松	0.20	2.61	3.85	15.59	4.89	60.84	71.47	25.68	9.82	43.48	安徽
红松	0.30	4.64	6.53	69.50	7.54	53.98	69.80	25.56	9.48	37.68	黑龙江
马尾松	0.18	1.61	2.90	10.32	3.20	61.94	70.15	26.84	10.09	43.45	安徽
马尾松	0.42	1.78	2.68	12.67	2.79	58.75	73.36	26.86	12.52	43.10	广东(广州)
鸡毛松	0.42	1.06	2.03	11.76	2.11	56.88	74.66	31.54	5.99	42.47	广东
金钱松	0.28	1.59	3.47	12.26	2.67	57.55	70.13	31.20	11.27	40.62	安徽
长苞铁杉	0.18	1.65	2.89	14.13	3.47	55.79	80.58	31.13	7.65	44.96	湖南

表2-2　部分阔叶树材的化学组分（以绝干材为准）　　　　单位：%

树种	灰分	冷水抽提物	热水抽提物	1%NaOH溶液抽提物	苯-乙醇抽提物	克-贝纤维素	克-贝纤维素中的α-纤维素	木质素	半纤维素	木(竹)材中α-纤维素	产地
槭木	0.51	3.30	4.14	18.33	3.82	59.02	73.75	22.46	25.31	43.53	黑龙江
拟赤杨	0.40	1.51	2.21	18.82	2.41	58.70	78.52	21.55	22.95	46.10	湖南
光皮桦	0.27	1.34	2.04	15.37	2.23	58.00	73.17	26.24	24.94	42.44	湖南
棘皮桦	0.32	1.56	2.22	23.24	3.39	59.72	71.84	18.57	30.12	42.90	黑龙江
白桦	0.33	1.80	2.11	16.40	3.08	60.00	69.70	20.37	30.37	41.82	黑龙江
苦槠	0.40	3.59	5.46	17.23	2.55	59.43	78.36	23.46	22.31	46.57	福建
山枣	0.50	3.86	6.05	21.61	6.47	58.77	83.45	21.89	22.04	49.04	福建

续表

树种	灰分	冷水抽提物	热水抽提物	1%NaOH溶液抽提物	苯-乙醇抽提物	克-贝纤维素	克-贝纤维素中的α-纤维素	木质素	半纤维素	木(竹)材中α-纤维素	产地
香樟	0.12	5.12	5.63	18.62	4.92	53.64	80.17	24.52	22.71	43.00	福建
大叶桉	0.56	4.09	6.13	20.94	3.23	52.05	77.49	30.68	20.65	40.33	福建
水青冈	0.53	1.77	2.51	15.52	1.65	55.79	78.46	27.34	23.33	43.77	湖南
水曲柳	0.72	2.75	3.52	19.98	2.36	57.81	79.91	21.57	26.81	46.20	黑龙江
核桃楸	0.50	2.47	4.72	22.35	5.39	59.65	77.22	18.61	22.69	46.06	黑龙江
苦楝	0.52	0.52	1.88	15.07	1.79	57.58	74.82	25.30	19.62	43.08	安徽
毛泡桐	1.13	10.30	13.02	29.55	9.84	58.92	75.18	21.37	21.32	44.30	安徽

从上述数据和表 2-1、表 2-2 中可以看出：针叶材和阔叶材相比，针叶材的木质素含量高于阔叶材，阔叶材中半纤维素含量高于针叶材，针叶材、阔叶材中纤维素含量差异较小。

在同株树中，树干与树枝的化学组分差异很大，主要表现在两方面：树干的纤维素含量高于树枝；树枝的热水抽提物含量高于树干。对以枝丫材为原料的刨花板、纤维板，应注意上述差异，它不仅影响原料的利用率，而且影响产品质量。

树皮的化学组分与树干木质部的化学组分大不相同。树皮中热水抽出物含量高，而纤维素、半纤维素含量则较少，木质素含量变化较大。纤维板中的树皮含量大，会导致板性变差，即强度下降，吸水率提高，板面色泽不均，从而影响制品的使用范围。

（2）主要组分的结构与性质

① 纤维素的结构与性质　纤维素是不溶于水的简单聚糖，是由大量的 D-葡萄糖基彼此通过 1、4 位碳原子上的 β-糖苷键连接而成的直链巨分子化合物，具有特殊的 X 射线图。纤维素的分子式可用（$C_6H_{10}O_5$）$_n$ 表示，式中 $C_6H_{10}O_5$ 为葡萄糖基，n 为聚合度。天然状态下的棉、麻及木纤维素，n 近于 10000。纤维素分子链的结构式如图 2-1 所示。

许多不同长度的纤维素巨分子链组成微纤丝，而细胞壁的骨架又由微纤丝以各种不同的角度缠绕而成。关于微纤丝的具体结构和尺寸尚有不同的说法，根据比较公认的两相结构理论，微纤丝内的纤维素巨分子链不是混乱地纠缠在一起，而是程度不同地、有规律地排列起来的。排列紧密的区段显晶体特征，叫结晶区；排列疏松的区段叫无定形区（图 2-2）。

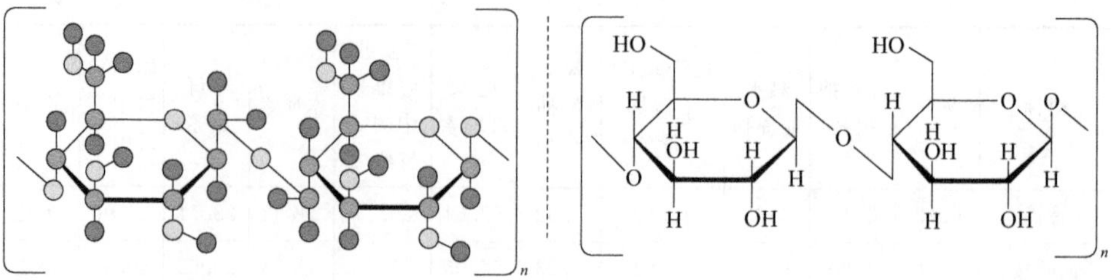

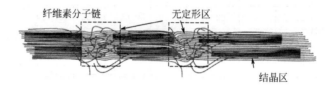

图 2-1 纤维素的结构式

纤维素分子链　无定形区

结晶区

图 2-2 纤维素大分子结晶区和无定形区示意图

有人测得构成针叶材最基本的微纤丝直径约为 3.5mm，微纤丝中的结晶部分约占整个体积的 70%。

纤维素巨分子链相互之间之所以能有秩序地排列，是因为其上自由羟基之间的距离在 0.25~0.3nm 时，可以形成氢键。分子链间氢键的存在对纤维素的吸湿性、溶解度、反应能力等都有很大的影响。

纤维素为白色、无臭、无味、各向异性的高分子物质，密度为 $1.52\sim1.56g/cm^3$，比热容在 $0.32kJ/(kg \cdot ℃)$ 左右。根据分子链主价键能计算得到的纤维素拉伸强度达 $8.0\times10^3 MPa$，但天然纤维素中强度最高的亚麻，其拉伸强度为 $1.1\times10^3 MPa$。这是因为纤维素的破坏是由分子链相互滑动所引起的，所以，其强度主要取决于分子链之间的结合力，结晶度越高，定向性越好，纤维素的强度越大。此外，分子链的聚合度在 700 以下时，随着聚合度的增加，强度显著提高，聚合度在 200 以下时，纤维素几乎丧失强度。

纤维素的无定形区有大量的游离羟基存在，羟基具有极性，能吸引极性水分子，形成氢键，因此，纤维素的无定形区具有吸湿性，结晶区则没有。吸湿性大小与空气的湿度有关，温度越高，纤维素无定形区越大，吸湿量越多。纤维素吸水后会膨胀，无定形区原有少量氢键就会断裂，产生新的游离羟基，与水分子形成新的氢键，有时还能形成多层吸附，这些吸附的水叫结合水。当吸附水量达饱和以后，水就不能再与纤维素产生结合力，这些水称为游离水。纤维素无定形区占的百分比越大，则结合水越多。吸湿性大，会影响制品的物理力学性能，因此，选用原料和制定工艺时要从多方面加以考虑。

根据纤维素的化学结构，可知其化学性质。在纤维板制造中，遇到最普遍的是降解反应。

用物理、化学或物理化学方法使高分子化合物的分子尺寸减小、聚合度降低的现象叫做降解。纤维素的降解类型很多，主要有水解降解（有酸性和碱性之分）、氧化降解、热降解等。现将在纤维板生产过程中经常发生的两种降解分述如下：

第一种是酸性水解降解，是指纤维素在酸的作用下，缩醛连接（β-糖苷键）断开，发生水解反应。水解反应后，纤维素的聚合度降低，还原能力增加，吸湿性增强，机械性能下降等。当原料在高温下蒸煮时，即会发生酸性水解降解，酸性来自纤维素本身所分解出的有机酸（如甲酸、乙酸），有机酸起到催化作用。

第二种是热降解，是指高分子物质因受热而聚合度降低。纤维素热降解的程度与温度高低、作用时间的长短及介质的水分和氧气含量均有密切关系。受热时间越长，降解越严重。氧气对热降解速度影响很大，例如，在空气中加热至140℃以上，纤维素的聚合度显著下降，但在同样温度的惰性气体中加热，则聚合度下降速度明显缓慢。由此可见，纤维素在空气中加热所发生的变化，先是氧化，然后才是分解。

水可以缓解热对纤维素的破坏作用。例如热与水同时作用于纤维素时，即使温度到150℃，变化也不大，只有当温度到150℃以上才开始脱水。

② 半纤维素的结构与性质　半纤维素又称戊聚糖，系指除纤维素以外的所有非纤维素糖类（少量果胶质与淀粉除外）的总称。半纤维素是由木糖、甘露糖、葡萄糖、阿拉伯糖、半乳糖、葡萄糖醛酸、半乳糖醛酸等单糖类的缩合物所构成。某树种一般含有几种不同的半纤维素，而其中任何一种又是由两种或三种以上单糖基构成的不均一聚糖。半纤维素各分子链常带有支、侧链，主分子链的聚合度约为200。树种不同，半纤维素的化学结构也不同。半纤维素无结晶区，是无定形物质。

由于半纤维素的结构，其吸湿性、润胀能力比纤维素大得多，对提高原料的塑性和增进人造板强度是有利的。但半纤维素含量过高，会对人造板制品的耐水性、尺寸稳定性等带来不利的影响。各种半纤维素在水和碱液中的溶解度与其结构分支度（支、侧链上的糖基数与主链聚合度之比）有关，对于同一溶剂、同一聚糖，分支度越高溶解度越大。

在半纤维素分子链中含有多种糖基和不同的连接方式，其中有的可以被酸溶解，有的可以被碱破坏，所以半纤维素抗降解能力比纤维素弱得多。在人造板生产过程中，凡有水、热作用工序，都会出现程度不同的半纤维素降解反应。

③ 木质素的结构与性质　木质素在植物纤维中与半纤维素共同构成结壳物质，存在于胞间层与细胞壁上微纤维之间。木质素的一部分与半纤维素有化学连接。木质素是一类复杂的芳香族物质，属天然高分子聚合物，它的分子量很大，

约在 800～10000。构成木质素的基本单元是苯丙烷,这些基本单元通过比较稳定的醚键和碳-碳键彼此连接在一起。在木质素的结构中存在如下几种官能团:甲氧基、羟基、羰基、烯醛基和烯醇基等。

原木的木质素为白色和浅黄色,而分离木质素均具有较深的颜色。木质素与相应试剂有特殊的颜色反应,这是用来判别木质素是否存在的特征反应。

木质素是热塑性物质,因其是无定形物质,所以无固定的熔点。木质素因树种不同,其软化和熔化温度也不一样,熔化温度最低为 140～150℃,最高为 170～180℃。木质素的软化温度与含水率高低有密切关系(表 2-3)。木质素的热塑性是纤维板生产工艺条件制定的主要依据,是纤维分离和纤维重新结合的重要前提条件之一。

表 2-3 木质素的含水率和软化温度

树种	木质素类型	含水率/%	软化温度/℃
云杉	过碘酸盐木质素	0	193
		3.9	159
		12.6	115
		27.1	90
	二氧六环木质素(低分子量)	0	127
		7.1	72
	二氧六环木质素(高分子量)	0	146
		7.2	92
桦木	过碘酸盐木质素	0	179
		10.7	128

木质素结构中有多种化学官能团,所以化学活性很高,可以起各种化学反应,如氧化、酯化、甲基化、氢化等,还可与酚、醇、酸及碱等起作用。这些对人造板制造与改性的研究都是非常重要的。木质素在人造板加工过程中,主要在受水热作用时,产生水解降解。处理温度高,处理时间长,木材各组分水解降解就严重。木材主要组分中,以木质素抗水解降解的能力最强,纤维素次之,半纤维素最弱。水热作用能使木质素降解活化,在热的继续作用下,又能重新缩合。比如,当纤维原料在蒸煮时,木质素的自动缩合在 130℃就开始了,此后降解与缩合两方向相反的反应同时进行。140～160℃时,木质素缩合反应加速。水对木质素的缩合反应速度有很大的影响。当有水存在时,高温下降解的糖类能溶于水,使活化的降解木质素暴露在外面,并使之相互接触而缩合。在无水状态,覆盖在木质素表面的降解糖类起了隔离作用,有碍于缩合反应的进行,故木质素降解速度比有水时大。这就是高温下水对木质素的保护作用。木质素和糖类的降解

产物与木质素相似，故这类物质被称为假木质素或类木质素。

④ 抽提物与酸碱性　木材的抽提物是指除构成细胞壁的纤维素、半纤维素和木质素以外，经中性溶剂（如水、乙醇、苯、乙醚、水蒸气或稀酸、稀碱溶液）抽提出来的物质的总称。抽提物是广义的，除构成细胞壁的结构物质外，所有内含物均包括在内。植物原料抽提物含量少者约为 1%，多者高达 40% 以上。抽提物含量随树种、树龄、树干部位以及生长立地条件的不同而有差异，一般心材高于边材。抽提物不仅决定原料的性质，而且是制定人造板加工工艺的依据条件之一，它不仅影响制品的质量，有些还会对设备造成腐蚀。

木材的酸碱性也是原料重要的化学性质之一，其中包括存在于细胞腔、细胞壁中的物质经水抽提后所得到的抽提液的酸碱性，总游离酸和酸碱缓冲容量等方面的性质。

木材的 pH 值泛指其水溶性物质酸性或碱性的程度。国内外研究测试结果表明，世界上绝大多数木材呈弱酸性，只有个别呈弱碱性，一般 pH 值介于 4.0～6.1 之间。这是因为木材中含有醋酸、蚁酸、树脂酸及其他酸性物质。此外，在木材的储存过程中含酸量会不断增加；在干燥过程中，由于半纤维素乙酰基水解而生成了游离醋酸，导致木材呈弱酸性反应。

木材的酸碱性对人造板制造有重要影响，如纤维胶合时，对其表面 pH 值有一定的要求，木材中的碱性物质不利于脲醛树脂固化；定量的酸性物质可提高制品的内部结合强度；碱缓冲容量高的木材需要消耗更多的酸性固化剂才能保证胶合质量等。

2.2　其他木质材料的特性

众所周知，我国的森林资源较为贫乏，无论从近况还是从中、长期看，木材供需矛盾都是一个较为突出的问题。大力发展纤维板工业，扩大纤维板应用是弥补我国木材供应不足行之有效的途径之一，并可调整我国资源结构的变化，特别是综合利用森林资源如林区的"三剩物""次小薪"和推动林产资源向人工速生材定向培育发展；另一方面不容忽视的是我国毕竟是一个农业大国，大量其他木质材料的有效利用，对解决纤维板工业原料不足也有重大意义。开发利用其他木质材料生产纤维板已成为国内外科研部门和生产企业关心的热点课题之一。

与木材相比，其他木质材料在宏观与微观构造、物理力学性能和化学特性等差异有多方面，有其特殊性，具体表现为以下几方面：

与木材相比，一般同一种原料的外径在长度上变化较小，相对匀称，且有中空和实心结构之分，外表层有的较坚硬或有一层蜡质，但不同种类原料间差异则非常显著。其他木质材料的生长靠的是植物末梢和节部的分生组织，因此茎秆的径向生长较少，主要是纵向延伸，这正是非木质原料与木材外形上产生差异的本质原因。

其他木质材料的纤维细胞短，平均长度一般为 1.0～2.0mm，非纤维细胞多，它们主要由维管束组织、薄壁细胞和外皮组织等构成。草类原料杂细胞含量比木材要高，原料的杂细胞不仅影响板强，而且在纤维板生产过程中，易形成大量细屑，使原料利用率降低，同时控制不好，还会造成环境的污染。竹材、麻秆、芦苇、甘蔗渣、棉秆等的纤维细胞含量已接近阔叶树材，这就是这些原料能在纤维板生产中得到广泛应用的先决条件。

除纤维细胞含量外，纤维形态、化学组成及原料机加工性能等也是决定原料质量的因素。各类原料的纤维长宽度均有一定的分布范围。如纤维长度，以棉、麻最大，可达18mm以上；竹材一般为 1.5～3.0mm，草类最短。纤维一定的长度、长宽比对板制造中纤维交织和结合性能有重要的影响。除甘蔗渣纤维的壁腔比小于1外，其他非木质原料都大于1。因此，仅形态而言，它们不能划到好原料之列，这些原料柔韧性和可塑性差，刚性较高，如竹材原料，对生产工艺制定和设备的选择应充分予以考虑。

竹材、棉秆、甘蔗渣和芦苇等的纤维素含量接近，一般低于木材，而草类原料最低，这就是通常其他木质材料强度低于木材的原因所在。其他木质材料灰分含量远高于木材，所以在制定工艺、选择设备时，充分考虑减轻环境污染是很重要的。其他木质材料的抽提物含量亦远高于木材，这将直接影响板的胶合性能和制板工艺的制定。总结以上非木质原料的特性，提出以下几点应注意的问题：

第一，其他木质材料中的棉秆、麻秆、甘蔗渣等，均有松软的髓结构物质，由秆的横切面组织估算，髓芯量棉秆约为 7.4%，麻秆约为 12%，蔗渣约为 10%。这类物质具有较强吸收胶黏剂的性能，影响界面胶合，降低制品的强度性能；其存在也影响板的耐水性，因此使用这类原料时一定要考虑髓芯的去除。

第二，棉秆、麻秆外层都有柔软的外皮层，虽然它属于长纤维，但在生产过程中，切削表皮易缠绕风机叶片，不仅影响物料输送，而且极易造成设备故障。这类原料切削或经纤维解离，形成的皮纤维或纤维束，易卷曲成团，影响施胶的均匀，铺装中不易松散，影响铺装质量，所以应尽量除去皮。

灌木是无明显直立主干的木本植物，通常于基部分枝，呈丛生，有的虽有主干，也较矮，树高均在 3m 以下。根据灌木的枝条形态不同可分为：垂枝灌木、攀缘灌木、丛生灌木、直立灌木、蔓生灌木。枝条高 1m 以下者为小灌木。若径在草质与木质之间，上部为草质，下部为木质，则称其为半灌木或亚灌木。

我国灌木资源丰富，据统计（2016），目前我国林地总面积为 32026.07 万公顷，其中灌木林地总面积 5782.29 万公顷，占全国林地总面积的 18.05%（图 2-3）。在全国不同行政辖区中，以西南地区灌木林地比重最大，其次是中南、华北和西北地区，东北地区、新疆维吾尔自治区以及华东地区灌木林地比例相对较少。从省区灌木林地分布来看，以四川、云南林地面积比重最大，其次是西藏和内蒙古自治区，上海和天津灌木林地比例相对最小。

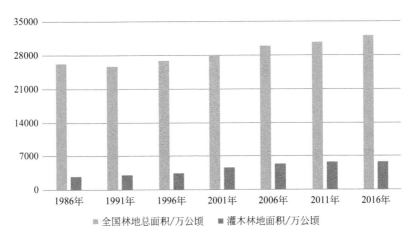

图 2-3　我国林地及灌木林地面积

内蒙古自治区地域辽阔，除东部地区分布有大面积以乔木为主体的森林外，全区各地灌木分布广泛，种类丰富。据统计，全区成林灌木面积约为 212 万公顷，共有灌木树种 289 种，占木本植物总数的 59.8%。下文即以几种内蒙古自治区的常见灌木资源为例介绍灌木材的强度和物理化学性质。

沙棘

沙棘（*Hippophae rhamnoides*）是一种胡颓子科沙棘属落叶性灌木（图 2-4），高约 1.5m，生长在高山沟谷中可达 18m，棘刺较多，粗壮，顶生或侧生；嫩枝褐绿色，密被银白色而带褐色鳞片或有时具白色星状柔毛，老枝灰黑色，粗糙；芽大，金黄色或锈色。沙棘耐旱、抗风沙，可以在盐碱化土地上生存，我国西北部有大量种植，用于沙漠绿化。

（1）沙棘材的宏观构造

沙棘心边材区分明显，边材窄，黄白色，心材黄褐色，有光泽，木材纹理多

图 2-4　沙棘

倾斜，节子多，髓心棕黄色，质地松软，圆形。年轮界限明显，晚材管孔星散分布，放大镜下可见，木射线细密，轴向薄壁组织在放大镜下不可见。沙棘材材质均匀，木射线和导管分布均匀，材性较好。树皮含量较大，质量分数为 28.7%，体积分数为 26.42%，在制板过程中，将影响板面质量和胶合质量。

(2) 沙棘材的纤维形态

沙棘材经离析后，有韧性纤维、纤维状管胞、导管分子、轴向薄壁细胞和木射线薄壁细胞。据观测，韧性纤维多于纤维状管胞，是沙棘的机械组织。木纤维组织占 74.65%，纤维得率高有利于制造纤维板。由表 2-4 可知，同一植株的纤维形态，同一年轮内随其部位的不同而不同，如纤维长度由伐根向上逐渐增长，到梢部又开始减短，中部纤维最长。沙棘材各年轮处的纤维平均长度均大于 $500\mu m$，认为可以生产出合格的纤维板。随着年轮的增加，纤维长度逐渐增长，2 年沙棘纤维长度全部位平均为 $580.83\mu m$，到第 4 年纤维长度快速增长至 $705.09\mu m$。但第 4 年各部位的纤维长度相差不大，增长变缓，细胞生长进入成熟期。第 5 年纤维长度增长至 $745.23\mu m$，达到最大，随后从第 6 年开始减短，为 $720.00\mu m$，之后细胞生长进入衰退期。蓝登明等在研究沙棘平茬与根蘖更新时指出，平茬简单易行，是沙棘抚育管理、更新复壮的重要方法，其中 6~7 龄平茬根蘖能力最强，以采收沙棘果实为主要目的的天然沙棘林，在平茬更新时最好选择在 8~10 龄。从沙棘材的纤维形态来讲，6 龄以后的细胞生长进入衰退期，选择这一时期平茬，既不影响其根蘖能力，也不会影响采收果实，还会得到较理想的纤维形态，有利于沙棘的综合利用。

表 2-4 同株沙棘纤维形态

年轮	部位	长度/μm		宽度/μm		长宽比	壁厚/μm	壁腔比
		平均值	均方差	平均值	均方差			
2 年	上部	541.27	93.04	16.30	2.99	33.20	2.64	0.48
	中部	611.69	155.77	16.50	2.82	37.07	3.00	0.57
	下部	589.52	106.17	17.30	3.39	34.08	2.10	0.32
	平均	580.83	—	16.70		34.78	2.58	0.46
3 年	上部	585.68	98.06	17.72	2.50	33.05	2.59	0.41
	中部	713.58	133.55	18.03	2.51	39.58	2.46	0.38
	下部	656.38	79.51	18.73	3.01	35.05	2.56	0.38
	平均	651.88	—	18.16		35.89	2.54	0.39
4 年	上部	672.11	103.75	17.32	2.11	38.81	2.49	0.40
	中部	726.09	92.48	18.65	2.07	38.45	2.47	0.36
	下部	717.08	133.13	16.61	2.17	43.71	2.38	0.40
	平均	705.09	—	17.53	—	40.32	2.45	0.39
5 年	上部	701.52	124.27	17.88	2.90	39.23	2.46	0.38
	中部	795.95	140.72	19.43	3.00	41.25	2.25	0.31
	下部	738.23	95.17	17.96	2.78	41.10	2.59	0.41
	平均	745.23	—	18.42	—	40.53	2.43	0.37
6 年	上部	—	—	—	—	—	—	—
	中部	732.81	118.56	18.90	2.37	38.47	2.16	0.29
	下部	707.19	108.61	19.66	3.11	35.97	2.62	0.36
	平均	720.00	—	19.28	—	37.22	2.39	0.33

（3）沙棘材的密度

沙棘材密度与落叶松（常用针叶材）、毛白杨（常用阔叶材）的比较见表 2-5。

表 2-5 沙棘材密度与落叶松、毛白杨的比较

树种	密度类型	样本数 n	密度平均值 /(g/cm³)	标准误差 S_r	标准差 S	变异系数 V/%	准确指数 P/%
沙棘	气干	15	0.574	0.0145	0.056	9.80	5.00
	基本	25	0.432	0.0098	0.049	11.38	4.58
	全干	15	0.514	0.0126	0.049	9.68	3.88
落叶松[①]	气干	—	0.696	—	—	13.20	1.90
	基本	—	0.528	—	—	8.60	1.00
	全干	—	—	—	—	—	—

续表

树种	密度类型	样本数 n	密度平均值/(g/cm³)	标准误差 S_r	标准差 S	变异系数 $V/\%$	准确指数 $P/\%$
毛白杨[①]	气干	—	0.525	—	—	6.10	0.60
	基本	—	0.433	—	—	6.20	0.60
	全干	—	—	—	—	—	—

① 表中气干密度已校正成含水率 15% 时的数值。

从表 2-5 可见，沙棘材的气干密度为 0.574g/cm³，居于落叶松和毛白杨之间，依据我国木材气干密度分级情况，属中等密度。用于生产纤维板的木材，以密度为 0.4～0.6g/cm³ 较好，因此，从密度这一方面来讲，沙棘材是较好的纤维板生产用材。沙棘材的基本密度为 0.432g/cm³，与毛白杨接近，而小于落叶松。

（4）沙棘材的干缩率

表 2-6 中沙棘材弦向全干干缩率略小于红皮云杉，径向全干干缩率略大于红皮云杉。从变异系数上看，沙棘材弦向全干干缩率的离散程度最大。由于木材的干缩随着密度的增加而增大，红皮云杉的密度为 0.372g/cm³，小于沙棘材，所以体积全干干缩率沙棘材大于红皮云杉。根据体积干缩系数的大小，国产木材干缩性可分为 5 级，沙棘材的体积干缩系数为 0.35%，属很小级。

表 2-6　沙棘材的干缩率与红皮云杉人工林的比较

树种	项目		样本数 n	平均值/%	标准误差 S_r	标准差 S	变异系数 $V/\%$	准确指数 $P/\%$
沙棘材	全干干缩率	体积	39	11.041	0.2641	1.650	14.942	4.785
		弦向	39	3.264	0.07194	0.449	13.764	4.407
		径向	39	7.859	0.2417	1.509	19.206	6.151
	体积干缩系数		15	0.349	—	—	—	—
红皮云杉人工林[①]	全干干缩率	体积	496	10.805		1.594	14.757	1.325
		弦向	496	3.530		0.884	25.038	2.248
		径向	496	7.506		1.107	14.624	1.514

① 数据由徐魁梧提供。

（5）沙棘材的横纹（全部）抗压强度

沙棘材的横纹（全部）抗压强度与落叶松、毛白杨的比较见表 2-7。沙棘材径向横纹抗压强度为 9.2，弦向横纹抗压强度为 6.0，二者均大于落叶松和毛白杨，可能是由于沙棘材本身的密度较大，木射线细密，叠生排列。另外，沙棘材的横纹（全部）抗压强度弦、径向差异较大，这与阔叶树材的特性相似，而针叶树材在弦、径向间差别不显著。

表 2-7　沙棘材横纹（全部）抗压强度与落叶松、毛白杨的比较

树种	项目		样本数 n	平均值/MPa	标准误差 S_r	标准差 S	变异系数 $V/\%$	准确指数 $P/\%$
沙棘	横纹抗压强度	径向	12	9.2	0.396	1.37	14.9	8.6
		弦向	12	6.0	0.220	0.76	12.8	7.4
落叶松	横纹抗压强度	径向	—	4.2	—	—	20.3	2.8
		弦向	—	4.6	—	—	25.0	3.3
毛白杨	横纹抗压强度	径向	—	5.1	—	—	11.4	10.6
		弦向	—	2.7	—	—	1.8	1.8

柠条

柠条（*Caragana korshinskii*）为豆科锦鸡儿属植物，灌木，有时小乔状，高 1～4m；老枝金黄色，有光泽；嫩枝被白色柔毛。羽状复叶有 6～8 对小叶；托叶宿存；叶轴脱落；小叶披针形或狭长圆形，先端锐尖或稍钝，有刺尖，灰绿色。花梗密被柔毛，关节在中上部；花萼管状钟形，密被伏贴短柔毛，萼齿三角形或披针状三角形；花冠旗瓣宽卵形或近圆形，稍短于瓣片，耳短小；子房披针形，无毛。荚果扁，披针形，有时被疏柔毛。花期 5 月，果期 6 月。生长于半固定和固定沙地，是西北地区营造防风固沙林及水土保持林的重要树种。柠条树见图 2-5。

（1）柠条材的宏观构造

外皮光滑，黄褐色，有光泽，髓心较明显，约为端向直径的 1/20，髓心部分松软。柠条树皮含量高，约占柠条材体积的 18%，其树皮由外皮和内皮组成，其中内皮占 60% 左右，内皮中韧皮纤维含量较高。柠条心边材区分明显，边材淡黄色，心材黄色至褐色。木材有光泽，纹理直或斜，结构均匀，硬度较大，强度中等，韧性高，可压缩性大。柠条年轮明显，为半环孔材，管孔小，肉眼下不可见，放大镜下略明显。轴向薄壁组织在放大镜下可见，环管状。木射线较发达。

（2）柠条的纤维形态

柠条经离析后，有韧性纤维、纤维状管胞、导管分子、轴向薄壁细胞、射线薄壁细胞，其中据实验定性观测，韧性纤维含量明显多于纤维状管胞。韧性纤维和纤维状管胞是两端尖削、壁厚腔小、细而长的细胞，为柠条的机械组织，是优良的纤维原料，特别是柠条材的韧性纤维含量高，这更有利于制造纤维板。

5 年生柠条材不同部位的纤维形态见表 2-8。

图 2-5　柠条树

表 2-8　柠条材不同部位的纤维形态

部位		长度/mm		宽度/μm		长宽比
		平均值	均方差	平均值	均方差	
木质部分	上	0.48	0.10	8.3	4.1	58
	中	0.55	0.13	7.8	5.6	71
	下	0.56	0.18	9.5	3.3	58
树皮部分	上	0.58	0.20	8.2	2.1	71
	中	0.57	0.13	7.6	3.4	75
	下	0.56	0.07	7.5	3.5	74

　　由表 2-8 可知，同一植株的纤维形态随其部位的不同而不同，如纤维长度由伐根向上逐渐增长到梢部又开始缩短，到梢头最短。此外，柠条的纤维形态也好于沙柳，可与速生杨材媲美。

　　（3）柠条材的化学成分

　　柠条材的化学成分主要是纤维素、半纤维素和木质素。其中纤维素以微纤丝形式存在，形成细胞壁的骨架，而半纤维素和木质素（木素）起填充作用，使纤丝彼此连接起来。柠条材的化学成分见表2-9。

表2-9 柠条材的化学成分

指标	数值/%	指标	数值/%
灰分	2.87	苯乙醇抽提物	6.20
冷水抽提物	9.24	综纤维素	72.71①
热水抽提物	10.01	半纤维素	22.81
1%NaOH溶液抽提物	32.11	木质素	19.72

① 亚氯酸钠法综纤维素含量。

柠条材的灰分含量为2.87%，其含量小于沙柳材而大于乔木木材（一般为1%）。在灰分中，SiO_2占60%以上，它不仅阻碍了脲醛树脂胶的胶合，影响制板强度，而且在制浆过程中会使浆液变黑，污染浆料，影响水循环。因此，在用柠条材作原料时，由于柠条树皮外表层含有结壳物质和灰分含量较大的特点，尽量去皮后使用。冷、热水抽提物亦称水抽提物，是利用冷水或热水作为溶剂，使植物纤维中的可溶性物质溶解出来。这些物质一般为无机盐、多糖、单宁和色素等物质。冷水抽提物与热水抽提物含量大体相同，但由于水温越高其抽提物含量越大，因而热水抽提物含量大于冷水抽提物含量。柠条材的冷水和热水抽提物含量均高于常用乔木木材，但与沙柳相比，前者大于沙柳，后者小于沙柳。水抽提物中的大部分物质与纤维板生产工艺有关，如单宁可与各种金属盐类形成特殊颜色的沉淀物质而损害板面质量。这就要求，对于水抽提物含量较高的原料，则不宜采用湿法生产工艺，而应考虑干法或半干法生产工艺。柠条的1%NaOH溶液抽提物含量较高，说明柠条材中的中低级糖类含量较高。为了防止热压时粘板，在原料软化时须加入一定量的NaOH溶液，以去除部分抽提物。柠条的苯乙醇抽提物含量为6.20%，略高于常用针、阔叶树材，其含量高将有利于提高人造板的耐水性。但苯乙醇抽提物含量过高会影响胶合力。柠条的纤维素含量较高，其综纤维素含量为72.71%，可见为制浆和制造纤维板的优质原料。

杨柴

杨柴（*Hedysarum mongolicum*）为蝶形花科岩黄蓍属植物，幼茎绿色，老茎灰白色，树皮条状纵裂，茎多分枝。叶互生，阔线状，披针形或线椭圆形，小叶柄极短。总状花序，腋生，花紫红色，荚果具1～3节，每节荚果内有种子一粒，荚果扁圆形。适应沙质荒漠和半荒漠地区。根蘖力极强，生长快，防风固沙效果显著，饲用价值高。生长多年的老茎，是灰褐色的，质地坚硬，可以作为刨花板的优质原料。

（1）杨柴材的宏观构造

杨柴外皮灰褐色，常呈纤维状剥落，内皮灰黄色。树皮较厚，占杨柴总体积的 18.80%。心边材区分不明显，管孔多而小，在放大镜下可见，属散孔材。木材纹理直，结构细，硬度较大。髓心呈圆形。直径 2～3mm。早晚材区分明显，早材黄白色，晚材略显灰红色。木射线呈浅色细线，肉眼下清晰可见。

（2）杨柴材的纤维形态

杨柴材经离析后，有韧性纤维、纤维状管胞、导管分子、轴向薄壁细胞和射线薄壁细胞。其中韧性纤维和纤维状管胞为杨柴的机械组织，是优良的纤维原料，据实验室观测，杨柴材的韧性纤维含量明显多于纤维状管胞，这更有利于制造纤维板。

5 年生杨柴材不同部位的纤维形态见表 2-10。

表 2-10 5 年生杨柴材不同部位的纤维形态

部位	纤维长度/μm		纤维宽度/μm		单壁厚度/μm		纤维长宽比	纤维壁腔比
	平均值	均方差	平均值	均方差	平均值	均方差		
上	760	130	13.0	3.9	2.3	0.73	58.4	0.55
中	890	100	14.0	3.3	2.4	0.83	63.6	0.50
下	850	90	14.2	4.1	2.5	1.20	59.8	0.52

由表 2-10 可知，同一植株的纤维形态，随其部位的不同而不同。由伐根向上，纤维长度逐渐增加，到梢部又开始减短，而纤维宽度和单壁厚度由伐根到顶部则有下降趋势，而且观察到，杨柴材的纤维平均长度随树龄的增加而增加。杨柴材与沙柳材和幼龄新疆杨比较，其纤维长度大，长宽比大，壁腔比小，纤维形态与白桦接近，故是制造纤维板的优良原料。

（3）杨柴材的化学成分

与其他沙生灌木材一样，杨柴材的化学成分主要是纤维素、半纤维素和木质素，如表 2-11 所示，杨柴的灰分和 1%NaOH 溶液抽提物含量与其他沙生灌木相近，但远高于白桦和云杉；苯乙醇抽提物及木质素含量与白桦相近；综纤维素含量较高。

表 2-11 杨柴材的化学成分

指标	数值/%	指标	数值/%
灰分	1.86	苯乙醇抽提物	4.26
冷水抽提物	2.83	综纤维素	77.24[1]
热水抽提物	14.50	半纤维素	23.43
1%NaOH 溶液抽提物	23.68	木质素	20.76

[1] 亚氯酸钠法综纤维素含量。

沙柳

沙柳（*Salix psammophila*）是杨柳科柳属灌木，高可达 4m。叶片线形，先端渐尖，边缘疏锯齿，上面淡绿色，下面带灰白色，托叶线形，常早落。花先叶或与叶同时开放，苞片卵状长圆形，先端钝圆，外面褐色，花丝合生，花药黄色；子房卵圆形，花柱明显，3～4月开花，5月结果。抗风沙，不择土壤。繁殖容易，各地常作固沙造林树种。

（1）沙柳材的宏观构造

外皮灰白色，光滑无裂隙，树皮约占 25.4%，心边材区分不明显，材色白黄，木材纹理通直，结构甚细，均匀。年轮分界不明显，属散孔材。管孔、木射线，在放大镜下略清晰，分布均匀。

（2）沙柳材的纤维形态

1年、2年和3年生沙柳材的纤维长度和宽度见表 2-12。由表中可知，沙柳材的纤维形态较好，表现在导管分子所占比例较少，其长度分布值在 120～270mm，极差极小，平均值为 220mm；木纤维所占比例较大，其长度在 350～700μm，平均为 510μm，是制造纤维板的优质原料。

表 2-12　沙柳材的纤维形态

部位	导管				木纤维			
	长/mm		宽/mm		长/μm		宽/μm	
	范围	平均	范围	平均	范围	平均	范围	平均
1 年	120～270	210	26～39	30.2	350～670	470	12～26	18
2 年	140～270	230	23～30	28.7	390～770	540	12～24	17
3 年	140～270	230	23～30	28.7	350～670	540	12～24	17

（3）沙柳材的化学成分

沙柳材的化学成分主要是纤维素、半纤维素和木质素，以及少量抽提物和灰分。其中纤维素以微纤丝形式存在，形成细胞的骨架，而半纤维素和木质素起填充作用，使纤丝彼此联结起来。其化学成分及含量如表 2-13 所示，从中可以看出，沙柳材的灰分含量为 3.20%，远远大于其他乔木（一般为 1%），冷水抽提物含量为 8.21%，热水抽提物含量为 10.33%，其数值高于木材，低于麦草、芦苇和葵花秆。因此，可以作为干法生产工艺的纤维板原料。

沙柳材的 1%NaOH 溶液抽提物含量为一般木材的最高值，说明沙柳材的中低级糖类含量为木材的上限；苯乙醇抽提物为 2.91%，位于木材中间，其中包括脂肪、蜡和树脂，若含量较大有利于提高板的耐水性。沙柳的纤维素含量较高，用亚氯酸钠法测定其综纤维素含量为 78.96%，可见，沙柳是制造纤维板的优质原料。

表 2-13　沙柳材的化学成分及含量

指标	数值/%	指标	数值/%
灰分	3.20	苯乙醇抽提物	2.91
冷水抽提物	8.21	综纤维素	78.96[①]
热水抽提物	10.33	半纤维素	23.37
1%NaOH 溶液抽提物	28.18	木质素	18.20

① 亚氯酸钠法综纤维素含量。

（4）沙柳材的密度

从表 2-14 中看出，沙柳材的 3 种密度的准确指数均小于 5%，说明实验结果比较可靠。沙柳材的基本密度为 $0.462g/cm^3$，气干密度为 $0.582g/cm^3$，全干密度为 $0.551g/cm^3$。依据我国木材气干密度分级情况，密度小于 $0.350g/cm^3$，为很小级；密度在 $0.351\sim0.55g/cm^3$，为小级；在 $0.551\sim0.75g/cm^3$，为中等；在 $0.751\sim0.950g/cm^3$，为很大级。所以，沙柳材的密度等级属于中等。

表 2-14　沙柳材的密度

项目	样本数 n	平均值/(g/cm³)	标准差 S	标准误差 S_r	变异系数 V/%	准确指数 P/%
基本密度	10	0.462	0.0207	0.0065	4.48	2.8
全干密度	10	0.551	0.0301	0.0095	5.46	3.4
气干密度	10	0.582	0.0289	0.0091	4.96	3.1

（5）沙柳材的全干干缩率、顺纹抗压强度和抗弯强度

沙柳材的全干干缩率、顺纹抗压强度和抗弯强度见表 2-15。

表 2-15　沙柳材的干缩率、顺纹抗压强度和抗弯强度

项目		样本数 n	平均值	标准差 S	标准误差 S_r	变异系数 V/%	准确指数 P/%
全干干缩率	体积	25	16.41%	0.0180	0.0036	10.77	4.3
	弦向	25	8.55%	0.0103	0.0021	12.05	4.9
	径向	25	3.31%	0.0037	0.0007	11.18	4.5
顺纹抗压强度	压缩强度	30	53.3MPa	4.3000	0.8276	8.07	2.8
	破坏强度	30	52.8MPa	4.3000	0.8276	8.14	3.1
	屈服强度	30	48.1MPa	6.2000	1.1320	12.88	4.7
抗弯强度		30	199.2MPa	9.5200	1.7381	4.78	1.7

乌柳

乌柳（*Salix cheilophila*）是杨柳科柳属灌木或小乔木，高可达 5.4m。枝灰黑色或黑红色。芽具长柔毛。叶片线形或线状倒披针形，先端渐尖或具短硬尖，基部渐尖，稀钝，上面绿色疏被柔毛，下面灰白色，中脉显著突起，边缘外卷，上部具腺锯齿，下部全缘；叶柄具柔毛。花序与叶同时开放，近无梗，密花；雄蕊完全合生，花丝无毛，花药黄色，苞片倒卵状长圆形，子房卵形或卵状长圆形，密被短毛，无柄，花柱短或无，柱头小；4～5月开花，5月结果。乌柳是防风固沙、护岸保土的重要造林树种，其枝条也是上好的编织材料，具有较好的开发前景。树干可作为小农具用材，嫩枝叶可作为饲料。同时，乌柳也是荒山、荒坡、荒地造林的理想先锋树种。

（1）乌柳材的宏观构造

乌柳材外皮灰褐色，光滑粗糙且有裂隙，树皮约占 14.7%，心边材区分明显，材色白黄，木材纹理通直，结构甚细，均匀，年轮界限明显，早材导管较大，在放大镜下可见。木射线发达且较细，肉眼不可辨别，在放大镜下清晰，分布均匀。

（2）乌柳材的纤维形态特征

乌柳材的纤维形态特征见表 2-16。

表 2-16　乌柳材的纤维形态特征

测定次数	长度/μm			宽度/μm			长宽比	壁腔比	腔径比
	范围	平均值	均方差	范围	平均值	均方差			
100	237～842	526	1.43	7.2～27.0	16.0	1.14	33.0	0.74	0.76

（3）乌柳材的密度

由表 2-17 中看出，密度的准确指数小于 5%，说明实验结果比较可靠。乌柳的基本密度为 0.551g/cm³，全干密度为 0.592g/cm³，气干密度为 0.625g/cm³。依据我国木材气干密度分级情况，乌柳的密度等级属于中等级。

表 2-17　乌柳材的密度

项目	样本数 n	平均值/(g/cm³)	标准差 S	标准误差 S_r	变异系数 V/%	准确指数 P/%
基本密度	10	0.551	0.0288	0.0091	5.62	3.5
全干密度	10	0.592	0.406	0.128	6.80	4.3
气干密度	10	0.625	0.0401	0.0127	6.42	4.1

（4）乌柳材的干缩率

表 2-18 是乌柳材的干缩率，乌柳材的体积干缩率为 16.76%，弦向干缩率为

9.05%，径向干缩率为 4.24%。乌柳材的弦径向干缩比为 2.13。

表 2-18　乌柳材的干缩率

项目	样本数 n	平均值/%	标准差 S	标准误差 S_r	变异系数 V/%	准确指数 P/%
全干体积干缩率	25	16.76	0.0181	0.0036	11.04	4.4
全干弦向干缩率	25	9.05	0.0102	0.0020	11.27	4.5
全干径向干缩率	25	4.24	0.0048	0.0010	11.32	4.5

（5）乌柳材的顺纹抗压强度与抗弯强度

乌柳材的顺纹抗压强度与抗弯强度见表 2-19。

表 2-19　乌柳材的顺纹抗压强度与抗弯强度

项目		样本数 n	平均值/MPa	标准差 S	标准误差 S_r	变异系数 V/%	准确指数 P/%
顺纹抗压强度	压缩强度	30	59.2	6.8000	1.3600	11.48	4.6
	破坏强度	30	58.7	6.9000	3.8000	11.75	4.7
	屈服强度	30	54.2	7.2000	1.3416	13.28	4.9
抗弯强度		30	241.8	13.4300	2.4520	5.55	2.0

黄柳

黄柳（*Salix flavida*）是杨柳科柳属饲用灌木，别名小黄柳。高 1～3m；老枝灰白色，生长枝暗黄色，有光泽；嫩枝鲜黄色、细、无毛。叶片条形或条状披针形，长 2～8cm，宽 3～6mm，无毛，表面淡绿色，背面稍苍白色，边缘具粗腺齿；叶柄长约 3mm，无毛。分布于我国辽宁、吉林、内蒙古、陕西等省（自治区）。生于沙丘间低湿地，沙埋后能在流动沙丘上生长。在毛乌素沙地和腾格里沙漠有引种栽培，是草原带和半荒漠带良好的先期固沙植物。黄柳见图 2-6。

图 2-6　黄柳

（1）黄柳材的宏观构造

黄柳材外皮灰黄色，光滑无裂隙，树皮约占 13.9%，心边材区分不明显，材色白黄，木材纹理通直，结构甚细，均匀，年轮界限明显，早材导管较大，在放大镜下可见，是散孔材。木射线肉眼不可辨别，在放大镜下清晰，分布均匀。

（2）黄柳材的纤维形态特征

黄柳材的纤维形态特征见表 2-20。

表 2-20　黄柳材的纤维形态特征

测定次数	长度/μm			宽度/μm			长宽比	壁腔比	腔径比
	范围	平均值	均方差	范围	平均值	均方差			
100	223～729	469	1.40	4.3～25.8	13.4	0.95	35.1	0.58	0.58

（3）黄柳材的密度

由表 2-21 可看出，黄柳材的基本密度为 $0.445g/cm^3$，气干密度为 $0.550g/cm^3$，全干密度为 $0.528g/cm^3$。依据我国木材气干密度分级情况，黄柳材的密度等级属于小级。

表 2-21　黄柳材的密度

项目	样本数 n	平均值/(g/cm^3)	标准差 S	标准误差 S_r	变异系数 $V/\%$	准确指数 $P/\%$
基本密度	10	0.445	0.0408	0.0102	7.26	4.6
全干密度	10	0.528	0.0319	0.0101	6.04	3.8
气干密度	10	0.550	0.0323	0.0129	7.42	4.7

（4）黄柳材的干缩率

表 2-22 是黄柳材的干缩率，黄柳材的体积干缩率为 11.08%，弦向干缩率为 6.95%，径向干缩率为 3.04%。黄柳材的弦径向干缩比为 2.29。

表 2-22　黄柳材的干缩率

项目	样本数 n	平均值/%	标准差 S	标准误差 S_r	变异系数 $V/\%$	准确指数 $P/\%$
全干体积干缩率	25	11.08	0.0128	0.0026	11.55	4.6
全干弦向干缩率	25	6.95	0.0068	0.0014	9.75	3.9
全干径向干缩率	25	3.04	0.0017	0.0003	5.59	2.2

（5）黄柳材的顺纹抗压强度

黄柳材的顺纹抗压强度见表 2-23。

表 2-23　黄柳材的顺纹抗压强度

项目		样本数 n	平均值/MPa	标准差 S	标准误差 S_r	变异系数 $V/\%$	准确指数 $P/\%$
顺纹抗压强度	压缩强度	30	50.8	6.5000	1.1868	12.79	4.8
	破坏强度	30	50.7	6.5000	1.1868	12.82	4.8
	屈服强度	30	45.2	6.9000	1.2600	13.74	5.0

榛子

榛子（*Corylus heterophylla*）为山毛榉目桦木科榛属灌木或小乔木，树皮灰色；枝条暗灰色，无毛；叶为矩圆形或宽倒卵形，顶端凹缺或截形，中央具三角状突尖，边缘具不规则的重锯齿；叶柄疏被短毛或近无毛；雄花序单生；果苞钟状，密被短柔毛兼有疏生的长柔毛，上部浅裂，裂片三角形，边缘全缘；序梗密被短柔毛。坚果近球形，无毛或仅顶端疏被长柔毛。生于海拔 $200\sim1000m$ 的山地阴坡灌丛中。分布于中国、土耳其、意大利、西班牙、美国、朝鲜、日本、俄罗斯东西伯利亚和远东地区、蒙古东部。

（1）榛子材的宏观构造

榛子外皮光滑，灰褐色，有细纵裂，外皮有黄色皮孔，内皮黄至黄绿色。树皮较薄，占榛子材总体积的 11.7%。榛子林心边材区分不明显。管孔多而小，在放大镜下始见，属散孔材。木材纹理直，结构细，韧性高，材色白净，无特殊气味。髓心较小，呈浅棕色圆形，直径 $1\sim1.5mm$。生长轮界线略明显，呈波浪状细线，木射线数量少，甚细，肉眼不可见，放大镜下略见。

（2）榛子材的纤维形态

榛子材的纤维细胞占其木材总体积的 67% 左右，其中包括纤维状管胞和韧性纤维，它们是榛子材的机械组织。7 年生榛子材不同部位的纤维形态见表 2-24。

表 2-24　7 年生榛子材不同部位的纤维形态

部位		长度/mm		宽度/μm		壁厚/μm		胸腔直径/μm		长宽比	壁腔比
		平均值	均方差 $\pm\sigma$	平均值	均方差 $\pm\sigma$	平均值	均方差 $\pm\sigma$	平均值	均方差 $\pm\sigma$		
木质部分	上	740	110	12.8	1.5	2.7	0.5	9.6	2.2	57.8	0.56
	中	900	110	14.0	1.3	2.7	0.3	11.1	1.4	64.2	0.48
	下	840	110	16.1	1.8	3.4	0.8	12.5	2.2	52.2	0.54
树皮部分	上	690	160	13.8	1.8	2.8	0.6	9.8	2.4	50.0	0.57
	中	880	260	14.4	1.5	3.0	0.3	11.1	2.0	61.1	0.54
	下	860	220	15.9	3.2	3.4	1.1	12.8	2.2	54.0	0.53

由表 2-24 可知，同一植株的纤维形态随其部位的不同而不同。纤维长度由伐根向上逐渐增加，到梢部又开始减短，而且长度最大的纤维出现在树干中部靠外。从树干伐根到顶部，纤维直径及细胞壁厚度有下降趋势。方差分析表明，树皮部分纤维长度差异和宽度差异较显著。此外，从表 2-24 中还可以看出，榛子材的木纤维长而窄，壁厚且挺直，长宽比和壁腔比等参数优于沙柳而与白桦相接近，因此是制造纤维板的优良原料。

（3）榛子材的化学成分及含量

榛子材的化学成分及含量见表 2-25。

表 2-25　榛子材的化学成分及含量

指标	数值/%	指标	数值/%
灰分	1.69	苯乙醇抽提物	4.08
冷水抽提物	4.22	综纤维素	77.96①
热水抽提物	8.40	半纤维素	26.31
1%NaOH 溶液抽提物	21.80	木质素	21.27

① 亚氯酸钠法综纤维素含量。

花棒

花棒（细枝岩黄耆，*Hedysarum scoparium*）是豆科岩黄耆属半灌木植物，高可达约 300cm。茎直立，多分枝，叶片灰绿色，线状长圆形或狭披针形，无柄或近无柄，先端锐尖，基部楔形，表面被短柔毛或无毛，背面被较密的长柔毛。分布于中国新疆北部、青海柴达木东部、甘肃河西走廊、内蒙古、宁夏。哈萨克斯坦额尔齐斯河沿河沙丘和蒙古南部也有分布。生于半荒漠的沙丘或沙地，荒漠前山冲沟中的沙地。该品种是优良固沙植物，西北地区普遍用作优良固沙树种，可直播或飞播造林；幼嫩枝叶为优良饲料，骆驼和马所喜食。

（1）花棒材的宏观构造

花棒灌丛高度多在 2m 以内，主干多在 4cm 以内，茎上枝杈多，树体蓬松，冠幅较大，外皮呈灰色，易脱落，厚 1mm，约占花棒材体积的 8%。髓心明显，呈不规则卵圆形。心边材区分明显，边材黄白，心材红褐色，整体材色较深，年轮不甚明显。散孔材，管孔在放大镜下可见。木射线发达，宽，肉眼可见。轴向薄壁组织在放大镜下可见，为环管状。木材纹理直或斜，结构均匀，硬度中等。

（2）花棒材的纤维形态特征

3 年生花棒材不同部位的纤维形态特征见表 2-26。

表 2-26　3 年生花棒材不同部位的纤维形态特征

长度/μm		宽度/μm		壁厚/μm	长宽比	壁腔比
平均	范围	平均	范围			
940	860～940	11.00	10.06～11.83	2.30	85	0.72

花棒材经离析后，有韧性纤维、纤维状管胞、导管分子、轴向薄壁细胞、射线薄壁细胞。3 年生花棒材不同部位的纤维形态特征见表 2-26。可知，花棒材的纤维形态较好，表现为导管分子占比较少，长度范围为 30～40.8μm，极差较

小，平均值为 $39\mu m$，木纤维所占比例较大，其长度在 $856.8 \sim 952\mu m$，平均 $938.4\mu m$，且壁较薄，厚度平均 $2.3\mu m$。长宽比大，优于其他沙生灌木。纤维细胞壁较薄，在热压过程中容易被压扁成为带状，柔软性好，接触面积较大，利于纤维交织。纤维细胞壁虽较薄，但由于细胞腔较窄，故壁腔比较大。花棒是纤维板的优质原料。其他细胞中木射线薄壁细胞多，木薄壁细胞较少。

（3）花棒材的化学成分

花棒材的化学成分及含量见表 2-27。

表 2-27　花棒材的化学成分及含量

指标	数值/%	指标	数值/%
灰分	0.93	苯乙醇抽提物	8.01
冷水抽提物	2.44	综纤维素	84.10①
热水抽提物	3.65	半纤维素	18.31
1%NaOH 溶液抽提物	14.76	木质素	14.39

① 亚氯酸钠法综纤维素含量。

宽叶水柏枝

宽叶水柏枝（*Myricaria platyphylla*）是柽柳科水柏枝属直立灌木，别名沙红柳、喇嘛杆，多分枝；老枝红褐色或灰褐色，当年生枝灰白色或黄灰色，光滑。叶大，疏生，开展，宽卵形或椭圆形，基部扩展呈圆形或宽楔形，不抱茎；叶腋多生绿色小枝，小枝上的叶较小，卵形或长椭圆形，子房卵圆形，柱头头状；果实圆锥形，种子多数，长圆形，顶端具芒柱，芒柱全部被白色长柔毛。生于河滩沙地、沙坡及流动沙丘间洼地（海拔约 1300m 处）。分布于我国内蒙古（巴彦淖尔盟、伊克昭盟）、宁夏（中卫、灵武）、陕西西北部（榆林、安边）。

（1）宽叶水柏枝材的宏观构造

宽叶水柏枝材外树皮坚硬，灰黄微褐色，呈不规则纵裂沟槽状；内皮薄，淡黄褐色，树皮含量为 11.5%。心边材区别明显，界限分明，心材呈灰褐色，边材呈浅黄绿色，宽度为 1.12cm（3～4 年材）。生长轮明显，平均宽度为 1.86mm，宽度由髓心向树皮逐渐增大，第 4 年出现最大值，随后又逐渐下降。早材管孔呈环带状排列，肉眼可见，晚材管孔呈切线状排列，放大镜下可见，早晚材中间形成过渡，属半环孔材。木射线数量较多，在放大镜下明显可见，轴向薄壁组织在放大镜下不明显。波痕略见。髓心浅红褐色，为圆形实心结构，直径 2.74mm。

（2）宽叶水柏枝材的纤维形态

表 2-28 为宽叶水柏枝材距伐根 0.25m 位置不同生长轮龄的纤维形态特征。

表 2-28　宽叶水柏枝材不同生长轮龄纤维形态特征

生长轮龄/a	长度/μm	宽度/μm	壁厚/μm	长宽比	壁腔比
1	535.36±7.72	13.45±3.03	2.09±1.28	41.97±11.65	0.45±0.77
2	609.76±98.82	13.19±3.04	2.07±1.14	49.15±15.65	0.46±0.31
3	606.91±73.76	12.05±2.28	2.24±1.00	52.39±13.27	0.59±0.43
4	625.95±111.30	13.58±2.05	2.85±0.92	47.12±11.11	0.72±0.40
5	692.38±144.96	11.86±2.37	2.52±1.08	60.57±16.84	0.74±0.76
6	595.83±98.85	13.51±2.35	2.56±0.98	45.21±9.94	0.61±0.47
7	612.86±71.24	14.28±1.91	2.93±0.74	43.74±8.23	0.70±0.32
8	638.57±97.36	13.33±2.25	2.21±0.88	49.21±10.81	0.50±0.39
9	596.31±76.30	14.58±1.66	2.92±0.88	41.44±7.38	0.67±0.42
10	619.52±90.50	13.09±1.66	2.40±1.02	48.31±10.44	0.58±0.59
11	647.14±98.28	14.10±1.77	2.95±0.72	46.71±9.89	0.72±0.31
12	624.76±90.57	14.11±1.98	2.91±0.97	44.96±8.13	0.70±0.55

　　宽叶水柏枝材木质部的纤维长度范围在 535.36~692.38μm 之间，纤维长度总平均值为 617.11μm，属短纤维树种。纤维长度从髓心至树皮逐渐增加，在第 5 年轮出现最大值，达 692.38μm，然后到第 6 年轮明显下降，在 6~12 年间呈稳定状态。

　　纤维长度从树干基部开始，随树高的增加，到 45cm 处达到最大值，随后下降，下降过程中有所波动。对试验中 1860 根木材纤维长度进行统计，结果表明宽叶水柏枝材纤维长度呈正态分布，500~700μm 数量最多，占 90.6%（表 2-29）。

表 2-29　宽叶水柏枝纤维长度分布频率表

组号	组距/μm	根数	分布频率/%	组号	组距/μm	根数	分布频率/%
1	200μm	0	0.0	7	800μm	102	5.5
2	300μm	5	0.3	8	900μm	12	0.6
3	400μm	43	2.3	9	1000μm	7	0.4
4	500μm	396	21.3	10	1100μm	5	0.3
5	600μm	816	43.9	11	1200μm	1	0.1
6	700μm	472	25.4	12	1300μm	1	0.1

　　宽叶水柏枝材纤维长宽比平均为 45。宽叶水柏枝的纤维壁厚平均为 2.8μm，与榛子、杨柴等灌木材相近。从髓心到树皮方向壁厚逐渐增大，并呈现规律性起伏，但变幅不大，基本趋于稳定。不同部位纤维的壁腔比平均为 0.73，沿径向

变化为随树龄的增加逐渐增大，在第 5 年轮达到最大值 0.74，然后到第 6 年下降，以后趋于平稳。

一般认为长宽比大于 30～40、壁腔比小于 1 的纤维适合作为造纸原料。因此从纤维形态来看，宽叶水柏枝材可以满足纤维板及造纸原料的要求。而且 5 年以后平茬复壮可以获得较好的纤维原料。但木射线含量较常用灌木材高，若作为人造板原料整株带皮利用时，杂细胞影响可能要高于常用灌木材。

梭梭

梭梭（*Haloxylon ammodendron*）是藜科梭梭属植物，高 1～9m，树干地径可达 50cm。树皮灰白色，木材坚而脆。花着生于二年生枝条的侧生短枝上；花被片在翅以上部分稍内曲并围抱果实；花盘不明显。胞果黄褐色，果皮不与种子贴生。种子黑色。花期 5～7 月，果期 9～10 月。分布于宁夏西北部、甘肃西部、青海北部、新疆、内蒙古；亦分布于中亚和俄罗斯西伯利亚。生长于沙丘、盐碱土荒漠、河边沙地等处。在沙漠地区常形成大面积纯林，有固定沙丘作用；木材可作燃料。此外，由于梭梭根系发达，主根弯曲下伸，具有抗旱、耐高温、耐盐碱、耐风蚀、耐寒等诸多特性，因此是一种极其重要的防风固沙植物，具有沙漠卫士之称，在荒漠和半荒漠地区的分布极为广泛，具有很大的生态效益。

（1）梭梭材的宏观构造

梭梭树皮呈不规则纵裂沟槽状，不易剥落；外皮呈灰白色，条状剥落；内皮薄，浅绿色；树皮厚为 0.16～0.245mm。梭梭材材质坚硬，呈浅绿色，直纹理，结构略粗，无特殊气味。树皮较硬，厚度平均为 0.21mm，树皮质量分数为 4.61%～6.92%，平均为 5.87%，体积分数为 5.35%～9.63%，平均为 7.6%。生长轮明显，呈波浪状，宽窄不一，呈先增大后减小的趋势，生长轮宽度最小为 0.71mm，最大为 1.05mm，平均为 0.89mm。心边材区别不明显。环孔材，早材管孔肉眼观察呈辐射状排列，晚材管孔肉眼和放大镜下不可见，髓较小，为圆形实心结构。本射线在肉眼下不明晰，在放大镜下明显可见。轴向薄壁组织在放大镜下不明显。

（2）梭梭材纤维形态特征

梭梭材整株纤维平均长度为 285μm，210～350μm 占 76.98%，350～420μm 占 14.74%，420～504μm 占 1.61%，总体趋于 210～350μm 之间，属于较短纤维。长宽比为 20～29，平均为 23。梭梭材由于纤维太短，长宽比小，但纤维长度在不同高度上和不同年轮上的变异曲线可以反映出梭梭材纤维形态均匀，变异小。而且梭梭材纤维细胞含量多、材质坚硬、密度大，内含物丰富，可以考虑生产碎料板或考虑其他方面的加工利用。

（3）梭梭材化学成分及含量

梭梭材的主要化学成分及含量见表 2-30，从表中可以看出，梭梭材半纤维素、1%NaOH 溶液抽提物和灰分含量均高于常用灌木材。

表 2-30　梭梭材的化学成分及含量

指标	数值/%	指标	数值/%
灰分	5.10	苯乙醇抽提物	4.01
冷水抽提物	4.78	综纤维素	77.50①
热水抽提物	9.69	半纤维素	33.25
1%NaOH 溶液抽提物	28.76	木质素	15.02

① 亚氯酸钠法综纤维素含量。

水冬瓜赤杨

水冬瓜赤杨（*Alnus sibirica*）为桦木科赤杨属植物，高 5～15m，有时呈丛生状。树皮灰褐色或暗灰色，光滑。冬芽有柄，芽鳞 2 枚。叶近圆形、宽圆卵形或椭圆形，长 3.5～14cm，叶缘具浅裂，有钝齿或重锯齿。花期 4 月，果期 8～9 月。喜光，耐寒，在土层深厚、肥沃、排水良好处生长最好。常生于林区水湿地、溪流及河两岸、湿润或沼泽地。产于我国东北及内蒙古、山东等地。朝鲜、日本及俄罗斯亦有分布。

（1）水冬瓜赤杨材的宏观构造

水冬瓜赤杨为散孔材，中等硬度，材色黄白。结构细腻，纹理较直，无特殊气味。树皮灰青色，表面有较多的斑点状突起。心边材颜色无区别。生长轮明显，宽度 1.0～3.0mm，由髓心至树皮方向逐渐增大。管孔和木射线在肉眼下不明晰。轴向薄壁组织为轮界型。

（2）水冬瓜赤杨材纤维形态特征

水冬瓜赤杨材纤维形态特征见表 2-31。纤维长度分布频率见表 2-32，从表中可知水冬瓜赤杨材的纤维长度约为 585.2μm，纤维大部分分布在 500～700μm 之间，占了总数的 55.35%，长度小于 300μm 的纤维很少。所以水冬瓜赤杨材可以作为生产纤维板的原料。

表 2-31　水冬瓜赤杨材纤维形态特征

长度/μm	宽度/μm	壁厚/μm	长宽比	壁腔比
585.2±81.03	15.54±2.46	2.34±0.58	39.48±8.65	0.24±0.08

表 2-32　水冬瓜赤杨材纤维长度分布频率

组号	组距/μm	根数	分布频率/%
1	<300	10	0.69
2	300~400	59	4.10
3	400~500	283	19.65
4	500~600	412	28.61
5	600~700	385	26.74
6	700~800	218	15.14
7	800~900	67	4.65
8	900~1000	6	0.42
9	>1000	0	0

（3）水冬瓜赤杨材气干密度及干缩率

水冬瓜赤杨材气干密度及干缩率见表 2-33。气干密度平均为 $0.522g/cm^3$，属中等密度。干缩率较常用乔木材小，各个方向的干缩有明显差异，差异趋势与乔木材相同，横向大于纵向，弦向大于径向。

表 2-33　水冬瓜赤杨材气干密度及干缩率

气干密度/(g/cm³)		干缩率/%							
		弦向		径向		纵向		体积	
平均值	标准差 S_r	平均值	标准差 S_r	平均值	标准差 S_r	平均值	标准差 S_r	平均值	标准差 S_r
0.522	0.027	3.03	3.835	2.95	1.843	0.66	0.393	5.42	0.042

兴安杜鹃

兴安杜鹃（*Rhododendron dauricum*）是杜鹃花科杜鹃花属半常绿灌木，高可达 2m，分枝多。叶片近革质，椭圆形或长圆形，两端钝，上面深绿，下面淡绿，叶柄被微柔毛。分布于我国黑龙江、内蒙古、吉林等地。蒙古、日本、朝鲜、俄罗斯也有分布。生于山地落叶松林、桦木林下或林缘。茎、杆、果含草鞣质，可提制栲胶。

（1）兴安杜鹃材的宏观构造

兴安杜鹃为散孔材，材质轻软，结构细腻，具螺旋纹理，光泽强，树皮灰褐色且呈细鳞片状。生长轮在放大镜下明晰，年轮间宽度差异较大，近髓心的最宽，在中部宽窄相间。髓心圆形实心结构，棕黄色。心边材无区别。

（2）兴安杜鹃材纤维形态特征

兴安杜鹃材纤维形态特征见表 2-34，纤维长度分布频率见表 2-35。对 1800

根轴向纤维长度统计结果表明兴安杜鹃材纤维长度呈正态分布，350～500μm 的数量最多，占 77.44%，属短纤维树种。

表 2-34 兴安杜鹃材纤维形态特征

长度/μm	宽度/μm	壁厚/μm	长宽比	壁腔比/%	腔径比/%
416.73±62.04	13.59±2.65	2.28±0.67	31.89±8.21	53.95	66.16

表 2-35 兴安杜鹃材纤维长度分布频率

组号	长度范围/μm	平均值/μm	根数	分布频率/%
1	<250	242.85	1	0.06
2	250～300	289.46	57	3.17
3	300～350	331.15	204	11.33
4	350～400	381.10	556	30.89
5	400～450	429.00	447	24.83
6	450～500	472.76	391	21.72
7	500～550	524.91	110	6.11
8	550～600	572.32	31	1.72
9	>600	614.26	3	0.17

（3）兴安杜鹃材气干密度和干缩率

兴安杜鹃材气干密度的平均值为 0.482g/cm³，气干密度变化范围在 0.467～0.507g/cm³；兴安杜鹃材纵向干缩率较高，弦、径向干缩差异不大（表 2-36）。

表 2-36 兴安杜鹃材气干密度及干缩率

气干密度/(g/cm³)		干缩率/%							
		弦向		径向		纵向		体积	
平均值	标准差 S_r	平均值	标准差 S_r	平均值	标准差 S_r	平均值	标准差 S_r	平均值	标准差 S_r
0.482	0.014	3.93	0.219	2.82	0.022	0.95	0.038	4.51	1.638

臭柏

臭柏（*Sabina vulgaris*），又名沙地柏，为柏科圆柏属的一种。匍匐灌木，高不及 1m，稀为直立灌木或小乔木。枝密集，枝皮灰褐色，裂成薄片；一年生枝的分枝圆柱形，径约 1mm。叶二型：幼树上常为刺叶，长 3～7mm，上面凹，下面拱圆，中部有长椭圆形或条状腺体；壮龄树上多为鳞叶，背面中部有椭圆形或长圆形。

(1) 臭柏材宏观构造

臭柏材外皮暗灰色，披针形无裂隙，树皮体积分数约为9.9%。无孔材，心边材区分明显，心材红褐色，边材白色，木材纹理通直，结构粗细不均匀，年轮分界不明显，髓心直径约1mm，呈深棕色圆形。有特殊的气味。

(2) 臭柏材纤维形态特征

臭柏材纤维长度介于0.39～0.98mm之间，宽度介于12.9～18.7μm之间。其纤维长度和宽度与常用针叶树材相比较小，纤维形态与常见有孔灌木材相近，不同部位纤维形态特征见表2-37。臭柏的纤维长度主要集中在0.5～0.8mm之间，纤维长度分布均匀。

表 2-37 臭柏材不同部位纤维形态特征

部位		长度/μm		宽度/μm		壁厚/μm		长宽比	壁腔比
		平均值	均方差	平均值	均方差	平均值	均方差		
木质部	梢部	0.60	0.09	16.1	2.6	3.1	1.3	37.3	0.71
	中部	0.67	0.16	13.9	3.7	2.8	0.9	48.2	0.63
	根部	0.59	0.08	15.9	2.9	3.1	1.42	37.1	0.74
树皮	梢部	0.61	0.07	16.4	1.8	3.0	0.65	37.2	0.64
	中部	0.71	0.04	18.7	3.5	2.9	1.04	38.0	0.54
	根部	0.51	0.06	12.9	1.7	2.8	0.9	39.5	0.66

2.3 非木材植物原料的特性

众所周知，我国的森林资源较为贫乏，无论从近况或从中、长期看，木材供需矛盾都是一个较为突出的问题。大力发展纤维板工业，扩大纤维板应用，是弥补我国木材供应不足行之有效的途径之一，并可调整我国资源结构的变化，特别是综合利用森林资源如林区的"三剩物""次小薪"和推动林产资源向人工速生定向培育发展。另外，不容忽视的是我国是一个农业大国，大量非木质原料的有效利用，对解决纤维板工业原料不足也有重大意义。开发利用非木质原料生产纤维板已成为国内外科研部门和生产企业关心的热点课题之一。

与木材相比，非木质原料在宏观与微观构造、物理力学性能和化学特性等方面，有其特殊性，具体表现为以下几方面：

非木质原料与木材相比，一般同一种原料的外径在长度上变化较小，相对匀称，且有中空和实心结构之分，外表层有的较坚硬或有一层蜡质，但不同种类原料间差异则非常显著。非木质纤维原料的生长靠的是植物末梢和节部的分生组织，因此茎秆的径向生长较少，主要是纵向延伸，这正是非木质原料与木材外形上产生差异的本质原因。

非木质原料的纤维细胞短，平均长度一般为 1.0～2.0mm，非纤维细胞多，它们主要由维管束组织、薄壁细胞和外皮组织等构成。草类原料杂细胞含量比木材要高，原料的杂细胞不仅影响板强，而且在纤维板生产过程中，易形成大量细屑，使原料利用率降低，同时控制不好，还会造成环境的污染。竹材、麻秆、芦苇、甘蔗渣、棉秆等的纤维细胞含量已接近阔叶树材，这就是这些原料能在纤维板生产中得到广泛应用的先决条件。

除纤维细胞含量外，纤维形态、化学组成及原料机加工性能等也是决定原料质量的因素。各类原料的纤维长、宽度均有一定的分布范围。如纤维长度，以棉、麻最大，可达18mm以上，竹材一般为 1.5～3.0mm，草类最短。纤维一定的长度、长宽比对板制造中纤维交织和结合性能有重要的影响。除甘蔗渣纤维的壁腔比小于1外，其他非木质原料都大于1。因此，仅形态而言，它们不能划到好原料之列，这些原料柔韧性和可塑性差，刚性较高，如竹材原料，对生产工艺制定和设备的选择应充分予以考虑。

竹材、棉秆、甘蔗渣和芦苇等的纤维素含量接近，一般低于木材，而草类原料最低，这就是通常非木质原料强度低于木材的原因所在。非木质原料灰分含量远高于木材，所以在制定工艺、选择设备时，充分考虑减轻环境污染是很重要的。非木质原料的抽提物含量亦远高于木材，这将直接影响板的胶合性能和制板工艺的制定。总结以上非木质原料的特性，提出以下两个应注意的问题：

第一，非木质原料中的棉秆、麻秆、甘蔗渣等，均有松软的髓结构物质，由秆的横切面组织估算，髓芯量棉秆约为 7.4%，麻秆约为 12%，蔗渣约为 10%。这类物质具有较强吸收胶黏剂的性能，影响界面胶合，降低制品的强度性能；其存在也影响板的耐水性，因此使用这类原料时一定要考虑髓芯的去除。

第二，棉秆、麻秆外层都有柔软的外皮层，虽然它属于长纤维，但在生产过程中，切削表皮易缠绕风机叶片，不仅影响物料输送，而且极易造成设备故障。这类原料切削或经纤维解离，形成的皮纤维或纤维束，易卷曲成团，影响施胶的均匀，铺装中不易松散，影响铺装质量，所以在可能条件下应尽量除去皮。

2.3.1　竹材

竹为高大、生长迅速的禾草类植物，茎为木质。分布于热带、亚热带至暖温带地区，东亚、东南亚和印度洋及太平洋岛屿上分布最集中，种类也最多。

随着我国天然林禁伐和退耕还林政策的实施，木材供需矛盾日益突出，在部分领域实施"以竹代木"切实可行。

2.3.1.1　竹材的化学性质

（1）竹材细胞壁的主要成分

竹材和木材相似，是天然的高分子聚合物，主要由纤维素（约55%）、木质素（约25%）和半纤维素（约20%）构成。

① 纤维素

不同竹种，竹材的纤维素含量在40%~60%。同一竹种，不同竹龄、不同部位的竹材中纤维素含量也是有差异的。

据马灵飞等研究，毛竹随竹龄增加，纤维素含量减少，到3年左右，纤维素含量趋于稳定，用硝酸乙醇法测定表明，2个月竹龄的竹材纤维素含量显著高于1年至数年竹龄的竹材，1年生竹材与5、7、9年生的相比，纤维素含量有显著差异，而3、5、7、9年生竹材之间的纤维素含量无显著差异。不同竹干部位的纤维素含量也存在差异：从下部到上部略呈减少趋势。竹壁内、外不同部位差异显著，由竹壁内层到竹壁外层纤维素含量是逐渐增加的，见表2-38。四川长宁毛竹的有机组成见表2-39。

表2-38　不同竹干部位毛竹材纤维素含量

竹壁部位	竹干高度	不同高度平均含量/%	竹壁内壁的平均含量/%
内层	下部	39.20	38.66
	中部	38.25	
	上部	38.54	
中层	下部	39.99	40.28
	中部	39.07	
	上部	41.77	
外层	下部	44.02	43.18
	中部	43.89	
	上部	41.63	

表2-39　四川长宁毛竹的有机组成　　　　单位：%

组成部分	3年生		4年生		6年生		8年生	
	竹青	竹黄	竹青	竹黄	竹青	竹黄	竹青	竹黄
纤维素	42.91	34.82	45.62	37.41	43.68	34.79	44.30	37.21
半纤维素	23.29	22.74	22.92	21.90	22.94	21.53	21.75	21.21
木质素	30.83	26.71	32.37	28.08	30.33	26.76	31.90	26.33

② 半纤维素

竹材的半纤维素成分几乎全为多缩戊糖，而多缩己糖含量甚微。纤维素大分子的主链为聚戊糖，即木聚糖，占大分子的90%以上；而支链上则有多缩己糖，即D-葡萄糖醛酸，也有多缩戊糖，即a-L-阿拉伯糖。实验表明，竹材半纤维素是聚D-葡萄糖醛酸基阿拉伯糖基木糖，它包含4-氧-甲基-D-葡萄糖醛酸、L-阿拉伯糖和D-木糖，它们的分子个数比为1.0:(1.0~1.3):(24~25)。

除竹材和针、阔叶树材的阿拉伯糖基木聚糖在糖的组成比上有不同外，竹材木聚糖的聚合分子数比木材高。

竹材戊聚糖含量在19%~23%，接近阔叶材的戊聚糖含量，远比针叶材（10%~15%）高得多。说明它用于制浆或水解生产的同时，萃取糖醛的综合利用是可取的。

③ 木质素

竹材木质素的构成类似于木材，也由3种苯基丙烷单元构成，即对羟基苯丙烷、愈疮木基苯丙烷和紫丁香基苯丙烷。但竹材是典型的草本木质素，含有较高比例的对羟基苯丙烷。

竹材木质素的构成定性地类似于阔叶树材木质素，但3种结构单位的组成比例有较大差异，对于阔叶树材，愈疮木基苯丙烷和紫丁香基苯丙烷的比例一般为1:3，只有少量的紫丁香基苯丙烷，而竹材的对羟基苯丙烷、愈疮木基苯丙烷和紫丁香基苯丙烷按10:68:22分子个数比组成。

竹子木质素特殊之处在于它除了含松柏基、芥子基和对羟基苯基丙烯醇的脱氢聚合物外，尚含有5%~10%的对羟苯基丙烯酸酯。1年生竹子的木质素含量在20%~25%，接近阔叶材和一些草类（如麦秸22%）的木化程度，比针叶材略低，木质素含量稍低，说明在制浆蒸煮过程中耗药量减少，且较易于成浆。

（2）竹材化学组成的变异

① 秆茎不同部位有机组成的差别

表2-38和表2-39所列为毛竹的有机组成，可看出，竹材的有机组成与竹壁部位有关。

表2-40列出了日本产毛竹竹笋尖、中、基部和成熟竹材，以及浙江临安产毛竹的梢、中、基部的化学组成，由日本毛竹分析结果可看出：竹材中纤维素和木质素的含量高于竹笋；戊聚糖在竹材中的含量比竹笋中小。由浙江毛竹分析结果可看出：梢、中、基部有机组成的差异较小，对竹材利用不至于产生影响。

② 竹材有机组成在竹龄间的差异

Itoh研究表明，在第一个生长季节中，木质素含量显著增加。自第二年后秆茎木质素含量几乎保持同一水平，并随竹龄老化而略有下降。表明全部细胞的木质化过程是在一个生长季节内完成的。

表 2-40　毛竹的化学组成及含量（干重）[1]　　　　单位：%

产地和部位			灰分	热水抽提物	1%氢氧化钠溶液抽提物	苯-醇抽提物	纤维素[2]	戊聚糖	木质素
日本	竹笋	尖部	1.61	16.16	45.44	4.72	31.69	25.40	2.25
		中部	0.88	14.73	32.86	2.33	38.48	36.20	7.80
		基部	0.70	15.78	34.17	3.00	35.44	31.62	6.21
	成熟竹材		1.31	19.96	32.19	4.63	49.12	27.70	26.06
浙江临安	梢部		1.22	7.00	25.26	5.99	41.22	31.84	24.73
	中部		1.20	8.43	27.62	7.35	42.35	30.81	24.49
	基部		1.10	9.25	28.75	7.39	42.89	82.84	23.97

[1] 我国和日本采用的分析方法有差别，分析结果不能作对比；
[2] 日本竹材引文注为 α-纤维素；浙江竹材引文注为纤维素。

在材质成熟阶段，表 2-41 和马灵飞的研究表明，过了半年之后，竹子只稍微增加了其木质化和角质化程度。可以粗略地看出这样一种趋势，即随着竹龄的增长，综纤维素、α-纤维素和灰分的含量略有下降，而木质素和苯-醇抽提物含量则基本不变或略有增加。

表 2-41　不同竹龄化学成分测定结果的比较　　　　单位：%

竹种	竹龄	水分	灰分	冷水抽提物	热水抽提物	1%氢氧化钠溶液抽提物	苯-醇抽提物	木质素	戊聚糖	综纤维素	α-纤维素
毛竹	半年生	9.00	1.77	5.41	3.26	27.34	1.60	26.36	22.19	76.62	61.97
	1年生	9.79	1.13	8.13	6.31	29.34	3.67	34.77	22.97	75.07	59.82
	3年生	8.55	0.69	7.10	5.11	26.91	3.88	26.20	22.11	75.09	60.55
	7年生	8.51	0.52	7.14	5.17	26.83	4.78	26.75	22.01	74.98	59.09
青皮竹	半年生	9.09	2.39	6.64	8.03	32.27	4.59	18.67	22.22	77.71	51.96
	1年生	10.58	2.08	6.30	7.55	30.57	3.72	19.39	20.83	79.39	50.40
	3年生	10.33	1.58	6.84	8.75	28.01	5.43	23.81	18.87	73.37	45.50
淡竹	半年生	10.70	1.68	3.60	5.15	27.27	1.81	23.58	21.95	78.17	49.97
	1年生	8.29	1.29	10.70	8.91	34.28	7.04	23.62	22.35	72.84	57.88
	3年生	9.33	1.85	8.81	12.71	35.32	7.52	23.35	22.49	62.40	39.95

（3）竹材的少量成分

抽提物是指可以用冷水、热水、醚、醇和 1%氢氧化钠溶液等溶剂浸泡竹材后，从竹材中抽提出的物质。竹材中抽提物的成分十分复杂，但主要是一些可溶性的糖类、脂肪类、蛋白质类以及部分半纤维素等。

一般竹材中冷水抽提物为 2.5%～5%，热水抽提物为 5%～12.5%，醚、醇抽提物为 3.5%～9%，1%氢氧化钠溶液抽提物为 21%～31%。此外，蛋白质含量为 1.5%～6%，还原糖的含量约为 2%，脂肪和蜡质的含量为 2%～4%，淀粉类含量为 2%～6%。

同一竹种，不同竹龄的竹材中，各类抽提物的含量是不同的，如慈竹中 1%氢氧化钠溶液抽提物，嫩竹为 34.82%，1 年生竹为 27.81%，2 年生竹为 24.93%，3 年生竹为 22.91%。

竹种不同，各种抽提物的含量也是不同的，见表 2-42。

表 2-42　不同竹种的抽提物含量　　　　　　　　单位：%

抽提物类别	毛竹	淡竹	撑篙竹	慈竹	麻竹
冷水抽提物	2.60	—	4.29	—	—
热水抽提物	5.65	7.65	4.30	—	12.41
醇、乙醚抽提物	3.67	—	5.44	—	—
醇、苯抽提物	—	5.74	3.55	8.91	6.66
1%氢氧化钠溶液抽提物	30.98	29.95	29.12	27.72	21.81

燃烧后残存的无机物称灰分，占竹材总量的 1%～3.5%，含量较多的有五氧化二磷、氧化钾、二氧化硅等。灰分中以二氧化硅含量最高，平均约 1.3%。

竹材抽提物中抗腐成分少，随竹龄的增加天然耐久性没有增强的趋势。对此，尚缺乏理论研究。

2.3.1.2　竹材的物理性质

（1）含水率

竹材在生长时，含水率很高，依据季节而有变化，并在竹种间和秆茎内也有差别。新鲜竹材的含水率一般在 70%以上，最高可达 140%，平均 80%～100%。

通常竹龄愈小，其新鲜材含水率愈高，如 1 年生毛竹新鲜材的含水率约135%，2～3 年生的约为 91%，4～5 年生的约为 82%，6～7 年竹的约为 77%。

竹干自基部至梢部含水率逐步升高，如某 7 年生毛竹新鲜材的基部含水率为45.7%，而其梢部含水率可达 97.1%。竹壁外侧（竹青）含水率最低，中部（竹肉）和内侧（竹黄）次之，如某毛竹新鲜材的竹青含水率为 36.7%，竹肉含水率为 102.8%，竹黄含水率为 105.4%。

气干后的平衡含水率随大气的温度、湿度的变化而变化，根据测定，毛竹在北京地区的平衡含水率为 15.7%。

（2）密度

竹材基本密度在 $0.40\sim0.9g/cm^3$。这主要取决于维管束密度及其构成。一般，竹干上部和竹壁外侧的维管束密度大，导管直径小，因此竹材密度自内向外、自下向上逐渐增大。节部密度比节间稍大。

不同竹种的密度有较大的差异，表 2-43 为不同竹种的基本密度和气干密度。

表 2-43　不同竹种的基本密度和气干密度　　　　　单位：g/cm^3

竹种	基本密度	气干密度	竹种	基本密度	气干密度
毛竹	0.61	0.81	硬头黄竹	0.63	0.88
刚竹	0.63	0.83	撑篙竹	0.58	0.67
斗竹	0.39	0.55	车筒竹	0.67	0.92
水单竹	0.77	1.00	龙竹	0.52	0.64
簕竹	0.64	0.97	黄竹	0.83	1.01

从竹笋长成幼竹，完成高生长后，竹干的体积不再有明显的变化。但竹材的密度则随竹龄的增长面有变化，如毛竹，前 5 年，由于竹材细胞壁随竹龄增长及木质化程度的提高，竹材密度逐步增加，5～8 年稳定在较高的密度水平，8 年后，随着竹子进入老龄，竹材密度开始略有下降，见表 2-44。

表 2-44　毛竹竹材密度与竹龄的关系　　　　　单位：g/cm^3

竹龄	密度	竹龄	密度
幼竹	0.243	6	0.630
1	0.425	7	0.624
2	0.558	8	0.657
3	0.608	9	0.610
4	0.626	10	0.606
5	0.615		

（3）干缩性

竹材采伐后，在干燥过程中，由于水分蒸发，而引起干缩。竹材的干缩，在不同方向上，有显著差异。毛竹由气干状态至全干，测定其含水率每减少 1% 的平均干缩率，结果为：纵向 0.024%，弦向（平周）0.1822%，径向（垂周）0.1890%（有节处 0.2726%，无节处 0.1521%）。可看出，纵向干缩要比横向干缩小得多，而弦向和径向干缩的差异则不大。

竹材壁同水平高度，内、外干缩也有差异。竹青部分纵向干缩很小，可以忽略，面横向干缩最大；竹黄部分纵向干缩较竹青大，而绝对值仍小，但横向干缩则明显小于竹青。不同竹龄的毛竹，竹龄愈小，弦向和径向干缩率愈大，而竹龄对纵向干缩影响很小。

表2-45为一些竹种的全干缩率值，供参考。

表2-45 不同竹种的全干缩率值 单位：%

竹种	纵向干缩率	径向干缩率	弦向干缩率	体积干缩率
毛竹	0.32	3.0	4.5	—
车筒竹	0.1	2.5	3.8	6.3
硬头黄竹	—	5.5	4.7	10.6
水单竹	—	4.3	5.5	10.0

2.3.1.3 竹材的物理、力学性质

（1）竹材力学的特点

竹材与木材相似，是非均质的各向异性材料。竹材密度小、强度相对较大，可以说它是一种轻质高强的材料。竹材的物理、力学性质极不稳定，在某些方面超过木材，如竹材的顺纹抗拉强度约比密度相同的木材高1/2，顺纹抗压强度高10%左右。其复杂特性主要表现在以下几方面。

① 由于维管束分布不均匀，使密度、干缩、强度等随竹干不同部位而有差异。一般，竹材壁外侧维管束的分布较内侧密，故其各种强度亦较高；竹材壁的密度自下向上逐渐增大，故其各种强度也增高。

② 含水率的增减亦引起密度、干缩、强度等的变化。据测定，当含水率为30%时，毛竹的抗压强度只相当于含水率为15%时的90%，但也有报告影响的程度较此大1倍。

③ 竹节部分与非竹节部分具有不同的物理、力学性质。如竹节部分的抗拉强度较节间弱，而顺纹抗劈性则较节间大。

④ 随竹材竹龄的不同，其物理、力学性质也不一致。一般2年以下的竹材柔软，缺乏一定的强度；4~6年则坚韧富有弹性且力学强度高；7年以上，质地变脆，强度也随之降低。

⑤ 竹材三个方向上的物理、力学性质也有差异，如竹材的顺纹抗劈性甚小。

综上所述，竹材的物理、力学性质差异较大，影响因素复杂，所以利用竹材时应充分考虑上述情况。

（2）竹材主要力学强度指标

由于竹材胞壁物质分布不均匀且呈空心圆柱状，已有的关于竹材力学强度的测定都是指测定竹材完整壁厚试样的结果。表2-46为不同地方产毛竹的力学性能数据。

表 2-46　不同地方产毛竹的力学性能数据

力学强度指标	四川产	浙江产	安徽广德产
顺纹抗拉强度/MPa	212	181	150～210
顺纹抗压强度/MPa	51	71	80～100
静弯曲强度/MPa	135	154	150～180
顺纹抗剪强度/MPa	12	15	20～25
冲击韧性/(kJ/m²)	—	—	100～230

2.3.2　其他天然纤维材料

了解其他天然纤维的基础知识将为开发具有特定应用性的无黏结剂板提供更广阔的视野。除木材和竹材类的其他天然纤维的主要成分通常也是纤维素、半纤维素、木质素、果胶、蜡和脂肪等。表 2-47 总结了其他天然纤维的优缺点。表 2-48 显示了一些其他天然纤维的化学成分及含量。

表 2-47　其他天然纤维的优缺点

优点	缺点
密度低,因此比强度和比刚度高	强度低,尤其是冲击韧性低
可再生,能耗低,CO_2 排放低	性质各异,受天气影响大
加工过程友好,不损坏刀具、不刺激皮肤	耐水性差,遇水易膨胀
投资低、成本低	最大加工温度受限
电绝缘性能良好	耐久性差
隔热隔声性能良好	耐火性差
可生物降解	亲水,对疏水性物质的润湿性差

表 2-48　一些其他天然纤维的化学成分及含量

纤维种类	木质素/%	纤维素/%	半纤维素/%	灰分/%
亚麻	2.2	71.0	18.6～20.6	1.7
黄麻	12.0～13.0	61.0～71.5	13.6～20.4	0.8
红麻	15.0～19.0	31.0～57.0	21.5～23.0	2.0～5.0
剑麻	7.0～11.0	47.0～78.0	10.0～24.0	0.6～1.0
椰壳纤维	40.0～45.0	32.0～43.0	25.0	2.0～10.0
甘蔗渣	19.2	56.9	76.3	—
椰枣木	31.9	50.6	8.1	6.8
榴莲纤维	10.1	—	48.6	3.9
芒	19.9	42.6	10.1	0.7
香蕉束	5.0	63	10	0.8
油棕	17.2	60.6	32.5	5.4

研究人员研究了用于纤维板生产的各种类型的天然纤维废料（表 2-48）。在用于制造无醛纤维板材的天然纤维中，有红麻、油棕、椰子壳、香蕉束和甘蔗渣。本节将简要讨论这些材料。榴梿皮、椰枣、竹子、纸张、瓦楞纸板和农业废料等天然纤维也有很强的用作原料的潜力，然而，还需要进一步的研究。

2.3.2.1　红麻

红麻是一种生长迅速的一年生植物。红麻茎由纤维的两个主要部分组成，即纤维外层与木质内层（30∶70），这些材料在纤维形态特征和化学成分上有很大差异。与韧皮相比，红麻芯更轻、更多孔，密度为 $0.10\sim0.20g/cm^3$。它已成为具有可持续发展潜力的木质纤维原料。红麻的木质素含量较低，但富含半纤维素。已有研究人员开展了一些使用红麻纤维生产无醛纤维板的研究。

有研究人员使用红麻芯通过热压方法制造了无醛纤维板，以研究不同条件下生产板材的性能。结果表明，最佳压制压力、温度和时间分别为 5.3MPa、180℃和 10min，板密度为 $1.0g/cm^3$。所得板的性能超过了标准规定的最低要求（JIS-A 5908：2003）。在另一项研究中，研究人员调查了该无醛纤维板的耐水性。与采用合成树脂胶黏剂的纤维板相比，该无醛纤维板的耐水性更强。此外，研究人员还研究了该无醛纤维板在不同热压温度下的化学变化，发现一些木质素和半纤维素在热压过程中发生了分解。他们还发现在热压过程中添加醋酸等添加剂会有助于化学变化并改善纤维板性能。

也有其他研究团队使用红麻芯生产了用于隔热和隔音的低密度无醛纤维板。生产的板材具有良好的力学性能，并具有与绝缘材料相似的热导率。尽管这些板表现出良好的内部黏结性能，但由于其多孔特性，它们具有较高的吸水率。他们还对通过精炼工艺生产板材作了进一步研究，发现高蒸汽压力和长蒸煮时间会提高板材的内部黏结强度并降低其厚度膨胀，但会导致较低的强度值。含水量较高的无醛纤维板可能具有更好的性能，因为该工艺能够更快地将热量传递到板材的芯部，并降低木质素的熔点。

还有团队研究了通过蒸汽喷射压制和热压工艺生产的红麻芯基无醛纤维板的化学变化。结果表明轻度蒸汽注入导致化学成分显著降解，形成具有高尺寸稳定性的深棕色板。通过适当控制蒸汽压力和压制时间，获得最佳的蒸汽处理条件，对于获得最佳的板材性能是非常重要的。他们还尝试使用蒸汽压注法生产以甘蔗渣为原料的无醛纤维板，以研究原材料、储存方法和制造工艺的影响。结果表明，蒸压板的机械强度和内结合强度均高于热压板。

2.3.2.2　油棕

油棕也是一种天然纤维，富含糖和淀粉，含有纤维素、半纤维素和木质素。

根据研究人员的数据,马来西亚每年产生约 1390 万吨(干重)的油棕榈生物质,包括树干、复叶和空果束。这种农业生物质相当便宜、丰富且可再生,但没有得到有效利用,大量棕榈树干作为未充分利用的资源留在田间。露天焚烧和垃圾填埋是消除油棕残留物的常见做法,但会造成环境问题。丰富、可再生和富含糖类使油棕榈成为生产增值、环保的无醛纤维板的理想原料。

有研究人员通过对油棕叶进行蒸汽爆破处理制备了无醛纤维板。该板的机械强度符合标准要求(JIS-A 5908 2003),表面光滑,颜色为深棕色,这是由于油棕叶的化学成分降解造成的。严格的蒸汽爆破处理对纤维造成了巨大的破坏,导致板的质量有所下降。也有其他研究人员利用油棕(包括树皮、树叶、复叶、树干中部和树芯等部分)来制造无醛纤维板。所得板材符合标准(JIS-A 5908 2003)要求,但因为未对原料做预处理,导致其尺寸稳定性较差。他们也提出,由纤维状原料制得的板材比由颗粒状原料制得的板材具有更强的黏合性能和力学性能。

2.3.2.3 椰壳和甘蔗渣

椰子通常生长在热带国家的沿海地区。每年产生约 1500 万～2000 万吨的果壳。椰子壳由 30%(质量分数)的椰子纤维和 70% 的髓组成,必须通过脱胶或机械脱皮来分离,以用于生产各种产品,如绳索、纱线、刷子等。

甘蔗渣是甘蔗加工过程中产生的废弃物。它纤维素含量高,有利于维持其纤维形状并提高耐水性;并且其纤维素聚合度高,有利于增强甘蔗渣基体的强度。每年都有大量的被废弃掉的甘蔗渣,这些甘蔗渣髓芯中还含有残余糖,会导致甘蔗渣难以与树脂型胶黏剂相容,甚至干扰胶黏作用。因此,为了生产高质量的无醛纤维板,必须去除掉髓芯和残余糖。

研究人员还使用椰子壳制作了高密度无醛纤维板,该板材的力学性能与商用板材相当,这为开发廉价建筑材料提供了商业可能性。果壳材料的组成取决于坚果的成熟度,有研究人员以椰壳和甘蔗渣为原料,通过热压法生产了无醛纤维板。除了耐水性以外,这两种无醛纤维板的性能均符合标准要求(JIS-A 5908:2003)。与椰子壳相比,甘蔗渣无醛板具有更优越的性能。该板材也具有优异的绝缘性能。

2.3.2.4 其他材料

每年大约有 88.8% 的香蕉总生物质被丢弃,所丢弃香蕉生物质来自香蕉的各个部分,如香蕉束、假茎和叶子等,这些都是高纤维含量材料。研究人员通过对香蕉束进行预处理,采用热压法生产了无醛纤维板,结果表明板材质量与热压温度和热压压力密切相关，最佳的热压温度和压力分别为 200℃ 和 1.4MPa。

　　研究人员利用榴梿皮生产了新型绝缘无醛刨花板，作为绝缘产品的绿色替代材料。该团队用榴梿皮粉代替甲醛基树脂作为无胶板的胶黏剂。这些无醛板具有最好的物理性能，同时产生最低的热导率。同时，有研究人员通过热压工艺，利用四种不同的椰枣纤维开发了一种无醛纤维板。作为椰枣的一种成分，椰枣纤维具有较高的木质素含量和良好的机械抗性，具有较高的内结合强度和较低的吸水率，是一种很有前途的纤维副产品。还有研究人员分别利用蒸汽爆破和热水对麦秸和稻草做了预处理，评估预处理对制成无醛纤维板性能的影响。结果表明，使用这两种方法进行预处理是促进化学成分降解、提高纤维板性能的有效方法。

　　也有研究人员指出，预处理材料具有更好的强度和光滑的外观。他们通过水解针叶材预处理制得了密度为 1.0g/cm^3 的无醛纤维板，评估了预处理程度和添加木质素的效果，结果表明添加 20% 的木质素不会引起密度和尺寸稳定性的显著变化，但会改善板材的内部黏结和强度性能。还有研究人员对黑云杉树皮进行碱性处理，以制造无醛纤维板；结果表明与未经处理的板材相比，经处理的板材颜色更浅，力学性能更高。

　　研究人员通过研磨芒属植物纤维，并将其放入蒸煮器中进行蒸汽爆破处理的方式预处理了芒纤维，结果表明经过研磨处理制得的板材质量优于未经研磨处理制得的板材。他们进一步优化了研磨预处理条件、热压条件和木质素添加量，制得的性能最好的板材满足相关标准要求。

　　棉秆木质素含量高，具有很好的柔韧性和伦克尔比。有研究人员利用棉秆纤维制造了一种环保隔热材料。由于纤维内部和纤维之间的空隙减少，热导率随着板材密度的增加而增加。因此，这种无醛纤维板作为建筑应用的绝缘部件具有非常出色的性能。

参考文献

［1］　华毓坤．人造板工艺学．北京：中国林业出版社，2002.

［2］　刘一星，赵广杰．木材学．2版．北京：中国林业出版社，2012.

［3］　Tajuddin M, Ahmad Z, Ismail H. A review of natural fibers and processing operations for the production of binderless boards. Bioresources, 2016, 11（2）: 5600-5617.

无醛纤维板关键技术——胶合成型技术

    目前，我国绝大多数纤维板产品所用的胶黏剂都是由不可再生石化资源生产的含有甲醛的胶黏剂，包括脲醛树脂胶黏剂、酚醛树脂胶黏剂和三聚氰胺-甲醛树脂胶黏剂。其中，相对于其他的合成树脂胶黏剂，脲醛树脂胶黏剂因为其较短的固化时间、清晰透明的颜色和低廉的成本而成为使用最广泛的胶黏剂。然而，使用脲醛树脂胶黏剂的纤维板在生产和使用过程中存在着游离甲醛释放的问题。由于脲醛树脂合成工艺的技术限制，无论如何改进生产条件，脲醛树脂在生产和使用过程中都将无法避免地面对游离甲醛的释放问题。更为严重的是，我国纤维板生产企业大多自己生产所需要的脲醛树脂胶黏剂，限于绝大多数中小企业落后的生产工艺，纤维板产品的游离甲醛释放更为严重，并且，脲醛树脂胶黏剂的成本与纤维板总成本息息相关，据计算，添加量只占 10% 左右的脲醛树脂胶黏剂成本占到了纤维板总成本的 60%，出于经济效益的考虑，企业不愿意在改进脲醛树脂胶黏剂工艺上投入更多的成本，再加上企业本身对工艺改进的重视程度严重不足，这些共同导致了我国纤维板产品存在着严重的游离甲醛释放问题。然而，游离甲醛释放严重地危害着环境与人体健康（诱导癌症，刺激眼睛、鼻腔和喉咙等）；同时，游离甲醛释放也成为制约纤维板产业技术改造与升级的瓶颈问题。近些年来，我国也出台了一些标准（GB 18580—2017《室内装饰装修材料 人造板及其制品中甲醛释放限量》限定室内装饰装修材料人造板及其制品中甲醛释放限量值为 $0.124 mg/m^3$）和法规政策引导企业生产环保型纤维板产品。因此，对纤维板行业进行升级改进，引导纤维板产业的技术创新，解决纤维板产业游离甲醛释放的问题已成为纤维板行业的燃眉之急。

    面对着这迫在眉睫、亟待解决的纤维板行业世界性难题，国内外的研究人员已经开展了不含甲醛胶黏剂纤维板的探索与研发。例如，因为其独特的快速固化、无甲醛释放、添加量低和抗老化性好等优点，PMDI胶黏剂引起了相关研究人员的广泛关注。然而，与传统的含有甲醛类的胶黏剂一样，PMDI 也依赖于不可再生石化资源的开发，同时，PMDI 的生产工艺复杂，难以进行工业规模化的生产，这导致了 PMDI 胶黏剂的价格偏高，一般只被用在对胶合强度要求高的木质复合材料（例如定向刨花板）中，难以被广大纤维板生产厂家和消费者接受。因此，研究人员正逐步将目光转向生产不含胶黏剂的，以期利用木纤维自粘力使纤维板成型的无胶纤维板，或者研发利用天然可再生资源作胶黏剂（大豆蛋白、小麦蛋白、淀粉、木质素、壳聚糖等）制备价格低廉的环保型纤维板，力求从根本上解决胶黏剂中甲醛污染的问题。

探求绿色环保型纤维板生产的新方法不仅是如今纤维板产业的首要追求，也是现今世界木材及生物质行业的重要发展方向。解决纤维板产品的甲醛释放问题，有利于促进建设环境友好、资源节约型社会，对建设绿色人居环境和生态文明、发展循环经济、推动绿色生产具有重要的意义。通过研发无胶纤维板或开发由天然可再生资源作胶黏剂制备的低成本纤维板，创新绿色环保型纤维板新技术，将会给纤维板行业带来技术性跨越。

3.1 无胶纤维板成型技术

无胶纤维板是一种不依赖于额外添加的胶黏剂，通过对木质纤维进行物理或化学处理，使木质纤维材料在高温高压条件下依靠内部自身的胶合作用形成的纤维板。无胶纤维板技术诞生于 1928 年，William H. Mason 发明了一种通过蒸汽预处理方法生产木质纤维无胶硬纸板的方法，在蒸汽预处理的化学-机械联合作用条件下，原本位于木纤维内部的组分迁移到了木纤维表面，并在木纤维表面形成了具有胶黏作用的物质。之后的 1956 年，Runkel 和 Jost 发明了一种 Thermodyn 方法来生产无胶纤维板，此方法分为两步，但不需要经过蒸汽预处理步骤。在第一步中，由于热压时的高温高压作用，纤维中挥发出降解气体，在降解气体的水解作用下，纤维表面产生了具有胶黏作用的物质，第一步与 William H. Mason 的蒸汽预处理步骤非常类似；第二步，纤维在高温高压作用下成型。Runkel 和 Jost 指出，在高温高压和水蒸气作用下，纤维细胞壁中发生的物理、胶合和化学作用共同导致了纤维材料的热塑性增加，然而那时人们对石油基热塑性材料更感兴趣，因此此方法逐渐消失在了人们视野中。

对无胶纤维板系统性的研究可以追溯到 20 世纪 80 年代。1982 年，Mobarak 等人利用甘蔗渣制备了无胶木质纤维复合材料并探讨了材料的自胶合机理。1986 年，Shen 提出了另一种无胶纤维板的生产方法，并探讨了无胶纤维板工业化生产的可能性。之后研究人员探讨了利用其他原材料制备无胶纤维板的可行性，例如椰子、竹子、棕榈等。

通过对原材料进行化学或漆酶预处理可以在原材料表面生成活性自由基团，这为提高无胶纤维板的性能提供了一条新的道路。而在蒸汽预处理作用下，水分和木纤维间会发生多种物理化学相互反应，与热压时的反应极为相似，因此蒸汽预处理在无胶纤维板的生产过程中得到了迅速发展。由蒸汽预处理发展而来的在热压之前对纤维进行的蒸汽爆破处理，可以在纤维表面产生大量的活性位点，这对纤维之间的自胶合作用极其有利，使得最终成型的纤维板有着优异的性能，满足工业使用标准。

然而，由于无胶纤维板的自胶合机理复杂，生产工艺与传统纤维板的生产工艺差别较大，成品质量参差不齐等原因，无胶纤维板产品的生产大多局限在实验室范围内，真正推广到工业应用的少之又少。

3.2 无醛胶黏剂

应用由天然可再生资源制备的环保型胶黏剂生产纤维板也可以解决传统纤维板带来的甲醛污染问题，目前开展的研究中可用来制备环保型胶黏剂的天然可再生原料有植物油、树皮、糖类、蛋白质、单宁、壳聚糖和木质素等，其中关于糖类、蛋白质、单宁、壳聚糖和木质素的研究较为常见。

3.2.1 糖类

3.2.1.1 糖类胶黏剂的类型和来源

几十年来，糖类一直以多糖、树胶、低聚物和单体糖的形式作为胶黏剂应用。它们是由碳、氧和氢组成的非芳香生物分子，含有极性和氢键官能团，可从可再生生物质资源中获得；其中的许多种，如淀粉，具有很高的成本效益，可通过多种方式用作木材胶黏剂：

① 直接作为木材胶黏剂，然而，实际工业中没有这么做的；

② 用作与其他胶黏剂［如酚醛树脂（PF）或脲醛树脂（UF）］的共反应物（改性剂）；

③ 经过化学改性进一步提高其交联反应能力；

④ 将废弃植物中的多糖酸解成低质量的呋喃化合物，如糠醛、糠醇或 5-羟甲基糠醛（5-HMF），然后再用其生产胶黏剂，例如通过原位反应生成呋喃，再将其进行均聚或者与木质素反应生产胶黏剂。

淀粉和纤维素在造纸工业中作为胶黏剂已经使用了几十年；到目前为止，工业上还没有将其用作木材胶黏剂。只有通过将其作为另一种胶黏剂的共反应物或者通过化学改性以进一步赋予其反应能力，它们才具有作为木材胶黏剂的潜力。通常每种糖类的单元有一个一级羟基和两个二级羟基（对于戊聚糖，只有两个二级羟基），这些羟基确保了其能发生胶黏反应。然而，在使用纤维素作胶黏剂时，必须先将其溶解。为了保证淀粉和纤维素有足够的胶合强度，必须对其进行适当的改性处理。

通常，多糖类胶黏剂的胶合力严重依赖于氢键，因此，需要使用交联剂来提高其内聚性和耐水性。通常，人们希望交联剂也是来自天然产物，然而到目前为止，市场上还没有这种经济上可行的天然产物基交联剂。淀粉胶黏剂尚需要依赖合成交联剂，如 PMDI 和环氧化合物。

由于其极性结构，糖类胶黏剂通常会吸收大量水分，从而使胶黏性变弱，湿黏合强度较差，尽管有多种纤维素衍生物湿强度有所提高。因此，由于其耐水性和耐热性差，单独的糖类不适用于木材胶合。

有研究者做了糖类用于提升脲醛树脂和酚醛树脂耐水性的研究。糖类（葡萄糖、果糖、蔗糖、木糖、玉米糖浆和甲基葡萄糖苷）含有大量羟基，导致其对水敏感。在反应第一阶段，尿素存在时，糖类发生酸催化脱水，苯酚在这一阶段仍然是一种非活性介质。当甲醛添加到反应混合物中时，在随后的中性阶段苯酚发生了反应。最后是碱性催化下的键合反应。当苯酚与糖类的物质的量比至少为 1:1，尿素与糖类的物质的量比在 (0.25:1)~(0.5:1) 范围内，甲醛/苯酚（F/P）物质的量比至少为 2.0 时，可获得最高的耐水性。

（1）纤维素

纤维素是由 β（1-4）连接的葡萄糖分子块组成的，纤维素分子之间的氢键确保了纤维素强大而稳定的晶体结构。这导致要对其进行改性前得先将其溶解，例如用纤维素的碱性水溶液作为湿和干纤维素基质的胶黏剂，然而，这种方法不大容易被工业界采用。

（2）淀粉

淀粉是最丰富、可再生、天然可生物降解的聚合物之一。它主要从水稻、玉米、小麦、黑麦、鼠尾草、木薯和马铃薯等主要作物的根、茎种子中获得，价格相对便宜。淀粉是由直链淀粉和支链淀粉组成的混合物，其中直链淀粉和支链淀粉都由不同大小和形状的葡萄糖组成。

直链淀粉和支链淀粉（图 3-1）由不同大小和形状的 α-D-葡萄糖组成。直链淀粉是由 α-(1，4) 键组成的线性螺旋链分子。支链淀粉具有支链结构，通常在支链点处具有 α-(1-4) 和 α-(1-6) 键。纯支链淀粉不溶于冷水。

支链淀粉和直链淀粉被组装成半结晶颗粒，颗粒的大小和形状以及直链淀粉/

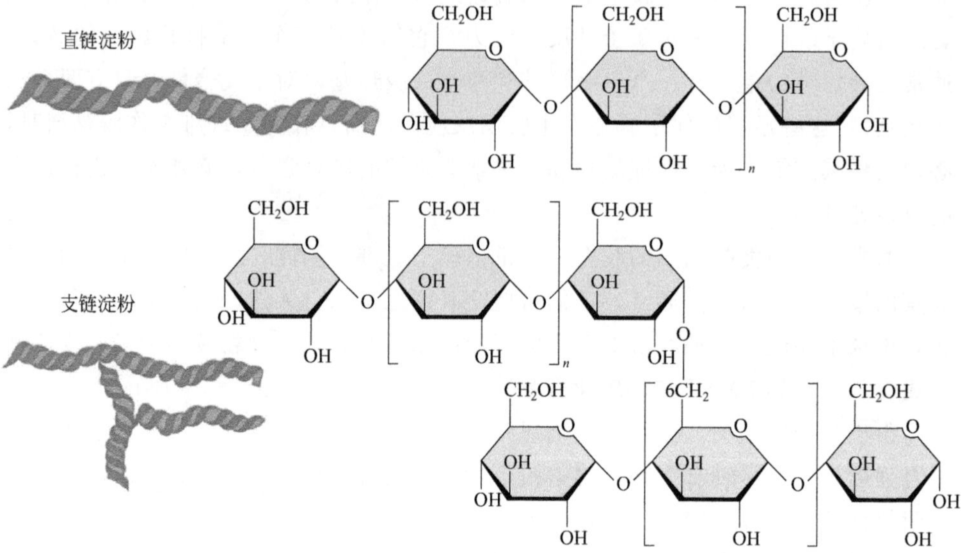

图 3-1　直链淀粉和支链淀粉

支链淀粉的比例因获得淀粉的植物种类而异，对淀粉作为胶黏剂的功能性很重要。大多数淀粉含有约 75% 的支链淀粉。淀粉用于化学反应的多功能性使其成为传统胶黏剂的替代品，广泛应用于食品、造纸施胶材料、添加剂和胶黏剂等领域。

由于淀粉分子之间的氢键，淀粉的形态是高度结晶区域中松散无定形区域的混合物。结晶区抑制水和化学成分渗透到结构中，从而产生较高的凝胶温度和低反应活性。因此，可对淀粉的结晶区进行一些修饰或减小结晶段的尺寸。

淀粉具有易得性、易加工性、成本低、附着力好、成膜性好等优点，是一种很有发展前途的胶黏剂原料，已被广泛应用于各种产品中。淀粉的黏合能力依赖于每个分子链上的大量羟基，赋予其对极性材料（如纤维素）极好的亲和力。淀粉基胶黏剂润湿纤维素的极性表面，并渗透到裂缝和孔隙中。淀粉在每个葡萄糖单元的 C2、C3 和 C6 位置上有三个羟基，能够形成氢键。由于纤维素和淀粉中的氢键比化学键弱得多，因此它们的强度不足以黏合木材。极性位点也容易与水分子形成氢键，导致淀粉基胶黏剂的耐水性差和干燥缓慢。

最近的关于淀粉胶黏剂的研究多集中于用淀粉胶黏剂去部分替代其他胶黏剂，或将其用做其他胶黏剂的填料，以降低胶黏剂的成本或者增加其黏度。通过对淀粉胶黏剂进行改性或者交联，可以提高其黏合强度和耐水性。淀粉胶黏剂的固化速度相对较慢（需要较长的压制时间），干燥后容易结晶，导致黏附力丧失。淀粉的改性（包括化学改性、物理改性、酶改性和基因改性）以及淀粉与各种天然和化学合成品的结合/交联可以增强天然淀粉的反应积极性，消除天然淀粉的缺点。例如，可以用聚乙烯醇（PVA）改善淀粉，PVA的羟基可以与淀粉表面的羟基形成氢键结合（图3-2），从而提高其耐水性。

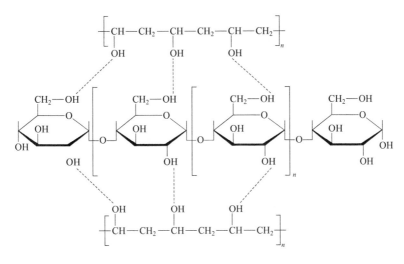

图 3-2 聚乙烯醇和淀粉的氢键结合

由于其分子量高，淀粉胶黏剂具有非常高的黏度，导致其在工业应用中存在问题。降低黏度的一种方法是通过添加小分子使聚合物网络膨胀来减少分子链之间的纠缠。另一种方法是剪切细化，分子在流动中定向，这降低了聚合物熔体中的纠缠。

（3）壳聚糖

壳聚糖是由甲壳素经碱性脱乙酰化得到的，它是唯一的一种阳离子多糖。它主要由 D-葡萄糖胺和 N-乙酰-D-葡萄糖胺单元经 β-（1,4）糖苷键相连组成，可溶于酸性溶液，但不溶于碱性溶液。

下文中会详细介绍壳聚糖作为纤维板用胶黏剂的应用，这里不再赘述。

（4）糊精

通过用 PMDI 或乙二醛等化学品原位交联糊精可以制得中密度纤维板用糊精胶黏剂。与经乙二醛交联的糊精胶黏剂制成的纤维板相比，经 PMDI 交联的糊精胶黏剂制成的纤维板力学性能更高，吸水厚度膨胀率和吸水率更低，说明 PMDI 交联的效果更好，这可能是 PMDI 更容易在木纤维表面均匀分布的原因。只有高含量的乙二醛交联剂才能使纤维板具有良好的力学性能，但其耐水性等相关性能仍需改善。

PMDI 可以与木纤维和糊精胶黏剂的羟基发生反应，进而大幅提高成板的机械强度。而乙二醛分子上的两个醛基距离太近，这会降低其移动性，导致成板机械强度并不如 PMDI 交联剂的高。

（5）木聚糖

木聚糖化学式为 $(C_5H_8O_4)_n$，是一种存在于植物细胞壁中的异质多糖，约占植物细胞干重的 15%～35%，是植物半纤维素的主要成分，是一种复杂的多聚五碳糖，具有不同的侧支链。木聚糖本身不能用作木材胶黏剂，因为其黏合性能有限，尤其是耐水性较低。通过添加 PVA 或聚（乙烯胺）等分散剂和乙二醛或六甲氧基甲基三聚氰胺交联剂，可以大幅提高木聚糖的胶合性能和耐水性能。

（6）树胶

天然树胶是天然来源的高分子量多糖，即使浓度很低，也能导致溶液黏度大幅增加。由于耐水性或耐热性不足，天然树胶的利用通常受到限制。刺槐豆胶、瓜尔豆胶、黄原胶和罗望子胶等分散液都可以用作木材胶黏剂。由于其黏度较高，胶黏剂中的固体含量必须低于 6%。

3.2.1.2 淀粉的改性

通过对淀粉进行化学改性，如氧化、酯化、阳离子化和醚化以及酸或碱处理，可以改善淀粉的物理化学性能。通过对淀粉进行交联，可以提高其抗湿性和耐热性，并使其形成硬塑性胶线。

（1）酯化

通过将羟基转化为酯进行酯化，可提高淀粉的疏水性。酯化淀粉的吸水率和水溶性取决于酯化剂的链长和酯化程度。

采用干法酯化和 PMDI 交联法可制备室温固化的淀粉基木材胶黏剂。与马来酸酐酯化后，淀粉的晶型没有改变，但结晶度降低。在最佳添加量为 10% 时，PMDI 提高了胶黏剂的湿剪切强度和热稳定性

（2）酸/碱处理

淀粉可以用氢氧化钠进行变性处理，形成组织度较低的团聚体，更易溶于水，更容易渗透到木材中。糖类也可以直接溶解在强碱中用作木材胶黏剂。

（3）长链淀粉与小分子蔗糖的协同效应

NaOH 处理可以使直链淀粉和支链淀粉变性，高温（180℃）进一步改善了键合结果。这可以用蔗糖焦糖化现象来解释，超过 160℃ 时，蔗糖开始改变其结构，并形成各种反应分子，如 5-羟甲基糠醛（5-HMF）、羟基乙酰基呋喃（HAF）或二羟基二甲基呋喃酮（DDF），所有这些都可能参与淀粉的交联。淀粉与呋喃衍生物的交联反应见图 3-3。

酸水解时间影响醋酸乙烯酯在淀粉上的接枝聚合；随着水解时间的延长黏度

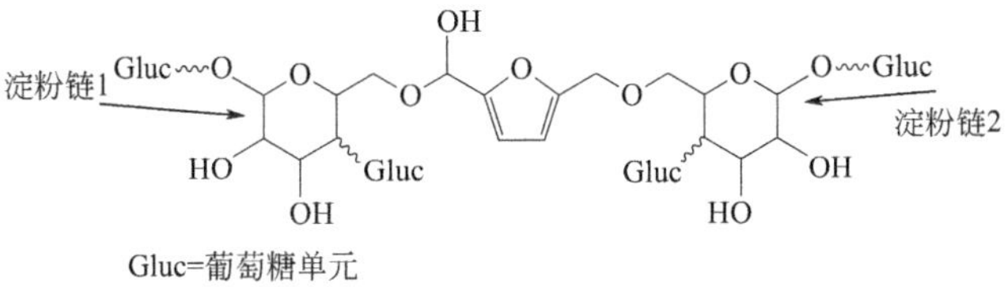

图 3-3 淀粉与呋喃衍生物的交联反应

降低，进而会破坏淀粉分子的结构并减小其尺寸，从而也有助于接枝反应的效率。因此，改性淀粉的剪切强度和耐水性提高。

（4）机械活化

木薯淀粉经搅拌球磨机机械活化后，其晶体结构和颗粒形态发生显著变化；木薯淀粉的结晶结构被显著降解，并且在机械活化过程中产生了无定形颗粒聚集。木薯淀粉的糊化温度、糊化焓、表观黏度和剪切变稀度降低，从而提高了淀粉的冷水溶解度。FTIR 显示在机械活化过程中没有产生新的官能团。

（5）微波处理

微波处理可以提高淀粉的消化率，因为与未经处理的样品相比，所有微波处理的样品中快速消化的淀粉浓度较高，而抗性淀粉（定义为"到达人体大肠的淀粉"）和缓慢消化的淀粉浓度较低。淀粉消化率的增加归因于淀粉的糊化，这种处理也有助于提高木材胶黏剂的性能。研究人员研究了经微波处理的选定淀粉-水系统的时间-温度曲线，以及微波辐射对马铃薯和木薯淀粉的物理化学性质和结构的影响。在含水率＞20％的样品中发现了等温转变，导致淀粉糊化温度升高，其在水中的溶解度下降。

（6）超声降解

在 70％的含水率下对玉米淀粉进行超声波处理，通过优先降解无定形区域并且相较于高度支链淀粉更容易攻击直链淀粉，从而降低玉米淀粉的黏度，这可在不显著增加其黏度的情况下增高其固含量。

由于 OH·自由基的超声频率诱导降解和机械力化学效应以及声化学链断裂，伴随着导致羰基形成的副反应，壳聚糖和淀粉的分子量减少。

（7）热处理

天然淀粉几乎不溶于水，并且由于分子内和分子间的大量氢键，很容易沉淀。因此，当用于制造的单板黏合的胶合板时，淀粉胶黏剂在干燥时容易结晶，导致接触面积减少和黏合损失。在水中加热会破坏淀粉链结晶颗粒的形成。在这种糊化过程中，加热会破坏淀粉螺旋中的氢键，使水渗透到结构中。淀粉糊是在用过量的水继续加热时形成的。糊状物由溶解的直链淀粉和淀粉颗粒碎片组成。

淀粉在 70～90℃ 下的热预处理会影响与醋酸乙烯酯的接枝共聚反应以及由此产生的淀粉基木材胶黏剂的性能，在 90℃ 下达到最佳性能，此时淀粉颗粒的结构被完全破坏。这种改性不仅发生在淀粉颗粒表面，而且发生在淀粉颗粒内部，导致接枝量和接枝效率的提高。

（8）酶处理

不同类型的淀粉在 35℃ 下用真菌 α-淀粉酶和糖化酶的混合物水解 24h。淀粉（颗粒）在低于糊化温度（60℃，30min）的热处理后水解，这种效应主要发生在淀粉颗粒的表面，并且优先发生在颗粒的无定形区域。显然，低于糊化温度的加热处理可有效提高颗粒淀粉的水解度。

（9）添加表面活性剂

将十二烷基磺酸钠（SDS，一种阴离子表面活性剂）在醋酸乙烯酯与淀粉接枝共聚之前加入合成反应混合物中，当 SDS 含量在干淀粉的 1.5%～2% 范围内时，在淀粉基胶黏剂中形成直链淀粉-SDS 复合物。SDS 的加入导致剪切强度略有下降，但提高了胶黏剂的流动性和储存稳定性。SDS 在淀粉分子上形成络合物或简单吸附，明显阻碍乳胶粒子的聚集，抑制淀粉的老化。

（10）交联

在所有方法中，交联主要用于改善淀粉的功能性质。

（11）尿素

尿素可用于提高淀粉的冻融稳定性，改善反复冻融循环后的黏度稳定性和黏结性能，因为尿素能够抑制淀粉分子的回生。尿素可以作为一种有效的添加剂，以 15% 左右为最佳用量，以改善淀粉基木材胶黏剂的低温贮存性能。

（12）十二烯基琥珀酸酐（DDSA）和 PMDI

研究人员使用 DDSA 和 PMDI 通过酯化交联淀粉。DDSA 改性可显著提高淀粉胶黏剂的固含量、黏度、粘接强度以及胶合板的耐水性。由于 DDSA（酸酐环打开后的羧基）和淀粉羟基之间的化学反应，将 DDSA 加入淀粉胶黏剂中可形成致密的交联结构。

（13）十二烷基硫酸钠（SLS）与烷基酚乙氧基化物（APEO）组合

直链淀粉和 SLS/APEO 乳化剂之间形成的复合物显著抑制了乳液颗粒的聚集，这是由于乳化剂和直链淀粉形成的稳定复合物抑制了淀粉的回生，也是因为静电电荷力和吸附在乳胶粒子表面的 SLS/APEO 混合物引起的空间位阻效应的协同。这使得生成高淀粉含量的木材胶黏剂成为可能。

3.2.1.3　柠檬酸——一种天然改性剂和共反应物

聚羧酸（如柠檬酸，即 2-羟基-1,2,3-丙烷三羧酸）可与糖类的羟基反应。

在自然界中，柠檬酸（分子结构见图 3-4）来源于柑橘类水果，如柠檬和酸橙；工业中，它是通过发酵葡萄糖或含葡萄糖和蔗糖的物质来生产的。

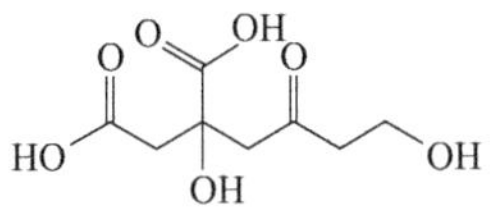

图 3-4 柠檬酸的分子结构

它根据温度激活和活化聚合木材成分，与木材糖类中的羟基形成酯键，从而在木材成分之间形成交联，包括在黏合界面上形成链接。木质素的酚羟基和脂肪羟基与柠檬酸之间也可能发生反应。

由于淀粉含有相当数量的羟基，且淀粉比纤维素更容易接触到化学品，因此 1,2,3,4-丁四羧酸或柠檬酸等聚（羧酸）有望交联淀粉，提高机械强度和热稳定性，减少淀粉膜在水和甲酸中的溶解；它还减少了高相对空气湿度下的吸湿、分子运动和膨胀，并通过将一条纤维素链的羟基共价偶联到相邻纤维素链上的另一个羟基，提高木材羟基和聚（羧酸）之间酯键的尺寸稳定性；在此交联过程中，纤维素羟基被消耗并被交联物取代。

羟基减少的部分原因也可能是该基团从木质素或糖类中裂解形成甲醇。

在 175℃下加入柠檬酸反应 15min 可以将木薯淀粉胶黏剂交联；以六甲氧基甲基三聚氰胺和柠檬酸为交联剂，可制备交联 PVA/淀粉。交联胶黏剂使玻璃化转变温度和粘接强度增加。

（1）糖/淀粉与柠檬酸的组合

蔗糖和柠檬酸的组合可用作木材胶黏剂。柠檬酸羧基直接与木材成分（糖类）反应，或与单独添加的糖类反应，以及与糖类热处理产生的羟基部分反应。主要问题可能是板材压制过程中各种持续反应的速率，以便通过在胶黏剂和木材表面之间建立化学键，以及形成具有足够内聚强度的胶黏剂层，形成牢固的黏合线。

柠檬酸有三个羧基，可以和木材中的羟基进行酯化连接。进一步添加蔗糖可提供更多羟基，并增加酯基的数量。随着柠檬酸的加入和压制温度的升高，C=O 基团的峰强度增加，表明生成了酯键。

在柠檬酸中添加淀粉可以制备刨花板用胶黏剂。淀粉提供羟基，可以和柠檬酸中的羧基反应。FTIR 分析表明，随着淀粉含量的增加，羰基的强度增加，表明淀粉与柠檬酸发生了交联。

富含 OH 的麦芽糊精和柠檬酸也可用作胶黏剂。麦芽糊精可与木质纤维素材料形成氢键，而柠檬酸可与木质纤维素 OH 基团形成酯键。麦芽糊精和柠檬酸的组合（最佳配比为 80∶20）增加了酯键的数量。在 180℃压制温度下，成板的静密度非常高（800kg/m³），压制系数非常长（60s/mm）。随着柠檬酸的加入和压制温度的升高，C=O 基团的峰值强度增加，而 OH 基团的强度降低，这表明木质纤维材料中的羟基与柠檬酸中的羧基发生了相互作用，形成酯基。柠檬酸和蔗糖不仅增加了氢键，而且增加了分子键合力（C—O—C）。

当蔗糖和柠檬酸的质量比为 25∶75、合成温度为 100℃、合成时间为 2h 时，合成的蔗糖-柠檬酸胶黏剂黏度适宜，固含量高。以柠檬酸为催化剂，在合成过程中发生焦糖化反应，固化胶中形成呋喃环（如 5-HMF）、羰基和醚基，表明蔗糖和柠檬酸之间的反应机理为脱水缩合。

（2）木材＋柠檬酸

甜高粱蔗渣和柠檬酸（59％水溶液，pH＝0.3）可用于制造刨花板，步骤包括对喷涂颗粒进行预干燥处理，以观察预压水分含量对刨花板物理性能的影响；刨花板中的柠檬酸含量（0～30％）不同，比压时间为 67s/mm，成板密度为 800kg/m³ 下，预干燥和将柠檬酸含量增加至 20％可改善板材性能。红外光谱分析表明存在酯键，表明柠檬酸的羧基与高粱蔗渣的羟基发生了反应。当柠檬酸与蔗糖的比例为 15∶85 或 10∶90 时，复合材料的力学性能会提高；厚度膨胀随蔗糖的增加而增加。随着蔗糖的加入，刨花板的脆性降低。

研究人员利用 NMR 和 MALDI ToF 研究了柠檬酸（涂在单板表面）与木材单板的反应。柠檬酸与木材的木质素和糖类成分发生酯化反应，柠檬酸的羧基与木材主要成分中的芳香族和脂肪族羟基发生酯化反应，包括木质素的一些内部重排。与标准胶合板相比，热压时间大约增加了一倍。柠檬酸和木材之间的反应产生了深棕色的胶线。这种变色可能是由于木材糖类和木质素与柠檬酸的反应，以及柠檬酸和热量对木材成分的氧化作用造成的。

有研究人员研究了以不同竹种为原料，以柠檬酸为天然胶黏剂制备的刨花板。柠檬酸含量分别为 0、15％和 30％。步骤为：将柠檬酸溶解在水中，溶液浓度为 59％～60％，并喷洒在竹子颗粒上，然后在 80℃下将喷涂颗粒烘干过夜，以将水分含量降至 4％～6％。压力系数很大（约 85s/mm），目标板密度很高（900kg/m³）。柠檬酸的加入显著提高了板材的尺寸稳定性和力学性能。红外光谱表明，加入柠檬酸的刨花板中出现了羰基，该羰基在反复煮沸处理后仍然存在，因此表明除柠檬酸的羰基之外还有键合的羰基。

有研究人员研究了用柠檬酸黏合的木基模塑件。他们将马占相思木粉与 20％柠檬酸混合，并在 140～220℃的温度下模压 10min。塑件耐水性随成型温度的升高而提高，且具有良好的耐沸水性。红外光谱证实了木材和柠檬酸之间存在酯键，尤其是在高温模塑条件下。研究人员还使用不同质量比（0～40％）的马占相思粉和柠檬酸，在 200℃的成型温度下，再次进行这些试验 10min。随着柠檬酸含量的增加，塑件耐水性增强。红外光谱检测到酯键，表明柠檬酸与木材发生了反应。

由于在热压条件下可形成酯键，因此有研究人员仅使用柠檬酸和蔗糖作为胶黏剂就生产了刨花板（温度 200℃；比压时间为 67s/mm，厚度为 9mm，目标密度为 800kg/m³）。他们将柠檬酸以 59% 的浓度溶解在水中，并将该溶液用作胶黏剂。柠檬酸水溶液在 20℃下的 pH 值和黏度分别为 0.3mPa•s 和 30mPa•s。柠檬酸与蔗糖的最佳配比和树脂含量分别为 25：75 和 30%。喷过胶的颗粒在室温下干燥 12h，以降低水分含量。在上述条件下制成的板性能非常高（内结合强度为 1.6MPa）。研究人员还研究了板材密度和压制温度对此类实验室刨花板物理性能的影响，在 200℃ 压制温度下，密度为 800kg/m³ 时，效果最好，但热压时间有所变长。

柠檬酸胶黏剂的主要缺点是：胶线和相邻木材组织中残留的高酸度（低 pH 值），导致木材有酸性变质的风险，以及极长的压制时间。

3.2.1.4 天然及合成组分对糖类的交联

与天然及合成组分的交联反应可提高糖类的胶合强度。

（1）戊二醛

戊二醛可以用来对玉米淀粉胶黏剂和油棕提取淀粉胶黏剂进行改性，戊二醛对淀粉改性后会降低其相对结晶度，进而提高所生产板材的强度。

（2）单宁

通过采用剪切细化（290r/min，5min）技术可以制得黏度大大降低（458Pa•s）的玉米淀粉-含羞草单宁木材胶黏剂，剪切细化可以降低其黏度，但不会影响其机械性能。

（3）淀粉＋天然橡胶

用比例在（1：3）～（3：1）的天然橡胶与淀粉可以制得中密度纤维板用胶黏剂，该胶黏剂中天然橡胶组分添加量越高，效果越好。

（4）酚醛树脂改性剂和酚醛树脂中苯酚的取代物

在制备酚醛树脂胶黏剂时，可以用糖类取代酚醛树脂中约 50% 的苯酚，合适的糖类包括糖（如葡萄糖）及聚合半纤维素。

研究人员证实可以用糖类和尿素取代针叶材胶合板用酚醛树脂胶黏剂中约 35% 的苯酚。这些糖类包括葡萄糖、果糖、蔗糖、甲基葡萄糖苷、玉米糖浆和木糖。在制备该胶黏剂时，反应一开始是酸催化糖类脱水，在高温下，糖类重量减轻，生成能与尿素反应的小基团，随后所得产物被中和并与苯酚和甲醛反应。最后，加入碱作为固化催化剂促使胶黏剂固化。如果苯酚与单糖的物质的量比>1 且甲醛与苯酚的物质的量比>2，则所得胶黏剂的胶合强度与酚醛树脂相同。与酚醛树脂相比，该胶黏剂需要稍高一些的热压温度。

有研究人员进一步证实，在用糖类改性酚醛树脂时，当还原性糖类与苯酚的物质的量比为 0.6～1.0 时，制得的胶黏剂效果最佳；部分糖类的羟基会与酚羟基之间生成醚键，从而以化学反应的方式结合到树脂中。

（5）脲醛树脂

淀粉、酯化淀粉和氧化淀粉可与脲醛树脂混合进而制成木材胶黏剂，制得的胶黏剂具有脆性小、甲醛释放量低、耐水性好等特点。脲醛树脂和变性淀粉相互作用，形成网络结构，提高了淀粉的耐水性，缩短了淀粉胶黏剂板材的干燥时间。

（6）淀粉/PVA和六甲氧基甲胺

可以用PVA和六甲氧基甲胺交联玉米淀粉制备胶黏剂，该胶黏剂中还需要加入柠檬酸作催化剂，苯乙烯-丙烯酸共聚物乳液作防潮剂。当该胶黏剂的固体含量为27%时，其黏度为7000mPa·s，当胶黏剂中交联剂的含量高于15%时，所得胶合板的力学性能较好。

六甲氧基甲胺、淀粉、PVA与木材的反应见图3-5。反应机理分析表明，在微酸条件下，六甲氧基甲胺的甲氧基可与淀粉、PVA和木材中的羟基之间发生酯交换反应，从而在淀粉和PVA基胶黏剂中产生有效的交联，即淀粉、PVA和木材中的羟基取代了六甲氧基甲胺中的甲氧基，与六甲氧基甲胺之间生成了醚键。

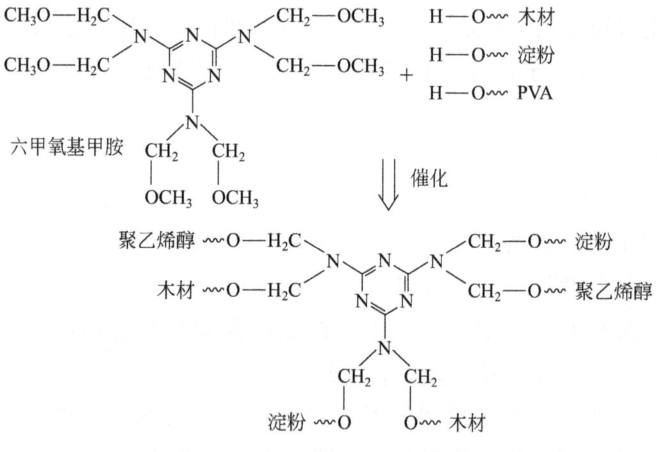

图3-5　六甲氧基甲胺、淀粉、PVA与木材的反应

当采用六甲氧基甲胺和柠檬酸交联PVA和木薯淀粉时，交联过后产物的玻璃化转变温度增加。

可采用硼酸交联淀粉-PVA以增强其成膜性能（图3-6）。硼酸中的三价硼原子有一个空的π轨道，非常亲电，这使得它可与各种亲核试剂快速反应，形成络合物；由于PVA和淀粉都含有丰富的羟基，硼酸可以在羟基之间形成强烈的相互作用，将它们交联，从而进一步提高淀粉和PVA共混物之间的附着力。在水的存在下硼酸首先形成硼酸盐离子，并进一步与醇反应，从而形成复杂的硼酸盐结构。硼酸盐结构与附近淀粉或 PVA 的羟基链反应，最终形成交联结构。交联后分子量增加，从而导致玻璃化转变温度升高。与 PVA 相比，淀粉羟基的反应性更高，因此淀粉浓度越高，交联程度越高。

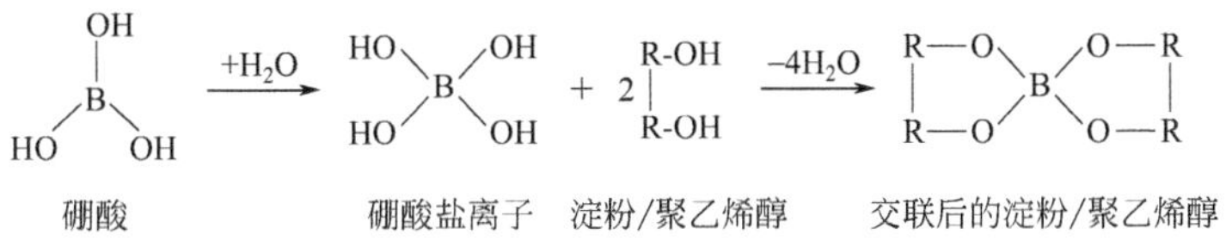

图 3-6 硼酸交联淀粉-PVA 的反应

（7）醋酸乙烯酯接枝淀粉

通过将醋酸乙烯酯接枝到玉米淀粉主链即可在室温下制备高固含量淀粉基木材胶黏剂。与聚醋酸乙烯酯/糊化淀粉共混物相比，该胶黏剂的干、湿剪切强度以及耐水性显著提高。当淀粉/醋酸乙烯酯质量比为 1：1.2 时，该胶黏剂具有最优的经济价值。

（8）淀粉-g-聚醋酸乙烯酯（淀粉-g-PVAc）和环氧树脂

淀粉-g-PVAc 和环氧树脂可以用来对玉米淀粉胶黏剂进行改性，淀粉-g-PVAc 作为高内聚能组分，以提高淀粉胶黏剂的干剪切强度；环氧树脂和氧化淀粉交联，提高湿剪切强度。

（9）异氰酸盐

异氰酸酯很容易与各种官能团（如羟基、氨基和羧基）反应，通过交联提高交联对象的干、湿结合强度和耐水性。

亚硫酸氢钠基封端 PMDI（防止与水立即反应）可以对淀粉基胶黏剂进行改性（淀粉和封端 PMDI 的混合比分别为 100：20 和 100：25）。此外，将 PMDI 键合到淀粉基胶黏剂上可以降低胶黏剂的黏度，再添加膨润土（4%～6%）可以使胶黏剂增稠并提高其耐水性。

当用 PMDI 改性淀粉胶黏剂时，当黏合剂中的固体含量增至 50% 时，胶黏剂的黏合强度显著提高。反应机理分析表明，PMDI 中的 NCO 基团会与水反应，PMDI 也会和淀粉、木材的羟基反应，进而提高胶合强度和耐水性。

（10）硅烷偶联

可以用 γ-甲基丙烯酰氧丙基三甲氧基硅烷（工业名称 KH570，结构式见图 3-7）交联淀粉基木材胶黏剂，交联后共价键数量增加，胶黏剂的剪切强度、储存稳定性以及热稳定性都得到了提高。

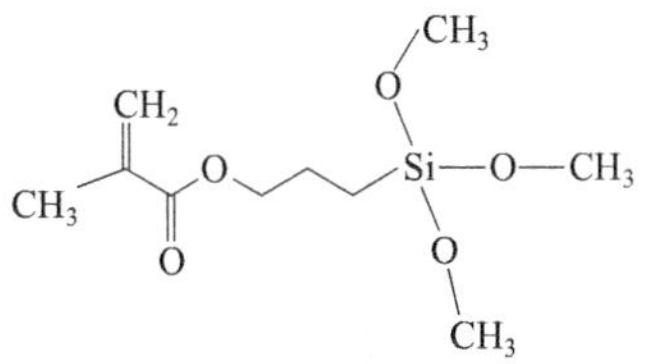

图 3-7 KH570 的结构式

（11）过氧化物和硅烷偶联

H_2O_2（作为氧化剂）、硅烷偶联剂［图 3-8 中的 A-151；$CH_2 = CH-Si(O-C_2H_5)_3$］和两种不同的烯烃共单体（醋酸乙烯酯和丙烯酸丁酯）可以对淀粉基木材胶黏剂进行交联。H_2O_2 氧化糊化淀粉，减少了其羟基转化为羧基和醛基的数量；硅烷偶联剂和两种乙烯基单体的接枝共聚，提高了热稳定性、粘接强度和耐水性。交联改性后淀粉基胶黏剂的微观结构有所改善，进而提升了性能。

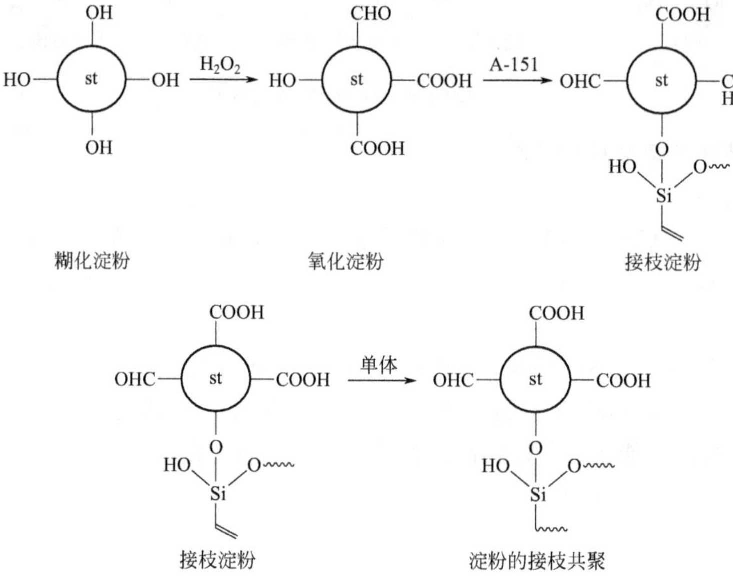

图 3-8　H_2O_2 与 A-151 对淀粉的接枝共聚

（12）二氧化硅纳米颗粒

添加 10％的二氧化硅纳米颗粒即可显著改善淀粉基胶黏剂的分子结构、耐水性、热稳定性、流变性能以及粘接强度。改性后，二氧化硅纳米颗粒均匀分散在变性淀粉体系中，接近淀粉大分子的不饱和键，并与不饱和键的电子以及羟基相互作用。

（13）蒙脱土（MMT）

向玉米淀粉基木材胶黏剂中添加 5％的 MMT 即可显著增加胶黏剂的干剪切强度、湿剪切强度以及剪切流变性。在低剪切速率和高剪切速率下，含 MMT 的样品剪切黏度均高于不含蒙脱土胶黏剂的剪切黏度。黏度随着添加量的增加而增加，但在添加量为 3％～5％的情况下保持较长时间的稳定。改性后淀粉基胶黏剂的热性能得到了改善，在高温下才会发生热降解。

（14）二羟甲基二羟乙烯脲＋N-羟甲基丙烯酰胺（DMDHEU＋NMA）

戊二醛、DMDHEU 与 NMA 都可用来交联木粉和甲基丙烯酸甲酯接枝的淀粉。

DMDHEU 和 NMA 的结构式见图 3-9。
与 NMA 和戊二醛交联的木质复合材料
相比，DMDHEU 交联的木质复合材料
吸水性最低，这是因为 DMDHEU 含有
更多的官能团，因此其交联结构更好。
在 DMDHEU 交联的木质复合材料中，

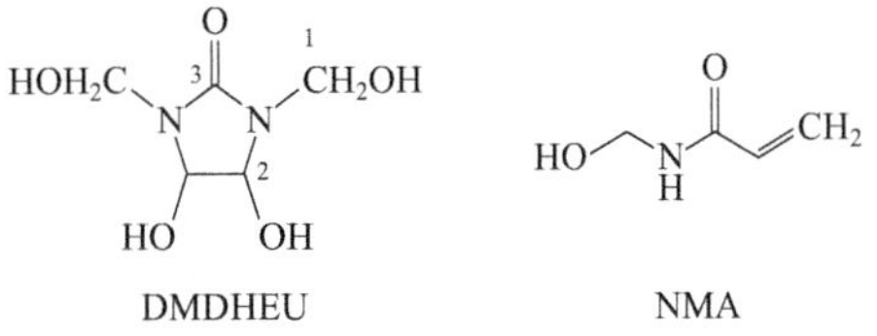

图 3-9 DMDHEU 和 NMA 的结构式

聚合物、交联剂和木材之间的相互作用最大。DMDHEU 交联的木质复合材料也
表现出更高的力学和热性能。

3.2.1.5 糖类的降解与再聚合

糖类可以脱水并分解成特定的小分子，如糠醛、糠醇或 5-HMF。然后，这
些部分可以通过自身或与其他组分（如尿素、三聚氰胺或苯酚）反应重新聚合成
树脂产品而固化。在某些条件下，这种降解可以在树脂形成时原位发生：第一步
生成单体，然后在没有进一步纯化的情况下，重新聚合并形成树脂。对于每个反
应，必须单独考虑降解过程中的残余物、降解过程中可能发生的副反应以及来自
原材料的杂质问题；在许多情况下，除预期单体外，不一定会对树脂形成产生负
面影响，或者可以考虑调整相关反应过程；这些副产物也可能是一个问题。如果
原材料不纯，例如生产 5-HMF 时不用果糖、葡萄糖，而是纤维素或半纤维素，
甚至是具有很大可变性的原始生物质，则这一点尤其值得关注。其原因可能是为
了降低成本。

（1）呋喃树脂

通过对废植物材料或低分子量糖（如果糖或蔗糖）进行酸处理，可从中提取
呋喃，如糠醛、糠醇或 5-HMF，然后再通过各种反应即可将其原位转化成呋喃
树脂，如将糠醛均聚。呋喃树脂可用作木质复合材料的胶黏剂。

在生产无胶纤维板时，纤维板的自胶合即依赖于木纤维降解生产的呋喃树脂
（图 3-10）。

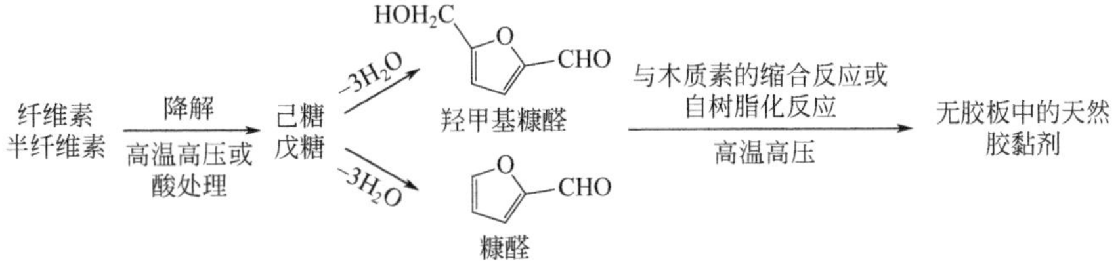

图 3-10 蒸汽预处理生产无胶纤维板时潜在的自胶合机理

在制备木质复合材料时，呋喃树脂也可替代部分脲醛树脂或者酚醛树脂，呋

喃树脂的加入可以提高材料的耐水性和力学性能。

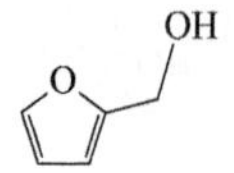

（2）糠醇基树脂

图 3-11　糠醇的结构式

糠醇（结构式见图 3-11）广泛应用于铸造行业，也可作为胶黏剂领域的添加剂或改性剂。可通过糠醇与甲醛、乙二醛、戊二醛等不同醛的反应制备糠醇-醛树脂。甲醛和乙二醛可以与糠醇反应生成性能良好的树脂，而戊二醛与糠醇的反应似乎很困难，因为糠醇会发生自缩合反应。

（3）糠醛

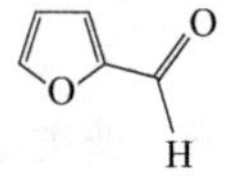

图 3-12　糠醛的结构式

糠醛（结构式见图 3-12）也可以取代酚醛树脂中的甲醛，例如间苯二酚-糠醛（RFf）或酚-间苯二酚糠醛（PRFf）冷固化树脂，其性能与同等的甲醛基冷固化树脂相当。PRFf 还被证明适用于制备快速凝固的胶黏剂，在固化时显示出更低的体积收缩率。

（4）5-HMF

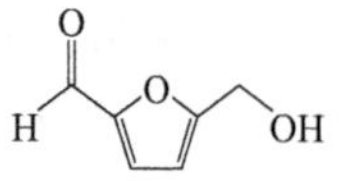

图 3-13　5-HMF 的结构式

5-HMF（结构式见图 3-13）是生物炼制领域中的重要平台化学品，其结构是呋喃环上同时含有一个羟甲基和一个醛基。

原则上，5-HMF 可以在水基工艺中生产，从而避免使用有机溶剂；只有在果糖脱水后对基础溶液进行纯化时才需要有机溶剂，这对于生产高纯度的 5-HMF 很重要。作为木材胶黏剂使用的 5-HMF 不需要很高的纯度，因此完全可以在水基工艺中完成生产。

生产 5-HMF 的原料有多种，例如各种糖类、生物质，这些原料首先分解成果糖，然后进一步脱水成 5-HMF。果糖脱水可以在水介质和有机介质中完成，加热方式包括常规加热、超声波和微波辐射等，产率取决于果糖浓度、催化剂用量、温度、辐射功率、溶剂和反应气氛等。

HMF 是一种高反应性化合物，因此可用于生产反应性胶黏剂，例如制备 HMF 基氨基树脂或酚醛树脂。有研究人员用 5-HMD 取代脲醛树脂中的部分甲醛制备了尿素-HMF-甲醛（UHF）树脂，并用该树脂作胶黏剂制备了刨花板。结果表明 UHF 树脂成膜性能良好，在木板上形成的 UHF 膜均匀无裂纹，这是因为 HMF 中存在大量的羟基和呋喃环，从而产生了大量的能与木材结合的活性基团。基于 UHF 胶黏剂的刨花板甲醛释放量明显低于基于 UF 胶黏剂的刨花板；与使用 UF 树脂的板材相比，使用 UHF 树脂的刨花板显示出更好的性能。然而，基于 UHF 胶黏剂的刨花板需要更高的热压温度和更长的热压时间。

还有研究人员以苯酚和葡萄糖为原料，以有机溶剂木质素（OL）或硫酸盐木质素（KL）为固化剂，采用一锅法合成了苯酚-5-HMF（PHMF）树脂。该树脂的固化机理涉及木质素的羟烷基与 PHMF 酚羟基的邻位和对位碳之间的烷基化反应。

3.2.2 蛋白类

3.2.2.1 简介

蛋白质胶黏剂的使用历史悠久，包括多种蛋白质来源，如动物蛋白（例如牛奶蛋白）、大豆粉、血液的酪蛋白，以及小麦、玉米或油菜。实际上，其中一些类型仍在使用中，但仅适用于特殊应用，如修复旧家具（历史保护，为了原创性，仅允许使用家具生产时使用的材料）或乐器制造（由于硬胶线的低阻尼特性）。虽然大多数蛋白质胶黏剂具有良好的干强度和较高的失效强度，但湿强度通常较弱。蛋白质需要进行物理或化学改性，或与交联剂一起使用，以提供足够的内聚强度来承受潮湿条件。在许多情况下，蛋白质是作物中价值较低的部分，油籽的油比面粉更有价值。

蛋白质胶黏剂具有丰富的官能团，在相当长的一段时间内已经在一定程度上得到了应用，并在 20 世纪初促进了胶合板和集成材等木质复合材料的发展。蛋白质胶黏剂因其独特的低成本和冷固化能力或非常短的热固化时间而在室内产品中得到了广泛应用，但最终在 20 世纪 60 年代在大多数应用中被成本较低、生产效率高和耐久性更强的合成胶黏剂取代。直到最近，蛋白质，特别是大豆粉中的蛋白质，作为室内非结构性木制品的重要胶黏剂才重新出现。如果反应性基团能够更好地交联，则蛋白质胶黏剂的潜力更大。

蛋白质胶黏剂，包括大豆胶黏剂，具有一定的主链柔韧性，并且不具有高度的交联性，这使得它们能够在胶黏剂界面分布应变，从而降低界面应力。由于木材和胶黏剂之间的膨胀和收缩差异，这些特性在水分相关试验中非常重要，这可能会导致较大的界面应变。木材膨胀经常引起黏结破坏。

与许多化石燃料基胶黏剂相比，由于成分和性能不一致，供应有限和成本高，许多蛋白质的用途受到限制。与传统的蛋白质来源（皮肤、血液等）相比，大豆粉的成分更加一致，可大量获得，价格合理。

蛋白质具有良好胶黏剂的许多特性，例如良好的润湿性、极性和非极性域，良好的黏合强度。一旦表面被有效润湿，极性域和非极性域可分别与多糖域和木质素域相互作用。

（1）蛋白质化学结构

蛋白质是复杂的生物大分子，由特定遗传决定的 α-氨基酸序列组成，它们连接在一起形成烷基作为侧链、$H_2N—CH(R)—COOH$ 为主连的线性多肽链通式。氨基酸种类繁多，使蛋白质能够与非极性、极性、碱性和酸性基团进行内部和外部相互作用。氨基酸的区别在于它们的侧链，除了空间差异外，侧链还可以分为疏水性或亲水性侧链。化学链接主要是酰胺键，它们是稳定的，但可以用强酸降解。

基于数量、类型和序列的不同，多肽链的链长和结构复杂性可能会显著不同，从而形成不同的蛋白质一级结构。氨基酸上的疏水和亲水（羟基和硫醇等）侧基之间可能存在多种相互作用，因此，蛋白质可以呈现复杂的三维形状，这些形状通常与其所执行的功能不可分割。图 3-14 显示了蛋白质结构的示

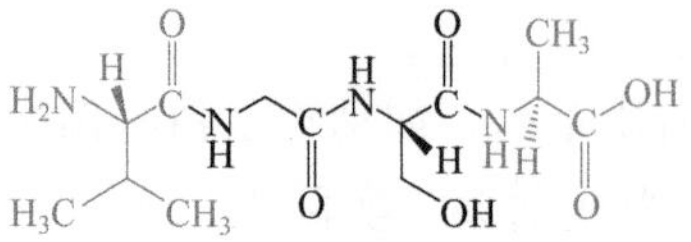

图 3-14 蛋白质结构的示例

例（四肽，由缬氨酸、甘氨酸、丝氨酸和丙氨酸组成）。

基于肽链内部和之间的分子内和分子间作用力，可以形成更高级的结构。蛋白质的二级结构是指氨基酸残基的局部结晶区域。构成蛋白质二级结构的两种最常见的构象是所谓的 α-螺旋和 β-折叠。在多肽链的局部区域，某些氨基酸残基之间形成若干氢键，从而形成一种规则的 α-螺旋。具体而言，位于多肽链中四个残基之外的 C=O 和 NH 之间的规则氢键导致多肽链以螺旋形状折叠。

在 β-折叠构象中，多肽链的局部区域以之字形方向折叠。这种构象的基本单位是由 5~10 个氨基酸残基组成的 β 链。由于相邻 β 链的 C=O 和 NH 基团之间存在氢键，因此产生了薄片。

下一级是由于二硫键、酸碱键和氢链内键以及水环境中的疏水性褶皱而折叠成球状；这种链内折叠被归类为三级结构。链内稳定性由疏水基团的范德华相互作用、极性基团的氢键、酸碱之间的离子键以及硫醇之间的二硫键提供。蛋白质的三级结构是蛋白质的三维构象，是指通过折叠和卷曲形成的多肽链的空间排列。与二级结构不同，二级结构仅限于蛋白质较小的局部区域，三级结构是由多肽链内不同区域之间的相互作用产生的。这些可能涉及二级结构（如 α-螺旋和 β-折叠）之间的相互作用，并通过涉及共价二硫键、静电和疏水相互作用以及氢键的侧链官能团之间的相互作用而稳定。

许多内极性基团通过在极性基团之间形成氢键以及在酸性和碱性基团之间形成盐桥而稳定，而外部疏水性基团通过与其他蛋白质外部疏水性基团相互作用而使能量最小化，从而形成四元结构（图 3-15）。因此，蛋白质团聚体依赖于吸电子的疏水域和斥电子域之间的平衡；传统大豆胶黏剂使用的最基本条件是，由于静电斥力增加，导致蛋白质打开。

不同来源的蛋白质具有不同的组成，导致其在水中的溶解度、表面活性剂性质和结合能力不同。因此，蛋白质的结构-性能关系比合成胶黏剂更复杂，因为它们具有更高级的有序结构。

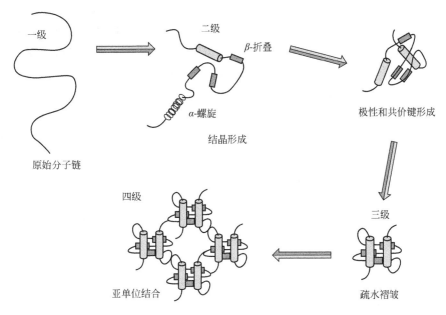

图 3-15　蛋白质的四元结构

（2）蛋白质来源

在各种生物聚合物中，蛋白质是最丰富的一类大分子，是生物体中主要的有机组成部分。细胞干重的 50% 以上由蛋白质组成。虽然蛋白质材料很容易获得，但成本效益高且易于加工的蛋白质有一些固有的局限性，主要与较差的耐水性有关。近年来，人们的注意力集中在加工和化学修饰蛋白质，以赋予特定应用（如木材胶黏剂）所需的特性。蛋白质是含有多种功能基团的天然聚合物，可通过多种物理化学作用与木材相互作用。表 3-1 总结了工业应用的蛋白质来源。在过去的几年里，各种各样的关于蛋白质作为木材胶黏剂的综述被发表。

表 3-1　工业应用的蛋白质来源

类型	来源及说明
植物基蛋白质	小麦、大豆、甜高粱、油菜籽、棉籽、玉米等
动物基蛋白质	主要基于四种动物组织：上皮组织、结缔组织、肌肉组织和神经组织
培养微生物所得蛋白质	微藻因其作为陆地作物替代品的潜力而吸引了越来越多的兴趣，尤其是利用从细菌（如钝顶螺旋藻）和单细胞绿藻（如莱茵衣藻）中提取的蛋白质，在用氢氧化钠变性和乙二醛交联后生产胶合板胶黏剂。微藻进一步开发和商业化的基础是开发综合生物精炼工艺

（3）蛋白质与木材胶结

基于不同结构蛋白质的内聚性和黏附性使其区别于其他胶黏剂。除了结构蛋白，如丝、胶原蛋白和角蛋白，由于蛋白质序列的疏水性，蛋白质主要形成球状。基于蛋白质的疏水性，表面的极性基团和内部的疏水性基团形成了能量有利的结构。由于特定的氨基酸序列，极性基团仍然位于内部，通过氢键和酸碱相互作用与其他极性基团结合，试图最小化它们的能量，而表面上的疏水基团通过与其他蛋白质球上的非极性基团作为四元结构结合而使其能量最小化。尽管蛋白质可能有许多能与其他化学物质反应的官能团，但这些官能团并不容易进行反应，因为它们埋在单独卷曲的蛋白质链中，通常是更大蛋白质聚集体的一部分。当在极端 pH 值条件下，特别是在高 pH 值条件下时，静电斥力能克服疏水吸引，导致聚集体被分解。离液剂，如一些表面活性剂和某些盐，也可用于使蛋白质结构变性。

蛋白质溶液和分散体的物理化学性质在确定其工业应用方面具有重要意义。这些一般性质包括水合/溶剂化、流变学性质、表面活性和结构性质，例如蛋白质的特定功能性质。极性和非极性基团的结合解释了为什么蛋白质是各种表面的良好胶黏剂。螺旋结构在球状体内外都有亲水和疏水结构域。因此，蛋白质的相互作用特性往往由表面上的基团而不是整个序列控制。蛋白质通常有一个有生物活性的三级结构，称为蛋白质的天然状态。蛋白质可以转化成其他能量相近的三级结构，这些结构都被认为是变性状态。

蛋白质材料的必要物理化学性质可通过四种主要方法实现：①将蛋白质溶解在合适的溶剂中，使其更易于使用各种物理和化学处理进行加工；②蛋白质的变性和蛋白质的特定官能团的暴露，例如极性和非极性基团，使它们更易于与底物相互作用；③增强多肽链的缠结，通过增加内聚强度来提高材料强度；④交联多肽链，从而提高内聚强度和耐水性。该方法需要暴露反应性官能团，如羧基、氨基、羟基和磺羟基，然后可用于交联多肽链。由于其与羧基（—COOH）和氨基（—NH$_2$）的两性性质，氨基酸可以作为酸或碱反应，这使得氨基酸与多种添加剂结合成为可能。

天然蛋白质通常采用高度折叠的结构，其中大多数功能基团不暴露于底物。因此，为了将蛋白质用作胶黏剂，必须进行变性以暴露更多极性基团，以便通过氢键进行溶解和键合，从而使它们易于与键合基质相互作用。变性包括破坏氢键，改变蛋白质分子的二级、三级或四级结构，而不破坏共价键并保持氨基酸序列不变。蛋白质变性是通过各种物理、化学和生物影响来完成的，如热处理、酸/碱处理（高温水解以及增加蛋白质分散体的 pH 值）、有机溶剂处理、洗涤剂处理，用超嗜性试剂（如尿素）作为已知氢键破断剂进行处理，十二烷基硫酸钠、十二烷基苯磺酸钠或酶处理。这些处理破坏了非共价相互作用，使蛋白质特定的空间构象被破坏，即有序的空间结构变成无序的空间结构，从而导致其理化性质的改变和生物活性的丧失。

在水溶液凝胶化过程中，蛋白质的结合变得非常重要，它将蛋白质连接在一起形成一个大分子结构。这一设置步骤最终涉及蛋白质链之间氢键的重新形成，以建立键强度。氢键、二硫键和酸碱相互作用也可以为单个蛋白质分子之间的黏合强度提供额外的强度。

对于胶黏剂应用，蛋白质分散体和溶液必须具有良好的储存稳定性、流动性、润湿性和黏性，由此产生的胶黏剂黏合应牢固，并且在各种环境条件下不易变质。蛋白质胶黏剂对温度、pH 值、离子强度和压制条件的变化也非常敏感。此外，黏合性能高度依赖于蛋白质含量。胶黏剂的工业配方通常要求在约 20% 的固体含量下黏度＜5000mPa·s。然而，天然蛋白质分散体的黏度远高于工业要求，且剪切变稀。大豆胶黏剂的高黏度可以通过使用低固体含量或水解来降低，使用热碱或酶处理将蛋白质大分子分解成更小的碎片。然而，制造小碎片需要更长的缩聚反应时间来产生黏合强度；获得足够数量的反应可能是困难的，因为许多片段可能没有足够的反应位点来形成主链和提供交联位点。

蛋白质与木材基质发生化学反应的能力取决于暴露的官能团的数量和类型。此外，为了实现基材和胶黏剂之间的有效机械联锁，后者需要能够穿透基材表面。穿透基材表面的能力取决于胶黏剂的流动行为，以及其成分在特定载体介质（如水）中的分散程度。因此，蛋白质变性对于实现胶黏剂配方的适当黏度、流动性和基材渗透性非常重要。通过蛋白质分子的去褶皱暴露极性官能团可增强其在水中的分散性和溶解性，从而降低黏度并增加流动性。因此，蛋白质的变性提高了它们穿透木材基质的能力，增强了机械联锁，并增加了黏合强度。然而，黏度非常低的蛋白质分散体会导致键合表面严重穿透，从而导致键合线变薄和键合强度降低。

凝胶是通过加热水分散体破坏蛋白质，然后冷却而形成的。在水中形成凝胶的能力意味着许多蛋白质相互作用是由于蛋白质结构表面上的疏水性而非亲水性相互作用导致的蛋白质-蛋白质结合，或者蛋白质的重新配置使极性基团位于外侧，疏水性基团位于内侧。用尿素和盐分解这些凝胶的能力支持这一论点，即凝胶较少受到共价相互作用的支持。

蛋白质胶黏剂的黏合强度还取决于固体含量和分散液的黏度。适当的木材黏合取决于润湿表面、流动和分布，以及在不丧失颗粒之间黏附性的情况下渗透到基材中。

疏水性和极性相互作用、胶体性质和蛋白质的聚集状态是影响黏合性能的重要参数。蛋白质胶体性质受表面亲水性和疏水性以及蛋白质离子电荷的影响。

如今，由于小麦面筋和大豆粉价格低廉、易获得且易于处理，人们将注意力转移到这些蛋白质上。

3.2.2.2　植物基蛋白质

（1）植物基蛋白质的来源和种类

植物基蛋白质的主要来源是油籽和谷物。一般来说，油籽比谷物含有更高比例的蛋白质。大豆蛋白质含量为36%，是植物资源中蛋白质含量最高的，也是最受欢迎的工业蛋白质资源之一。蛋白质是仅次于淀粉的第二重要成分。根据大豆蛋白、花生蛋白和小麦面筋的全球产量、蛋白质含量和技术应用报告，大豆蛋白、花生蛋白和小麦面筋被认为是开发木材胶黏剂最重要的植物蛋白资源。植物蛋白可以生产足够数量的木材胶黏剂，并且成本合理。大多数研究工作都是在大豆胶黏剂上进行的。

① 小麦面筋

小麦粉含有75%～85%的淀粉和10%～15%的蛋白质（小麦面筋）。蛋白质是小麦淀粉加工和生物乙醇燃料生产的副产品。小麦蛋白的结合性能，特别是耐水性仍有待提高。小麦粉聚合物的黏合性能受到各种处理的强烈影响，例如在碱性条件下水解或酶解、热处理、添加变性剂和分散剂，以及固化温度。

小麦面筋是一种弹性蛋白质，具有黏弹性和内聚性，适合用作木材胶黏剂。它具有较高的分子量，不可在水中分散，但可在碱或酸中分散。市售小麦面筋由约80%的小麦贮藏蛋白组成，其中多糖、脂类和矿物质为残余成分。小麦贮藏蛋白可分为两部分：谷蛋白和醇溶蛋白。

小麦面筋含有大量的疏水性氨基酸，等电点约为7。醇溶蛋白的平均摩尔质量在30000～60000Da之间，谷蛋白的摩尔质量在50～700kDa之间。小麦谷蛋白的弹性特性与谷蛋白组分有关（由于较高的摩尔质量），而醇溶蛋白则与黏性特性有关。由于氨基酸组成不同，小麦面筋蛋白比大豆蛋白疏水性更强。

小麦面筋在受热时会发生聚合/交联。麦谷蛋白的交联在55℃以上，醇溶蛋白的交联在70℃以上；在90℃以上，醇溶蛋白和谷蛋白之间可能发生反应。

研究人员以盐酸胍和氢氧化钠为变性剂和分散剂，研究了不同改性对小麦面筋的影响以及小麦面筋的摩尔质量与黏结强度的关系。结果表明较高的溶解度对干黏结强度没有积极影响，甚至降低了湿黏结强度。随着水解度的增加和摩尔质量的降低，键合强度提高。非常小的肽可以作为交联剂；由于分解，更多的NH和COOH基团可用于交联反应，也产生更高的流动性和反应性。

与酶处理相比，碱性条件在更大程度上减少了小麦面筋的摩尔质量分布，尤其是形成非常小的肽。

以氢氧化钠或柠檬酸为分散剂，聚酰胺型胺-环氧氯丙烷（PAE）和三羟甲基丙烷-三乙酸乙酯（AATMP）作为刨花板胶黏剂的交联剂，制备小麦面筋蛋白分散体，使用 PAE 作为交联剂，小麦面筋的性能得到增强；小麦面筋在氢氧化钠中的分散效果优于柠檬酸。分散体容易穿透多孔木材基材，分散黏度和浓度是良好黏合的关键参数。

将不同蛋白质浓度和黏度的麦谷蛋白和醇溶蛋白分散体在 NaOH 水溶液中作为变性剂和分散剂的性能与小麦面筋胶黏剂进行了比较，结果表明麦谷蛋白和小麦面筋的拉伸剪切强度和耐水性具有可比性，醇溶蛋白分散体的性能较差，尤其是耐水性较差；这可能与醇溶蛋白因其较低的摩尔质量而广泛渗透到木纤维中有关。

温和的酶水解或热处理（50℃、70℃或 90℃，15min～24h）改善了小麦面筋的黏合性能，这也可以从 GPC 和 ^{13}C NMR 测定的小麦面筋结构变化中看出。虽然在 50℃或 70℃下加热会导致蛋白结构展开，但不会改善黏合性能，但在 90℃下加热的样品，黏合性能的改善是由于蛋白结构的展开和聚合。然而，较高水平的水解会导致黏合强度和耐水性受损，很可能是由于蛋白质分子尺寸减小。通常与蛋白质紧密相关的糖类在水解过程中被释放，可能导致这些样品的结合强度降低。

研究人员研究了小麦蛋白（麸质）的冷溶液，黏合试验部分显示木材失效，但在某些情况下，胶黏剂渗透到木材中会出现问题，从而导致黏合强度降低和防潮性差。

② 甜高粱

含可溶性干糟（DDGS）是谷物乙醇生产的主要副产品。研究人员比较了三种高粱蛋白的黏合性能：从 DDGS 中提取的醋酸高粱蛋白（PI）、从 DDGS 中提取的无水乙醇高粱蛋白（PII）和从高粱粉中提取的醋酸高粱蛋白（PF）。PI 在干、湿和浸泡黏合强度方面的黏合性能最好，其次是 PF 和 PII。PF 分离蛋白的糖类含量高于 PI 和 PII；PF 分离物中的此类非蛋白质污染物可能是其黏附强度较低的原因。此外，PI 可能比 PII 具有更多的疏水性氨基酸（57％）排列在蛋白质-木材界面，这可以解释 PI 为什么具有更好的耐水性。

③ 油菜籽

油菜是世界上第二大油料种子作物。油菜籽榨油后产生的菜籽粕含有 35％～40％的蛋白质。与大豆蛋白不同，由于芥酸和硫代葡萄糖苷含量高，油菜蛋白传统上不作为人类食物使用。

油菜蛋白质主要由 60％的十字花素和 20％的油菜素组成。油菜素是一种碱性蛋白质（等电点：pH 11），平均摩尔质量为 12～15kDa，通过二硫键稳定。十字花素是一种中性蛋白质，摩尔质量约为 300kDa。

通过变性、化学改性、交联、与合成树脂共混以及添加纳米材料制备的菜籽油基胶黏剂在胶黏剂的应用中显示出良好的前景；加入交联剂也可以增加蛋白质之间的相互作用，从而形成更强的内聚键强度。菜籽粕基和纯菜籽蛋白基胶黏剂可用于生产人造板，后者由于蛋白质含量较高，疏水性更强，因此具有更好的耐水性。

目前，菜籽油尚未得到充分开发，但将菜籽油加入聚氨酯胶黏剂中可用于制造胶黏剂。

研究人员采用碱溶酸沉法从菜籽粕中提取菜籽蛋白，并用亚硫酸氢钠（$NaHSO_3$）进行改性。油菜蛋白纯度随 $NaHSO_3$ 浓度的增加而降低。菜籽油蛋白质大部分是亲水性的，只有 27% 的疏水性氨基酸。$NaHSO_3$ 通过其十字花素和油菜素组分中的二硫键断裂对油菜蛋白产生还原作用。$NaHSO_3$ 改性显著改善了操作性和流动性，但对黏合性能有轻微削弱作用。

④ 花生

加工花生生产食用油会产生花生粕（PM）形式的蛋白质残渣，传统上用作动物饲料。最近的研究表明，对其进行进一步加工，可生产脱脂花生粕以及花生浓缩蛋白和/或分离物，这些浓缩蛋白和/或分离物可用于各种食品配方中，分离物是含有最高浓度蛋白质花生蛋白的最精制形式。

花生粕可通过 SDS 和乙二醇二缩水甘油醚（EGDE）改性用于生产胶合板胶黏剂。SDS 和 EGDE 使胶黏剂的耐水性提高了 90%，满足室内用胶合板的要求。这种改善归因于：a. SDS 破坏了 PM 蛋白的结构并暴露出内部活性基团，这些活性基团与 EGDE 反应并形成一个致密的网络以提高所得胶黏剂的耐水性；b. EGDE 降低了胶黏剂的黏度，导致胶黏剂容易渗透到木材中并形成更多的联锁；c. 含有 SDS 和 EGDE 的胶黏剂形成了固化胶黏剂的光滑表面，以防止水分进入。

⑤ 羽扇豆

研究人员以脱脂羽扇豆粉、甘油和基于环氧氯丙烷（ECH）和 3-（二甲氨基）-1-丙胺（DMAPA）的交联剂为原料，制备了用于刨花板生产的无甲醛胶黏剂。该胶黏剂的固化机理主要归因于羽扇豆蛋白与交联剂之间的反应。

⑥ 棉籽

棉花是一种非粮食作物，主要用于获得纤维。棉籽粕是以棉籽蛋白为主要成分的棉花工业废渣。研究表明，与大豆分离蛋白相比，这种蛋白质具有更好的成板性能。但从棉籽粕中提取棉籽蛋白的过程耗时长、化学过程苛刻、成本高，限制了棉籽蛋白的生产。为了降低成本，通过简单的水洗工艺，可将棉籽粕直接用于黏合木材单板。获得的成板性能与大豆分离蛋白黏合的面板性能相当。到目前为止，与大豆蛋白相比，研究人员对棉籽粕在木材胶黏剂方面的应用兴趣不大，但其是大豆蛋白胶黏剂的一种可行的未来替代品。通常对棉籽粕的修饰包括碱、盐酸胍、十二烷基硫酸钠和尿素处理。

水和磷酸盐缓冲液洗涤的棉籽粕（即粕中不可提取的残留物）可以是低成本的蛋白质基胶黏剂，因为其制备不涉及棉籽分离蛋白（CSPI）所需的腐蚀性碱和酸溶液。随着热压温度从80℃增加到100℃以上，胶黏剂剪切强度和耐水性有所提高。在110℃时，基于棉籽粕和CSPI的两种胶黏剂之间没有差异。棉籽粕胶黏剂中的糖类含量高于CSPI。高温下（≥100℃）糖类与蛋白质的交联反应可能有助于改善粉基胶黏剂的耐水性。

为了研究棉籽蛋白不同组分的黏附性能，采用两种方法对棉籽粕进行了提取：NaCl水溶液处理和磷酸盐缓冲液/NaCl溶液处理。与未经处理的棉籽粕相比，基于水洗和缓冲水洗棉籽粕的胶黏剂黏附性能显著改善，部分达到与蛋白质含量＞90%的棉籽分离蛋白相同的结果。将热压温度从80℃提高到100～130℃可显著提高经处理棉籽粕作为胶黏剂的黏合强度和耐水性。

水洗棉籽粕的蛋白质含量（粕和分离蛋白的混合比例为35%～95%）对棉籽粕基胶黏剂粘接性能的影响表明，残留大量棉壳和纤维的低蛋白质含量胶黏剂具有较差的延展性和粘接强度。蛋白质比例对粘接强度的影响大于热压温度。蛋白质含量为65%～70%的混合物已证明其黏合性能和流动性与分离蛋白（95%蛋白质）相当。

研究人员研究了与木聚糖、淀粉或纤维素混合的棉籽和大豆蛋白质基胶黏剂，以确定此类多糖填料对蛋白质基胶黏剂性能的影响。即使将棉籽或大豆蛋白与高达75%的多糖混合，其剪切强度仍能保持。对于棉籽蛋白/多糖胶黏剂配方，当混合物中多糖含量高达约50%时，可保持耐热水性。

基于上述结果，可减少胶黏剂配方中使用的蛋白质量，让糖类成分起主要填充作用，从而降低成本。这可能会导致发生某些化学反应（美拉德反应），但尚未得到证实。

⑦ 玉米

玉米醇溶蛋白是玉米的主要贮藏蛋白，含有高比例的非极性氨基酸（亮氨酸、丙氨酸和脯氨酸），是为数不多的疏水性、水不溶性生物聚合物之一。然而，由于玉米醇溶蛋白在不同pH值下在水和乙醇/水混合物中的溶解度较低，因此可能不适合用作木材胶黏剂。

⑧ 豌豆

考虑到豌豆和大豆蛋白的氨基酸图谱相似，豌豆蛋白可有潜力作为大豆蛋白的有效替代品。然而，就像大豆蛋白一样，需要对其交联以提高其耐水性。

⑨ 酵母蛋白

基于红色红酵母冻干可溶性蛋白提取物的胶黏剂黏度范围为420～600mPa·s，pH值范围为4.4～4.7，固体含量约为50%。蛋白质胶黏剂与各种增强剂（浓度为40%的液体乙二醛、间苯二酚和液体PMDI）结合，使刨花板具有良好的性能和刚度，与使用商用 UF 树脂作为对照的刨花板相当，但甲醛排放量可忽略不计。然而，在 180℃ 条件下，施加的压力系数高达 25s/mm（这过于高）。

⑩ 米糠

商业米糠含有淀粉和蛋白质，对其进行热处理（80℃、100℃ 和 120℃）和化学处理（pH 值：8、10 和 12）可制得脱脂米糠，从而提高其黏合强度。

（2）大豆蛋白

历史上，大豆是工业蛋白质胶黏剂的主要来源，并在商业上已用于黏合木材产品。大豆蛋白主要是储存蛋白质，用于为生长中的植物提供营养。考虑到低成本、高产量和高可用性、高蛋白质含量和易于加工，以及人类食用的豆粕产品使用量小，大豆蛋白似乎是其他蛋白质的良好替代品，然而，要将大豆粉开发成一种有用的木材黏合胶黏剂，需要付出相当大的努力。大豆胶黏剂的典型特征是高黏度、低固体含量和短的适用期。尽管大豆粉胶黏剂没有达到与酪蛋白和血液等其他蛋白质相同的抗湿程度，但在高碱性条件下经苛性碱和水处理后它们适用于室内胶合板；由于适用期问题，配制的胶黏剂必须在数小时内使用，这大大扩展了大豆蛋白胶在工业上的适用范围。大豆胶黏剂对木材黏合行业非常重要，由于其可用性和良好的黏合性能，促进了室内胶合板市场的发展。大豆蛋白胶可以冷压或在 110～130℃ 温度下热压。

用作胶合板胶黏剂的大豆蛋白通常通过苛性碱处理变性。这些产品通常具有较短的适用期、较差的生物稳定性、较低的固体含量、较长的压制时间和非常差的耐水性，这限制了它们主要用于室内应用（但在干燥后恢复强度）。为了使这些配方更耐水，人们做了大量的工作，但通常这些方法不涉及共价交联键。它们被酪蛋白、血液、硼砂、硅酸钠或二硫化碳改性，以提供更好的耐水性，但从未达到室外级胶合板所需的抗湿性。大豆的蛋白质含量比谷类谷物高得多。

大豆蛋白分子是复杂的大分子，可分为两个单独的部分：水溶性白蛋白（占大豆蛋白的 10%）和盐溶性球蛋白（占蛋白质的 90%）。球蛋白可进一步分为甘氨酸和伴甘氨酸。甘氨酸的摩尔质量范围约为 200～400kDa，而伴甘氨酸的摩尔质量约为 100～200kDa。大豆蛋白具有—OH、—NH$_2$、—COOH 和—SH 等官能团。这些官能团中的每一个都具有极性，这导致大豆蛋白对水敏感。

大豆原料直接从农民的田地运到加工厂。将豆子外壳裂成若干块，然后吸走轻薄的外壳，留下生豆粕。脱壳后，将大豆压碎并用己烷萃取，以去除有价值的油。虽然有些物质的蛋白质保留在其天然状态，但大部分物质被加热以使产品更易于消化。去除大豆叶子中的油脂（甘油三酯）后剩下的是由蛋白质和糖类组成的颗粒，可以磨成大豆粉。

唯一拥有其天然蛋白状态的商业化大豆产品是脱脂（己烷萃取）大豆，未经过任何专业的热处理，其蛋白质允许指数或蛋白质分散指数（PDI）为 90，这意味着最低水平的热处理和最高数量的天然蛋白质。PDI 是粉末能在水中形成稳定分散体的蛋白质百分比，因此与蛋白质在给定材料中的溶解性直接相关：高分散性天然大豆（PDI＝90）、低分散性变性大豆（PDI＝20）和中级大豆（PDI＝70）。在增加热处理程度、蛋白质变性程度更高后，可得到 PDI 为 20 乃至 70 的商业大豆。

商业大豆产品有脱脂大豆粉（DSF）、大豆浓缩蛋白（SPC）或大豆分离蛋白（SPI）（图 3-16）。脱脂大豆粉是从大豆片中提取油后剩下的材料，通常含有 48％的蛋白质和少于 1％的油。

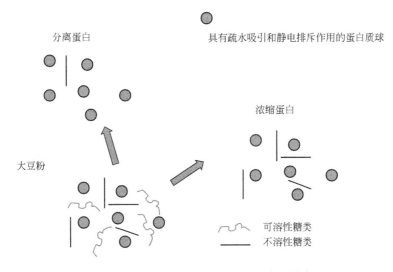

图 3-16　大豆粉、蛋白、可溶及不溶性糖类

大豆基胶黏剂原则上可以由 DSF、SPC 或 SPI 制成。它们的蛋白质含量不同，SPI 的百分比最高，DSF 的百分比最低。然而，SPC 和 SPI 在商业上并未用作胶黏剂。在胶黏剂的应用研究中，有两种大豆产品占据着主导地位：商业大豆分离蛋白和商业大豆粉，尤其是 PDI 为 90 的大豆粉。

DSF 的性质取决于条件，增加热处理程度会降低蛋白质的溶解度，但会降低不需要的酶活性。蛋白质具有三级和四级结构，通常需要被破坏（变性）以暴露蛋白质的功能基团以进行键合和交联。

DSF 含有约 50％的蛋白质和约 38％的糖类，以及脂类和盐类。其中一半是可溶性的，如蔗糖、棉子糖和水苏糖，另一半是不溶性的，如鼠李糖、阿拉伯糖、半乳糖、半乳糖醛酸、葡萄糖、木糖和甘露糖。尽管纯度较低，但大豆粉是唯一用于木材胶黏剂的大豆材料，因为用于木材黏合的合成胶黏剂具有成本优势。在 SPC 生产过程中，去除可溶性糖类（干基约 17％），留下不溶性糖类（干基约 21％），而在 SPI 生产过程中，去除可溶性和不溶性糖类。大豆粉、蛋白、可溶及不溶性糖类。

由于其吸湿性，水溶性部分（水溶性糖类）是潮湿条件下耐水性和强度差的主要原因。因此，去除这些水溶性糖类可以使大豆胶黏剂具有更高的耐水性。问题在于：①是否可以以低成本从大豆粉中去除糖类，从而使产品含有更多更高结合强度的蛋白质；②大豆粉中的糖类是否可以反应，从而提高黏合网络的强度。

不溶性糖类对 DSF 的黏合性能影响较小。然而，去除可溶性和/或不溶性糖类并没有导致湿结合强度的显著提高，表明天然蛋白质没有表现出良好的黏合性能。相反，当考虑在胶黏剂系统中使用大豆蛋白时，水热处理可以使纯蛋白质的的强度提升，说明热处理对于提升蛋白质的胶合强度有很大的作用。

SPI 是一种经过高度加工的特殊食品成分，而 DSF 是石油生产的副产品，主要用于动物饲料。SPI 通常被认为是大豆粉中蛋白质行为的良好模型，然而，SPI 和豆粉在某些系统中表现不同。传统的研究集中于使用苛性碱分散大豆粉，但最近的研究中使用了其他变性剂，如表面活性剂或尿素，以改善蛋白质的分散性和性能。这些胶黏剂的 pH 值通常在 5～11 之间，而之前的苛性碱工艺 pH 值大于 11。

在过去的几年里，人们研究了蛋白质的溶解性、分散性和解卷性，以及在制造各种商业产品时蛋白质是如何改变的。特别是大多数蛋白质的胶体性质复杂多变，因此作为胶黏剂的蛋白质结构-性质关系非常复杂。大豆蛋白质是胶体，因此蛋白质-蛋白质相互作用对于形成强键至关重要。

商用大豆分离蛋白（CSPI）对木材黏合具有非常好的干和湿黏合强度，但 DSF 的强度要低得多，尤其是在潮湿条件下。这些豆制品之间的一大区别是糖类的百分比，在潮湿条件下，糖类通常提供较差的黏结强度。有研究人员研究了各种商用 SPI、SPC 和 DSF 的黏合性能。然而，糖类的影响只是商业 DSF 和纯化大豆蛋白（SPI 和 SPC）之间差异的一部分。一个更大的因素是 CSPI 中分离物的变性。因此，CSPI 性能可能不能很好地预测大豆粉的性能，另外，由于成本低且可用性好，大豆粉将是首选的胶黏剂。当用作胶黏剂时，大豆蛋白主要起黏合作用，而糖类则用作惰性稀释剂。

大豆浓缩蛋白是通过水/乙醇萃取去除可溶性糖类，并使用乙醇/水洗去除一些低分子量蛋白质而制备的，其蛋白质含量从 50% 左右增加到 70%。其他成分主要是可溶性糖类（单糖、双糖和低聚糖），以及一些低摩尔质量含氮物质和矿物质。一些低摩尔质量的蛋白质也和可溶性糖类一起被提取出来。因此，SPC 的氨基酸含量可能与原始 DSF 略有不同。由于从脱脂大豆中制备浓缩物所需工艺的性质，所有浓缩物均含有变性大豆蛋白，但主要用于食品性能。然后，将该材料干燥即可得到最终产品，或通过喷射蒸煮进一步进行水热处理以增强某些性能。浓缩物可根据应用温度具有不同的性质。每种浓缩物都可能含有不同变性状态的蛋白质，这取决于它们所经受的加热和剪切条件。

喷射蒸煮涉及在管式反应器中用高压蒸汽快速加热 SPC 的水分散体，然后在通过真空蒸发孔后快速冷却和干燥。喷射蒸煮的程度在最终浓缩物的结构/功能关系中起着重要作用，可生产出各种具有特定性能的产品，以用于食品工业。

哪种处理方法对提高湿黏结强度最有效？这仍然是一个疑问。通过去除大豆粉中的可溶性糖类可制得 SPC，进而可将 SPC 与大豆粉的性质进行直接对比。然而，在制作 SPC 时蛋白质会变性，导致无法直接对比未变性的 SPC 与大豆粉的性质。喷射蒸煮可以显著提高大豆蛋白的湿结合强度，而去除可溶性糖对湿强度的贡献相当小。对于 SPI，水热处理可以赋予其更好的湿黏合强度，然而，喷射蒸煮处理后样品的黏度也更高，CSPI 的固体/黏度比使得这些大豆制品作为木材胶黏剂的实用性大大降低。

SPI 是通过一系列步骤除去不溶性和可溶性糖类以及一些蛋白质而制备的，蛋白质含量大于 90% 的产品，这些步骤包括在稍微碱性的条件下将大部分蛋白质和可溶性糖类溶解在水中，以便将其离心以去除不溶性糖类，然后在酸化至等电点时沉淀蛋白质，并离心以去除可溶性糖类。然后，沉淀物悬浮在水中，中和，并通过水的蒸发进行分离。最后一步干燥可在温和条件下进行，这一过程可以保留蛋白质的天然性质，或通过水热处理以进一步增强其结合性能。与 SPC 一样，喷蒸处理的程度可以改变 SPI 中的变性状态程度，从而产生具有特定最终用途的各种产品。

天然大豆蛋白具有高度有序的整体结构。蛋白质表面的疏水基团提供蛋白质分子之间的吸引力，这导致大量反应性基团在粘接应用中无法与木材基质相互作用。因此，需要对蛋白质进行物理、化学或酶改性，从而引起结构变化，打破内部键，使蛋白质中的官能团可用于与木材成分反应。

商业大豆粉的 PDI 水平不同（20、70 和 90），其中 90PDI 的最接近天然结构，20PDI 的变性程度最大。PDI 取决于豆粉的热暴露程度，20PDI 的大豆粉涉及高程度的热处理。大豆蛋白的黏附性能还受粒径、表面性质、蛋白质结构、黏度和 pH 值的影响。

蛋白质组分具有多种类型的功能化侧链。然而，这些反应性基团中的许多并没有暴露在表面上，而是隐藏在球状体内，使得反应变得困难。此外，蛋白质内的极性基团与其他极性基团产生相互作用以稳定蛋白质结构，使得与这些极性侧链的反应更加困难。

（3）大豆蛋白用作木材胶黏剂

尽管纯度较低，但 DSF 仍是唯一用于木材胶黏剂的大豆材料，因为相比其他大豆蛋白，它具有成本优势。天然糖类被认为是胶黏剂潮湿条件下强度差的原因，但这一点仍有疑问。在干燥条件下，糖类可以在蛋白质分子之间形成化学桥接。然而，考虑到湿条件下氢键的减弱，这种桥接效应应显著降低。

为了更有效地与合成和化石燃料基胶黏剂竞争，生产固体含量更高的大豆胶黏剂是一个重要目标。大豆蛋白质的高黏度是由于分子的缠绕导致分子间相互作用增加的结果。离子环境削弱了这些静电相互作用，因此用盐或还原剂处理可以在不影响黏合强度的情况下降低黏度。其他降低黏度的方法包括酶水解或碱水解。高 pH 值会加快水解速度，从而提高黏合强度和耐水性，但会缩短适用期。

蛋白质胶黏剂的黏合强度取决于蛋白质的疏水性和亲水性基团与木材材料的相互作用。蛋白质分散体可能包含：①水溶胀的不溶性分子聚集体的分散相（可溶性低聚物/聚合物在其上部分聚集）；②可溶性低聚物/聚合物的连续相。当将由分散在连续相中的颗粒组成的胶黏剂浆料施加到多孔表面（如木材）上时，胶体颗粒将保留在表面以提供黏合强度。另外，连续相将与水一起被吸收，可溶性低聚物/聚合物在一定程度上渗透到木材结构内，协助机械联锁。

对纯蛋白质进行水热处理可以提高其强度，说明水热处理对于提高大豆蛋白的强度非常重要。当使用大豆蛋白作为木材胶黏剂时，蛋白质因具有三级和四级结构，通常需被破坏（变性）以暴露蛋白质的官能团，以便通过氢键和交联进行黏合。变性在不破坏共价键的情况下可以改变蛋白质分子的多级结构。大豆蛋白质的亲水基团在变性后被打开并暴露。蛋白质可通过暴露于热、酸、中等碱（50℃时 pH＝10）、有机溶剂、表面活性剂（如 SDS 和 SDBS）或尿素中变性以展开大豆蛋白质的结构。

首先需要将大豆粉在 pH 值大于 11 的水中分散。大豆蛋白基木材胶黏剂在水中比在溶液中更容易分散，其稳定性取决于 PDI。大豆胶黏剂表现出良好的干黏合强度，但抗湿性和耐水性较低；这可以通过添加酪蛋白或血液蛋白质、加入二价盐（而不仅仅是 NaOH）、添加硫化合物（如二硫化碳）或使用其他添加剂（如硼砂或硅酸钠）来改善。即使在相对较低的固体含量下，液态大豆粉也能迅速变稠，表现出剪切变稀行为。各种热处理也可打开蛋白质的高层结构，增加对蛋白质主链上官能团的可及性，这对蛋白质的性能有很大的影响。

将大豆蛋白从食品链转移到工业应用将导致蛋白质供应短缺，从而导致大豆蛋白价格上涨，这可能对大豆蛋白基木材胶黏剂市场产生不利影响。因此，有必要在开发生物基胶黏剂的过程中，除了大豆蛋白之外，探索更便宜的替代品。

大豆基生物胶黏剂由于其环境安全性和广泛的可用性，被认为是甲醛基木材胶黏剂的潜在替代品。然而，高固化温度（120～180℃）使其对木材加工的能源效率较低。

不同文献中报道的大豆-木材黏合强度难以比较，因为黏合和测试步骤中使用了各种温度和其他条件。一些报告表明，黏结强度对黏结温度敏感，但其原因尚未深入研究。尽管这些先前的研究在其他方面（如大豆类型、木材种类和试验方法）有所不同，但尚未明确检查黏合温度的影响，这对于商业应用非常重要。研究人员使用两个平行光滑枫木单板试样进行拉伸剪切试验，以测量大豆胶黏剂的干黏和湿黏强度。尽管大豆胶黏剂具有很好的强度和对干燥木材的破坏性，当在120℃下黏合时，它们在潮湿条件下通常具有较低的木材破坏作用和较低的剪切强度。研究人员发现，随着固化温度在120~180℃范围内的升高，大豆基胶黏剂黏合的枫木单板搭接剪切样品的湿强度大大增加。

由于经济和可用性的原因，大豆粉是胶黏剂应用中使用最广泛的大豆来源；常用含有天然蛋白质的90PDI大豆粉作为比较大豆性能的基础。研究人员设想，分散性最佳的蛋白质应产生最佳的内聚和黏合强度，但差异很小，且未观察到明显的趋势。当使用90、70和20的PDI大豆粉，并使其在水中的含量为20％、25％、30％和35％时，大豆粉的干湿黏结强度几乎没有变化。所以，与经变性处理的大豆蛋白相比，天然的大豆蛋白结构似乎没有优势。不同的PDI对干湿强度影响不大，可能在制造更高标准的板材时PDI才会发挥明显的作用，因为在制造高标准板材时，水分流失更快，会导致20PDI的大豆粉难以扩散。

不同大豆蛋白产品的另一大特性差异是黏度。所有的大豆产品都是剪切稀释的，因此，与合成胶黏剂相比，它们可能显得太厚。然而，由于一般应用过程涉及重大剪切力，"厚"大豆胶黏剂实际上适用于使用典型的应用设备。黏度很重要，因为木材胶黏剂应具有高固体含量，以最大限度地减少黏合过程中产生的蒸汽，并保持水平衡。

为了研究大豆球蛋白的物理化学和黏附特性，研究人员从大豆粉中提取甘氨酸，然后将其分为酸性（纯度约为90％）和碱性亚基（纯度约为85％）。高疏水性氨基酸含量是碱性亚基溶解度和耐水性的主要因素，也导致其在pH值为4.5~8.0时溶解度低。可以假设碱性亚基会形成热稳定性高于甘氨酸的新寡聚体结构，但在分离的酸性亚基中不存在高度有序的结构。在等电点制备并在高温下固化的蛋白质胶黏剂通常具有很高的耐水性。虽然这些较老的配方通常使用室温黏合，但大多数当前的大豆配方在室温下黏合不好。于是，在接近中性pH值的情况下，与大豆结合的最佳温度问题就出现了。基于湿剪切强度，使用杨木单板和大豆粉与环氧树脂和聚乙酸乙烯酯（PVAc）共同反应制备胶合板胶黏剂的最佳温度为120~125℃。相比之下，一些研究通过对大豆分离蛋白进行处理，进而在180℃的温度下热压制备了木制品样品。

研究人员已经解决了关于使用蛋白质作为木材胶黏剂的不同机械问题，例如大豆粉在其天然或热变性状态下的黏合温度的可能影响，去除可溶性糖类的影响（这些糖类很可能与蛋白质发生美拉德反应），以及去除糖类形成SPC时大豆的乙醇变性及SPC的喷蒸处理会对温度的影响效应。

更高的反应温度会使蛋白质和糖类之间发生更多的美拉德反应，生成更高摩尔质量的产物,这种反应又被称为糖类和蛋白质之间的"褐变反应",也导致了更高的黏结强度。含有约 45％蛋白质和 45％糖类的大豆粉(含有醛的还原糖与蛋白质上的胺反应)促使了美拉德反应的发生。

大豆粉中的大多数还原糖是可溶性糖类,因为它们由蔗糖、蜜三糖和高级糖类组成。测试美拉德反应是否是提高湿强度重要因素的一种方法是,使用去除大部分还原糖的 SPC,以减少反应性糖类。用无水乙醇提取大豆粉以去除其中的可溶性糖类和低摩尔质量蛋白质即可制得 SPC(约 75％的蛋白质和 20％的糖类)。较少的反应性糖类会减少任何可能的美拉德反应的影响,因此与大豆粉相比,更高的黏结温度会大大降低湿黏结强度的增强程度。

然而,在两种商业 SPC 中未观察到这种情况。较高的温度对于提高湿黏结强度非常有效,而不是美拉德反应促成了这种效果。美拉德反应显然不起作用,因为不含必要还原糖的 SPI 和 SPC 增加的湿强度与大豆粉一样大。

虽然大豆粉胶黏剂具有良好的性能,但仍然要求其要具有更高的湿强度。湿强度对于加速试验非常重要,该试验涉及木材膨胀和胶黏剂增塑(随湿度增加)产生的内力。由于疏水性,大豆蛋白呈球状,因此,预计添加修饰剂以打开蛋白质结构、改善蛋白质-蛋白质和蛋白质-木材的相互作用,以帮助抵抗施加在键上的内力和外力。由于改性剂已被证明可改善大豆分离蛋白胶黏剂的性能,因此已将这些改性剂的使用作为改善大豆面粉胶黏剂的一种方法。蛋白质破坏剂(尿素、盐酸胍和双氰胺)、表面活性剂(SDS 或十六烷基三甲基溴化铵)和共溶剂丙二醇都有望增加蛋白质-蛋白质和蛋白质-PAE 的相互作用。改进的相互作用将使大豆粉胶黏剂足够耐用,能够更好地通过室内用木材产品规定的湿黏合强度测试。然而,通过添加这些改性剂中的任何一种,无论是否添加 PAE 聚合物,大豆粉胶黏剂在潮湿条件下的固化木材黏结强度都没有明显改善。这些结果导致了这样一种假设,即糖类(按重量计约占大豆粉的 45％)会阻碍从大豆粉的蛋白质部分获得更大的黏合强度。糖类似乎不只是起到非活性稀释剂的作用,甚至阻碍蛋白质修饰和蛋白质-蛋白质相互作用。由于大豆粉含有约 45％的糖类和 45％的蛋白质,而大豆分离蛋白的含量分别为 5％和 95％,因此有研究人员提出糖类干扰假说来解释大豆粉和大豆分离蛋白之间的性能差异。

尽管大豆粉已在商业上用作室内木制品的胶黏剂,最近的研究表明,通过添加共反应胶黏剂可以提高其性能,但在没有共反应物的情况下提高大豆粉的性能将使大豆胶黏剂更具经济吸引力。目前对于大豆蛋白的结构及其与大豆粉中其他物质的相互作用仍然没有明确的了解。先前的研究表明,商用喷蒸得到的 SPI 优于标准实验室程序制备的 SPI。最后,关于变性类型和程度的(相互)影响、分散性的变化和程度(DPI)、喷蒸处理的影响以及混合物的组成(尤其是蛋白质和糖类的比例)的问题还需要进一步研究。

（4）大豆蛋白的热处理

① 变性热处理

研究人员将脱脂大豆粉（DSF）在 65～125℃ 的不同温度下进行 30min 的热处理，研究了热处理温度对 T-DSF 化学结构、结晶度、水不溶物含量和乙醛值的影响；使用环氧氯丙烷改性聚酰胺（EMPA）作为交联剂。热处理后 T-DSF 的水不溶物含量和乙醛值增加；与未经处理的 DSF 基胶黏剂相比，使用沸腾-干燥-沸腾处理的胶合板老化试验后的黏合强度有所提高。这种改善是由于蛋白质-蛋白质自交联反应和蛋白质-糖类美拉德反应形成 T-DSF 的不溶性交联结构，以及由于热处理后释放了更多 T-DSF 反应基团，促进了 T-DSF 和 EMPA 之间的交联反应效率的提高。

② 热压温度

研究人员通过在拉伸剪切试验中使用两个平行单板试样测量干黏强度和湿黏强度，研究了粘接温度对大豆胶黏剂性能的影响。尽管大豆胶黏剂具有很好的干黏强度，但在 120℃ 下黏合时，它们湿黏强度和剪切强度很低。然而，随着黏合温度的升高（150℃ 和 180℃），湿黏强度大大增加，其中蛋白质的聚结是主要原因。

使用动态扫描量热法（DSC）对加工至不同蛋白质浓度（大豆粉、SPC 和 SPI）豆粕高温性能（在 35～235℃ 之间）的研究表明，豆粕中没有热转变。玻璃纤维层的动态力学分析（DMA）显示热软化温度按大豆粉＜酪蛋白＜SPI＜大 SPC 的顺序排列。因此，低摩尔质量的糖类可以增加大豆产品的塑性。DMA 的研究结果还表明，它们的储能模量下降幅度小于玻璃纤维层。这表明与木材基材的相互作用提高了胶黏剂的耐热性能。

研究人员阐明了 SPI 和小麦面筋作为刨花板胶黏剂的可能性，参数包括蛋白质作为分散体和/或蛋白粉的使用、分散体制备过程中的温度、制备分散体的时间、黏合前分散体的储存时间，以及使用干燥或未干燥的刨花。结果表明使用分散液的效果较好；在制备分散体期间较长的分散时间导致增强的板性能，且在制备 SPI 分散体期间不受温度的影响；对于小麦面筋分散体，较低的温度更可取，而时间的影响则不显著。此外，如果分散液在使用前储存超过一天，则会导致成板性能降低。相对于干燥刨花而言，未干燥的刨花会导致板材的耐水性能下降。SPI 含有较高比例的蛋白质，而小麦面筋含有较多的淀粉。

在调查不同类型豆粕［低温豆粕（LM）、高温豆粕（HM）和物理豆粕（PM）］的制备过程中，反应基团的数量顺序为 LM＞HM＞PM。这导致了与 EMPA 的不同交联密度以及更好的板性能（LM＞HM＞PM）。特别是 LM 大豆胶黏剂有着更多的反应基团（豆油提取过程中变形较少，因此其乙醛值较高）、较高的交联密度和较好的黏结强度，所以其胶合板的耐水性提高。

3.2.2.3　动物基蛋白质

人类在加工食用型肉产品时会产生大量的非食用肉类作为副产品，这是工业蛋白质的潜在来源。除了肉类工业的副产品外，奶酪等乳制品的生产也产生大量富含蛋白质的次级产品。

（1）动物基蛋白质的类型和来源

① 胶原蛋白和明胶

如今，胶原蛋白基动物胶黏剂的主要用途是历史保护、家具保护和DIY；基于动物蛋白的胶黏剂是最早记录的用于木材黏合的胶黏剂。它们由皮革或骨骼中的胶原蛋白水解而成，通常以颗粒状出售。它们在pH值为6.5时可溶于水。水解和纯化后，将胶黏剂干燥，以便于运输和防腐。它们可以在使用前通过在水中加热溶解，在冷却和失水时立即形成键。

胶原蛋白作为胶黏剂的特性取决于其来源（皮肤、结缔组织、软骨或骨骼）、动物年龄和种类，其主要来源是肉牛的皮和骨头。在生产过程中，有必要将胶原蛋白从其他成分中分离出来。在清洗以去除大部分无机和其他有机分子后，纤维被解开并使用无机酸和热进行水解。尽管蛋白链缩短和摩尔质量的降低导致蛋白来源的影响有所降低，但胶原蛋白的来源和水解条件决定了胶黏剂的性能。

谷蛋白胶黏剂是由牛、猪和马等动物的皮、结缔组织、软骨、蹄、皮革和骨骼中的胶原蛋白水解而成，即非食品用途的纯度较低的明胶。它是一种水性胶体分散体，可浓缩至固体含量为55%。

黏合的形成是由于螺旋结构的冷却（溶胶-凝胶转变）再成型而导致的蛋白固化，以及施加在黏附物上的胶体失水的结果。溶胶-凝胶转变是可逆的，胶原蛋白水解物的行为类似于热塑性胶黏剂。

在使用时，将其冷却即可使其固化。残余水的蒸发增加了最终的强度。谷蛋白胶黏剂适用于要求高强度和高弹性的场景。由于能够吸收水分，接缝具有与木材相似的膨胀行为。这保证了永久弹性连接，无应力裂纹。

这些水解蛋白质的平均分子量在29～250kDa范围内。增加分子量通常会提升黏度和黏合强度，更高的分子量会产生需要加热才能使用的凝胶。

通常情况下买到的原始动物胶黏剂是干燥的，使用时需要分散在热水中以形成黏稠溶液，该溶液的稳定时期不长，需要加热才能使用，然后在胶黏剂冷却时获得初始强度。最初的强度是通过形成强大的氢键和疏水键，进而形成凝胶网络，使卷曲分子结合而达到的。当部分水分蒸发或吸收到基质中时，强度迅速增加。由于蛋白质链相互缠绕以及大量的氢键和疏水键，在干燥状态下形成的键能很高。由于蒸发或吸收到被粘物中的水被去除，进而形成连续的非结晶膜，可抵抗大多数溶剂和油，凝胶形成更缠结的网络，从而进一步增强其强度。

使用凝胶抑制剂化学品开发液态动物胶黏剂可以减少在热水中溶解干胶黏剂这一步骤。这些凝胶抑制剂限制了蛋白质在水中的结合，使凝胶状态得以推迟。当水离开胶黏剂时，这些添加剂的降凝剂性质消失，并形成牢固的黏结。甘油增塑剂的加入产生了凝胶胶黏剂，使产品具有永久的柔韧性。

动物胶黏剂对水的亲和力导致耐水性差，并有一定的软化和分层趋势。可通过使用无机硫酸盐或硼酸盐沉淀蛋白质，或通过交联（例如使用甲醛）来降低湿度敏感性。动物胶黏剂的缺点是热压时间长，无法判断热压时是否会发生化学交联，并且需要在热压前对板材基体材料进行干燥；而对于人造板来说，只有生产纤维板时才需要对基体材料进行干燥。

研究人员对使用动物蛋白骨胶黏剂制备刨花板进行了可行性研究。由于动物胶黏剂的高含水量，板坯的含水率约为40%，因此，板坯需要在70℃的烘箱中干燥至含水率为11%。对于动物胶黏剂，热压起始温度为150℃；热压机闭合后，关闭加热，将板材保持在压力机中，直到达到环境温度，利用动物胶黏剂的热塑性来使胶黏剂固化。热压前板坯的含水率会显著影响最终产品的性能。

研究人员优化了含骨胶黏剂竹纤维板的热压条件，胶黏剂添加量为30%（质量分数），热压温度为160℃，时间为15min，压力系数为150s/mm，远远超过一般的热压过程。热压前需要将胶黏剂浸泡在水中直至完全溶解，并使胶黏剂溶液与竹纤维混合均匀，然后在100℃下干燥24h以去除水分。

② 鱼胶原蛋白

鱼胶与动物胶相似，但在室温下为液体，无需在热水中溶解，也无需在高温下施胶。该胶黏剂是通过在热水中加热鱼皮（尤其是鳕鱼）和鱼骨，然后过滤并将所得材料浓缩至约含45%的固体来制备的。可通过添加某些多价盐（如硫酸铝或硫酸铁）、铬酸盐氧化剂或添加醛交联剂（如甲醛、乙二醛或戊二醛）使胶黏剂耐水。胶黏剂的摩尔质量为30~60kDa。与动物胶黏剂相比，更线性的分子结构使其具有更大的水溶性。

干燥后，由于体积收缩，胶黏剂出现内应力；这种收缩会随着湿度的增加而增加，从而导致更大的链间螺旋形成和更高的脆性。液态鱼胶可黏合多种基材（金属、橡胶、玻璃、水泥、软木、木材和纸张），在260℃以下不会软化。但是，它在水中会软化，可用于自粘邮票和作为临时胶黏剂。它们的液体性质和高强度有利于它们在家具生产中使用，然而固有脆性是其一大缺点。与其他胶原蛋白胶黏剂一样，鱼类胶黏剂在今天仍然用于DIY和家具修复。

以脱脂龙虾壳废弃物为原料，通过一个分步过程即可制得SPC，步骤包括用环己烷去除可提取脂肪，用苯甲酸预处理和酸脱矿，最后用盐溶液（0~4%

NaCl 和 0.05％CaCl$_2$，pH 值 5.5～6.6，温度 50℃，时间 1h）提取。

③ 血白蛋白与血粉

猪、牛或绵羊的血液蛋白也可用作为胶黏剂。经过屠宰场处理、采集血液后可获得含 80％～90％蛋白质的血粉，这是一种干燥稳定的产品。由于血粉富含蛋白质，通常用于动物饲料中以增加蛋白质和/或氨基酸含量。由于血液由高度折叠的多肽链组成，碱性条件对于蛋白质去折叠和获得具有适当黏度的水分散体是必要的。

几个世纪以来，血液和可溶性血粉一直用于制造胶黏剂。由于其优良的发泡能力，干血可作为胶合板生产的添加剂。这些胶黏剂可自然凝固、耐水性强，使其成为室外用胶合板行业（如木制飞机）最重要的耐水胶黏剂。1910～1925 年间，随着在不降低血液溶解度的情况下低温干燥技术的开发，以及防水胶合板的需求量提高，血液胶的使用大大增加，但最终被酚醛树脂取代。在喷雾干燥过程中，血液蛋白质的溶解度被控制在 20％～95％的范围内，干燥所用热量越少，溶解度越高。不同的干燥条件可制得不同的产品，例如在热固化后获得具有良好湿黏结强度的高分散性蛋白胶（溶解度＞80％），或是热干燥后获得具有低溶解度（小于 20％，但分散体呈砂砾状）的胶。

大多数血液胶黏剂需要热固化，限制了它们在胶合板中的使用，因为胶合板通常是冷压制得的。由于其高成本和可变性，血液蛋白胶黏剂主要与其他蛋白质胶黏剂（如大豆胶黏剂）结合使用，以强化其他蛋白质胶黏剂并增强其防潮和防水性；血液胶也可加入酚醛树脂胶中以增强其黏性。

当血液分散在熟石灰或氨水等中等碱性溶液中时，高可溶性血液蛋白也会产生强烈的胶线。特别是添加了多聚甲醛作为变性剂后，在酚醛树脂胶黏剂发展之前，这些胶黏剂是最耐水、防潮的胶黏剂。低可溶性血液胶黏剂可用于制备室内用胶合板。一般来说，血液胶黏剂具有冷压或热压固化的能力，热压可产生更持久的胶线。

历史上，血液胶黏剂以干燥的粉末形式出售，可与水和氢氧化钠、石灰或硅酸钠混合，以产生均匀且易于铺展的碱性材料。在传统的血液胶黏剂中，将锯末、木粉或其他木质纤维材料添加到其中可起到延长其使用期的作用。在血液胶黏剂中添加酪蛋白和石灰降低胶黏剂的黏度，使其更易于铺展，添加钙离子可促成其形成蛋白质分子的水不溶性盐，从而增加其耐水性。

④ 牛奶中的酪蛋白

历史上，酪蛋白在欧洲被用作木工中的胶黏剂，也被用作书籍装订中的柔性胶黏剂。与动物胶黏剂相比，酪蛋白胶黏剂具有更好的颜色和显著的耐水性，因此在 20 世纪 20 年代，美国对使用酪蛋白制造军用飞机结构用耐水胶黏剂的兴趣增强。从那时起，酪蛋白被广泛生产并用于各种工业应用，如再生蛋白纤维、纸涂料、木工、油漆和塑料。后来更便宜的大豆蛋白进入胶黏剂市场，以及合成聚合物/树脂的开发导致用于技术应用的酪蛋白用量减少。

牛乳通常含有约 3.5% 的蛋白质，其中 80% 为酪蛋白，20% 为乳清。酪蛋白是一种在酸性条件下使用盐酸或硫酸从脱脂牛奶中沉淀出来的蛋白质，或者是从乳糖酶转化和细菌培养物原位生成的乳酸中沉淀出来的蛋白质。洗涤和干燥后，将其研磨成淡黄色粉末，含有 80%~90% 的蛋白质。酪蛋白在其等电点 pH＝4.6 时几乎不溶，并且随着酸度或碱度的增加，表现出更高的溶解性。酪蛋白胶黏剂是一种粉末，使用前添加到水中，无需加热即可溶解，固化时也无需外加固化剂。胶粉由酪蛋白、氢氧化钙、各种无机酸的钠盐组成，并加入不同的填料来调节胶黏剂的黏度。

沉淀的酪蛋白通常使用氢氧化钠和氢氧化钙的混合物进行分散，以平衡胶黏剂产品的分散性和耐水性，以其制成的木制品耐水性要高于以未交联大豆蛋白制成的木制品。

酪蛋白有一个开放的、随机的螺旋结构。由于这种结构和分子内的大量氢键，酪蛋白和酪蛋白酸盐（酪蛋白在苛性碱中再溶解）都可以经水溶而形成透明膜。

酪蛋白胶黏剂的黏合能力、流变性能、水解速率、使用寿命、耐水性和其他性能可能因使用不同的碱性溶剂和用量的变化而不同。当胶粉与水混合时，会发生不同的反应：a. 水使酪蛋白粉膨胀，钠盐溶解，部分氢氧化钙溶解；b. 在 NaOH 和不溶性钙盐的形成下，钠盐与溶解的氢氧化钙反应；c. 氢氧化钠与酪蛋白反应形成酪蛋白酸钠；d. 由于钠盐少于氢氧化钙，一段时间后，所有氢氧化钙都将用完，剩余的氢氧化钙（溶解时）将与酪蛋白酸钠反应，形成不溶性酪蛋白酸钙，这是化学固化反应，导致溶解胶黏剂的适用期有限（在 15~20℃ 下通常可保存 4~8h）。酪蛋白胶黏剂的 pH 值在 9~13 之间变化。

酪蛋白胶黏剂是通过将酪蛋白溶解在碱性水中制备的。正常步骤是将充分混合的粉末缓慢添加到轻轻搅拌的冷水或温水中。混合后熟化 15min，胶黏剂即可使用。

早起的酪蛋白胶黏剂中常需要添加尿素和氨，以抑制氢键的形成、降低黏度。当水通过蒸发或从胶黏剂溶液扩散到被粘物中而流失时，酪蛋白黏度增加，出现所谓的凝胶化。在干燥条件下，酪蛋白凝胶很硬，但能够重新吸收水分。酪蛋白胶黏剂通常通过冷压技术（10~30℃）用于木材黏合，但有时也在中等温度下进行热压。对于非结构黏结，20℃ 下冷压 1~2h 即可；对于层合梁（集成材）的制造，压制时间为 4~8h。固化的胶黏剂不易碎，并具有间隙填充特性。酪蛋白胶黏剂不具有热塑性，具有良好的耐热性。因此，酪蛋白胶黏剂得以继续在某些应用中使用，例如基于其良好的耐热性建造防火门。酪蛋白不具有冷蠕变特性，因此可用于承重结构，但已被苯酚间苯二酚甲醛（PRF）和 MUF 树脂以及聚氨酯（PUR）胶黏剂所取代。在剩余的仍使用酪蛋白胶黏剂的应用场景中，通常将其与豆制品混合以降低成本。

酪蛋白胶黏剂的限制因素是低耐水性；添加氢氧化钙制成的酪蛋白具有有限的抗冷水性（冷水浸泡 24h 后，剩余剪切强度约为干燥试验值的 15%），但不能承受温水。然而，对于含水量高达 18% 的木材，其抗湿性是足够的；由于钠/钙体系会导致固化，因此其在室内环境和受保护的室外环境中具有良好的耐温湿变化性。但是，在室外环境中，当雨水进入胶线时，胶黏剂将失效，这可能是因为碱性水解或微生物的攻击。由于胶黏剂中含有氢氧化钙，在加工时可能会导致刀具磨损，并使木材变色。

⑤ 乳清蛋白

乳清是牛奶在奶酪或酪蛋白生产过程中凝结和过滤后留下的液体副产品。液体乳清是一种含有 6～8g/L 蛋白质的淡黄色透明溶液。乳清蛋白是一类球状蛋白，主要由 β-乳球蛋白（β-Lg）、α-乳清蛋白（α-La）和牛血清白蛋白（BSA）组成。乳清蛋白浓缩物（WPC）和乳清蛋白分离物（WPI）是在使用不同类型的膜过滤和干燥去除液体乳清中的乳糖和矿物质后产生的。WPC 和 WPI 应用广泛；WPC 含有 20%～89% 的蛋白质。通过离子交换进一步去除 WPC 中的乳糖和矿物质，由此可产生蛋白质含量大于 90% 的 WPI。

天然乳清蛋白可形成蛋白质含量高达 40% 的均质溶液，并在 58～60℃ 的温度下聚合 30min。

液体甜乳清可以喷雾干燥成粉末。甜乳清粉主要含有乳糖（约 80%）和蛋白质（约 10%）。膜技术已广泛应用于乳清产品的深加工。WPC 可以用超滤法生产，微滤去除多余的脂肪即可制得 WPI，WPI 已被用作室内和室外应用的木材胶黏剂。

天然乳清蛋白由于其紧凑的球状结构和相对较小的分子尺寸，不被认为是一种良好的胶黏剂。然而，在热处理下，球状结构会在自由巯基活化下展开成相对线性的结构，通过分子间硫醇-二硫键形成聚合物或不可逆聚集体。

热变性和溶液极性的变化（如浓甲酸）可将球状蛋白质转变为大而灵活的聚合物链，通过吸附即可牢固附着在实木表面。这种热诱导乳清蛋白聚合物具有良好的粘接性能。乳清蛋白具有特殊性质，如在水中的高溶解度，以及良好的凝胶、发泡、乳化和黏合性能。与其他蛋白质类似，乳清蛋白可在固化后交联以形成网络结构，例如通过乳清蛋白与二异氰酸酯的化学交联形成水性 PDMI 木材胶黏剂。

一旦胶黏剂被应用到被粘物上，乳清蛋白就会渗透到微孔中。当水蒸发时，聚合物-聚合物和聚合物-基底之间的分子间作用力即可形成黏合键。

作为木材胶黏剂的乳清蛋白通常包含两种组分：水性聚合物和交联剂。水性聚合物是一种高浓度聚合乳清蛋白。天然蛋白质或 WPI（在 60℃ 或更高温度下聚合）溶液（20%～40%）可用作室内胶合板的胶黏剂，热压时无需添加交联剂。常用的交联剂一般为合成共聚物，如 PVAc 或聚乙烯醇（PVA）。

乙二醛和戊二醛也可用作乳清蛋白基胶黏剂的交联剂，但由于乙二醛和戊二醛与蛋白质的高反应性，混合时会发生相分离。由于乳清蛋白的热固性，在 120～140℃ 下，通过热压乳清蛋白聚合物悬浮液而不使用任何交联剂，也可以获得理想的黏合强度。

⑥ 卵清蛋白

卵清蛋白原则上可用作木材胶黏剂，黏度远低于固体含量稍高的豆制品（固体含量高达 50% 时才具有相当的黏度）。另外，这可能会导致胶线对被胶结物的渗透性过高，从而降低黏合强度。尽管大豆中的单个多肽单位比卵清蛋白的小（分别为 16～35kDa 和 45kDa），但主要的大豆蛋白是 170～380kDa 之间的聚集体。此外，大多数硫基团是大豆的二硫键，但许多是卵清蛋白的硫醇基团。在低黏度下该胶黏剂即具有较高的固含量，同时其含水量较低，因此在热压时产生的蒸汽压力较小，这些都决定了该胶黏剂具有一定应用价值。

⑦ 角蛋白

角蛋白是动物来源的生物聚合物中含量最丰富的材料之一，主要来源于牛、羊和家禽的副产品。角蛋白作为木材底胶的应用尚未见报道，目前仅限于与脲醛树脂或酚醛树脂结合使用。

（2）海洋生物类蛋白

贻贝、牡蛎、藤壶和沙堡蠕虫等海洋生物在动荡的潮水中固着生活，这要归功于它们快速、多样、坚韧和永久的附着力，它们不会因水的存在而被破坏，而是通过不同摩尔质量的交联蛋白质产生胶黏剂。这些贻贝足蛋白中的每一种都是专门为发挥特定作用而形成的，界面处低摩尔质量贻贝足蛋白可实现足够的润湿性，中间摩尔质量贻贝足蛋白作为斑块的主体部分，最高摩尔质量贻贝足蛋白作为高强度外部条件下的保护涂层。贝索斯贻贝的黏附垫至少含有六种不同的蛋白质，所有这些蛋白质都含有特殊的氨基酸，即 3,4-二羟基苯丙氨酸（DOPA），结构式见图 3-17。

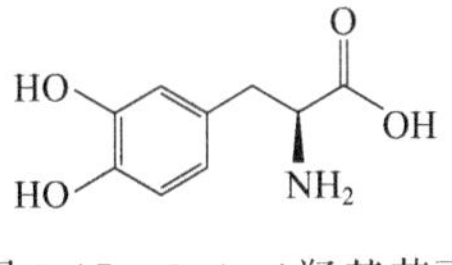

图 3-17 3,4-二羟基苯丙氨酸（DOPA）的结构式

研究人员对贻贝黏附做了些研究，结果表明对交联物的均匀高 DOPA 氧化会导致界面破坏，但会提高内聚强度，而低 DOPA 氧化会在牺牲内聚力的情况下产生更好的附着力。了解高 DOPA 氧化和低 DOPA 氧化的差异对于理解海洋黏附性至关重要。规模化生产贻贝黏附蛋白的能力将为制备具有优良耐水性的胶黏剂提供了可能，然而，

目前尚未掌握大规模制造贻贝蛋白的方法。

研究人员评估了细菌产生的重组贻贝黏附蛋白（MAP）作为木材胶黏剂的潜在用途，结果显示其具有足够强的整体黏合强度。配方 MAP 木材胶黏剂在各种环境条件下表现出良好的附着力，包括开放组装时间、培养时间、温度和湿度水平。

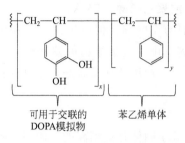

可用于交联的　　　苯乙烯单体
DOPA模拟物

图 3-18　贻贝黏附蛋白的模拟物

可以合成贻贝黏附蛋白的模拟物（含有用于交联的氨基酸 3,4-二羟基苯丙氨酸 DOPA），例如聚［(3,4-二羟基苯乙烯)-共苯乙烯］，这些模拟物（如图 3-18）在某些情况下具有与市售胶黏剂相同的黏合强度。

聚合物摩尔质量是一个关键参数，可以据此了解仿生黏附能力以及它的性能，黏附能力是摩尔质量的函数。在没有交联的情况下，较高的摩尔质量通常提供较高的附着力。使用额外的氧化交联剂，如 $[N(C_4H_9)_4](IO_4)$，黏附能力在摩尔质量约为 $50\sim65kDa$ 时达到峰值。黏聚力与黏附力的平衡变化会影响黏合，通过与摩尔质量在 $6\sim110kDa$ 之间的蛋白质相结合，贻贝黏附斑即可实现这一平衡。当发生交联时，与一定摩尔质量聚合物共混所制得的胶黏剂其黏附力甚至比单个聚合物更强。

除了在黏合界面中的关键作用外，邻苯二酚单元最近成为制备大量聚合物材料的强大构建块，包括邻苯二酚作为有效锚定基团的重要性。贻贝的海洋黏附蛋白包含三个关键功能基团：儿茶酚部分、一级氨基和硫基，研究人员采用这三个功能基团对大豆蛋白进行了改性，从而大幅度提高了大豆蛋白的耐水性。

（3）屠宰场废弃物

在肉类工业中，由于动物屠宰和肉类加工（约占动物活重的 $30\%\sim50\%$）而产生的蛋白质废物不可食用且不可能作为食品出售，这引起了与其处置相关的环境问题。原料成分的不均匀部分与其他天然材料的比例有关，其蛋白质成分的低溶解度导致加工时存在问题，其对水和微生物的低抗性也限制了该副产品的使用。此外，需要考虑将动物材料用于胶黏剂的道德问题以及与特定风险材料（SRM，见下文）和非食用内脏等组织相关的风险，以防可能受到病原体污染（因此需要特殊加工条件）。

屠宰场废弃物包括为生产肉类而屠宰的动物的不可食用组织，以及屠宰动物加工过程中的血液、脂肪、骨骼和其他材料。可通过借助于热、化学品和酶（或其组合）在水中溶解蛋白质，然后从水解产物中回收部分水解的蛋白质，进而从中提取蛋白质。

水解可促进蛋白质分子的去折叠，从而使反应性官能团暴露，并使它们在用作胶黏剂时与底物（例如木材）的官能团相互作用。

① 酸水解

通常用盐酸或有机酸。溶解后的肽可根据 pH 值变化通过沉淀回收，并直接用作胶黏剂的原料。

② 碱水解

在碱性条件下（例如，通过 NaOH 或 KOH）溶解的肽可通过改变 pH 值的方式简单沉淀回收，并进一步用作胶黏剂的原料。

碱性溶液通过破坏蛋白质的高阶结构来实现蛋白质分子的去折叠。这种现象使蛋白质的亲水官能团暴露在分散介质中，并有助于蛋白质在水中分散。对于从屠宰场废弃物中回收的蛋白质，碱性水解可以完全破坏病原体，包括朊病毒（见下文）。使用更浓的碱性溶液或更高含量的碱溶液，通过强力破坏多肽链中的酰胺键，会产生更小的水溶性肽和游离氨基酸，从而增强蛋白质的溶解。这也是观察到的碱性水解下蛋白质物质产率较低的原因。这可能不利于其作为胶黏剂的应用，因为一般情况下胶黏剂的摩尔质量越大，黏合强度越强。

研究人员研究了不同提取方法的回收率、蛋白质含量以及从 SRM 水解物中回收的肽的摩尔质量分布。结果表明，在 135℃ 条件下进行 2h 的碱性水解，可观察到最高的蛋白质含量，蛋白质含量随着温度或水解时间的增加而降低。

③ 亚临界水热解

水解温度会影响蛋白质水解产物的产率、摩尔质量分布和组成。温度越高，游离氨基酸的摩尔质量越低，含量越高。

研究人员使用温度范围为 200～300℃ 的亚临界水从水溶性牛血清白蛋白（BSA）中提取氨基酸和有机酸。首先通过聚集形成水不溶性固相，然后产生凝胶，形成的固体通过展开释放出中间产物多肽，最后水解生成低摩尔质量产物，如氨基酸和有机酸。研究人员还研究了用亚临界水从各种蛋白质中提取的肽的特异性，并与胰蛋白酶对蛋白质的酶消化进行了比较。结果表明通过有限的二硫键断裂可得到高蛋白质序列覆盖率（＞80％）。这种先制成小分子组分再合成高摩尔质量肽的方法有助于推动动物蛋白作为胶黏剂的应用。

④ 离子水和盐溶液

离子水和盐可促进蛋白质溶解，然后可进行碱性或酸性提取，这取决于蛋白质在多大 pH 值下可溶。

⑤ 膜分离、微滤和超滤

采用膜分离技术可实现尺寸不同物质的分离，允许较小的颗粒通过，同时将较大的颗粒保留在膜中。微滤可去除 0.1～10μm 范围内的胶体和悬浮颗粒，超滤可去除 1～100nm 范围内的胶体或分子结构。

⑥ 酶催化处理

通过酶水解可在温和的水解条件下制备蛋白质水解物，并可实现蛋白质的回收。为了回收水解的蛋白质，先进行酶处理，再让酶失活（高温处理即可，例如85℃或95℃，处理5～15min），并通过离心进一步处理水解产物，以收集富含蛋白质的部分。再通过对其进行喷雾干燥或者冷冻干燥就可制得蛋白质碎末。但该技术存在一定的缺点，例如加工时间长、在一定pH值范围内蛋白酶的特异性以及酶的成本。

（4）特定风险物质中的蛋白质（SRM）

SRM是一种屠宰场废弃物，不能当作饲料和食物；它们需要处理掉，占屠宰场副产品的很大一部分。SRM中包括特定错误折叠蛋白（朊病毒），可能集中在牛组织中，进而导致"疯牛病"等疾病（牛海绵状脑病，BSE）。受几种病原体和朊蛋白污染，并且由于饲料禁令的加强，SRM目前正在通过焚烧、土地填充、现场掩埋或堆肥等方式进行处理。因此，在保证安全加工的前提下，SRM代表了大量潜在的廉价、丰富和可再生的木材胶黏剂用蛋白质资源。热水解或碱水解通常被视为SRM处理的安全方法，水解处理并回收水解蛋白质碎片被用于许多场合，例如定向刨花板、胶合板或塑料的胶黏剂。

研究人员以经热水解SRM蛋白质得到的水解产物作为蛋白质胶黏剂，用于开发蛋白质胶黏剂胶合板。当所得肽用于肽-谷氨酸-间苯二酚胶黏剂配方时，热水解温度对干剪切强度和湿剪切强度的影响最大。随着水解温度的升高，干剪切强度几乎呈线性增加。由于蛋白质水解的程度与水解温度直接相关，高温热处理产生的蛋白质片段摩尔质量较低，从而产生黏度降低、铺展性增强和渗透性更好的蛋白质胶黏剂，所有这些都导致更有效的黏合。然而，由较小的蛋白质片段制成的胶黏剂具有较低的浸泡剪切强度，这可能是由于暴露的极性基团和吸湿性官能团的增加导致的。

经加拿大食品检验局（CFIA）认定，采用NaOH在150℃、400kPa的密封条件下对9%（质量分数）的SRM碱性水解180min，可以完全破坏其中可能存在的朊病毒。

与其他蛋白质类似，SRM水解产物包含许多反应性官能团，例如氨基、羧基、磺胺羟基和酚羟基，可用于后续化学改性以增强黏合强度和耐水性。与所有基于蛋白质的胶黏剂一样，在干燥条件下可以获得较好的胶黏剂性能，但由此产生的木质复合材料的防潮性有限。通过对端官能团进行化学改性或使用合适的交联剂进行化学交联，可增强耐水性。

3.2.2.4 蛋白基胶黏剂的性质

蛋白基胶黏剂的优缺点见表3-2。

表 3-2 蛋白基胶黏剂的优缺点

胶黏剂类型	优点	缺点
动物组织和骨头	①固化速度快; ②干剪切强度较高; ③不会使木材变色; ④成本低; ⑤无毒	①耐水性和耐湿性较差; ②固化时不会产生明显的胶线
血蛋白与血液	①加热时可快速固化; ②干剪切强度较高; ③耐水性较好; ④耐微生物破坏性较好; ⑤不会使木材变色	胶线颜色深,不适用于单板胶合
酪蛋白	①干剪切强度较高; ②耐水性和耐湿性适中; ③耐高温性适中	①只在高 pH 值的环境中才溶解; ②易导致某些木材变色; ③不适合在户外场景使用; ④价格比动物和植物蛋白胶要高
大豆	①无毒,可再生; ②已加工,性能可与商用合成胶黏剂媲美; ③干强度高,湿强度适中,耐热性好	①黏度高,需变性处理; ②易被微生物降解; ③不适用于户外场景
花生	①无毒,可再生; ②颜色美观; ③比动物基胶黏剂吸湿性小	①干剪切强度较低; ②产生气泡,胶线内会形成小气泡状空隙; ③使用者可能会对花生过敏
小麦面筋	无毒,可再生	成本高

3.2.2.5 蛋白质的改性和交联

为了暴露蛋白质内部的官能团,使其能够与木材形成更强的结合,进而将蛋白质用作胶黏剂,需要对其变性以使其暴露出更多的极性基团,以便溶解并通过氢键进行结合。变性是在不破坏共价键的情况下改变蛋白质分子多级结构的过程。大豆蛋白质的亲水基团在变性后被打开并暴露。蛋白质可以通过暴露于热、酸/碱、有机溶剂、表面活性剂或尿素中而变性。大豆蛋白在变性剂溶液中的分散可以将天然的四元状态分解并折叠成其天然三元结构的单个多肽。这种三级结构可以进一步展开成二级结构。α-螺旋和 β-折叠的进一步破坏会生成单个聚合物链。变性会改变蛋白质分子的二级、三级或四级结构,解绕蛋白质并暴露亲水基团,但不会破坏共价键。在变性过程中,稳定球状蛋白质天然结构的各种分子间和分子内键被破坏。这导致二级和三级构型的重组,并且通常导致先前内部的疏水氨基酸暴露于表面(图 3-19)。变性也可导致蛋白质亚单位的离解,即首先是

101

四级结构的破坏，随后是由蛋白质-蛋白质疏水相互作用引起的变性蛋白质的聚集。因此，变性蛋白质是以聚集胶体的形式存在的，其结构比天然蛋白质更为复杂，保留了大部分处于非原生状态的折叠结构。蛋白质的天然状态是一种主要的生物活性结构，蛋白质变性可产生多种不同的结构。

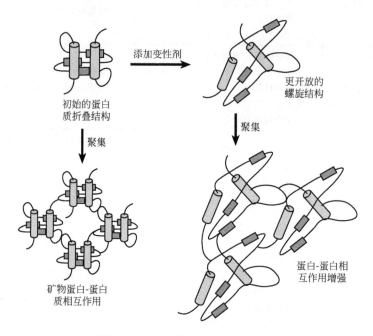

图 3-19　蛋白质折叠和蛋白质变性

不同蛋白质组的变性机制不同，由此产生的变性蛋白质结构也可能不同。因此，用不同变性剂改性的蛋白质基胶黏剂的粘接强度和耐水性也可能不同。

对于在非食品应用中使用蛋白质，如用作表面活性剂、胶黏剂、涂料或塑料，有人认为必须对蛋白质作变性处理，才能使其能够加工，并达到所需的产品特性，如强度、耐水性或附着力。通过调整加工参数（温度、含水量和添加化学品），可以使蛋白质发生想要的变化。蛋白质变性或去折叠是开发蛋白质木材胶黏剂的关键步骤。通过破坏盘绕蛋白质分子的内部氢键使蛋白质变性或去折叠，从而暴露极性和非极性结构以及反应性官能团，使它们易于与底物相互作用。

使用化学物质或水解使蛋白质变性可制得具有良好干剪切强度的胶黏剂，但此类处理未能赋予胶黏剂足够的耐水性。蛋白质基胶黏剂固有的低耐水性是阻碍蛋白质在木质复合材料胶黏剂中广泛应用的主要障碍之一，需要对蛋白质和肽分子进行化学改性和交联。

对蛋白质进行热处理、酶处理和化学处理可以破坏其天然结构，产生具有更多暴露官能团的较小肽片段。这些处理有助于降低蛋白质溶液的黏度，并增强胶黏剂的渗透能力，从而提高其黏合性能。然而，处理过度的话会导致产生肽片段过度分解，这些太小的片段会产生不良影响。即使热处理、酶处理或化学处理本身并不能直接产生满足工业要求的蛋白质基胶黏剂，但通过对官能团进行化学修饰，用富含易于蛋白质反应官能团的多功能化合物接枝或者化学交联等蛋白质处理手段仍是处理蛋白质的关键步骤。蛋白质的主要活性官能团是氨基、羧基和羟基，这些部分可以与其他官能团反应。

变性剂通过使蛋白质分子去折叠，从而形成具有更多暴露官能团的随机结构，从而有助于改善蛋白质的黏附性能。一般的理解是，二级结构对于蛋白质黏附是可取的，因为它们允许蛋白质分子之间以及在固化过程中与底物之间更好地相互作用，从而产生更强的结合。二级结构的破坏减少了分子间相互作用的数量，导致所得胶黏剂的机械强度和耐水性较差。

对蛋白质进行各种化学改性会提高其粘接强度和耐水性，其中一些性能与商用酚醛树脂胶和脲醛树脂胶相当。

蛋白质分子的去折叠可以增加表面接触，部分折叠的蛋白质会暴露出其内部的官能团，进而与木材形成界面二次相互作用，从而提高黏合强度。

其中部分折叠蛋白质的暴露官能团通过界面二次相互作用与木材的官能团相互作用，从而提高黏合强度。变性剂处理水平较低时，部分三级蛋白质结构明显破坏，蛋白质二级结构保持不变，从而增强黏附性和耐水性。相反，更大量的变性剂可能会使蛋白质变性，从而使蛋白质分子失去其残留的二级结构，导致形成有更多极性官能团暴露的高度无序多肽链。尽管极性官能团暴露可以增强胶黏剂和基体之间的界面相互作用，进而提高胶合强度，但极性官能团的过分暴露会吸引更多的水分，从而导致胶黏剂耐水性下降。蛋白质破坏程度与极性、非极性官能团暴露程度的平衡会使胶黏剂的黏合强度与耐水性达到最佳。

蛋白质的化学修饰是一种提高蛋白质基胶黏剂黏合强度和耐水性的方法，可以通过多种机制实现。将过多的极性官能团接枝到蛋白质上对胶黏剂的应用是有害的，因为由此产生的胶黏剂耐湿性较差。如果接枝官能团能够通过共价相互作用与固化剂产生更强的交联，化学改性并交联可显著提高最终胶黏剂的黏合强度和防潮性。

（1）蛋白质的改性

① 热改性

热处理是破坏天然蛋白质结构内部键的一种方法；热处理后官能团将更容易与底物相互作用，蛋白质将更容易分散。

② 酸热处理

在120℃下用盐酸对大豆蛋白进行酸热处理，由于未折叠蛋白质分子的分子重排和聚集，从而提高了其耐水性。使用各种交联剂（例如乙二醛、多异氰酸酯、乙二醛-多异氰酸酯组合、水性环氧乳液和改性聚酰胺）进行交联处理，可进一步增强经热酸处理的大豆蛋白的耐水性，其中聚酰胺、乙二醛-多异氰酸酯和多异氰酸酯表现出最优的效果。除乙二醛外，所有测试的木粉增强大豆蛋白基复合材料在使用经交联和酸热处理的大豆蛋白的蛋白质-木材界面上显示出各种化学键，从而显著提高了所获得复合材料的耐水性和拉伸强度。同样，改性聚酰胺的效果也较好。

③ 高压处理

对花生分离蛋白（PPI）进行高压微流控（40～160MPa，120MPa 时效果最好）和转谷氨酰胺酶（TGase）交联，微流控改善了 PPI 的溶解性、乳化性和表面疏水性；TGase 交联有效地改变了 PPI 的物理化学和功能性质。两种处理均导致 PPI 结构的去折叠，降低了 α-螺旋和 β-转角的程度，增加了 β-折叠和随机螺旋的程度；联合处理显著提高了长期贮存（20 天）期间的乳液稳定性，并导致 PPI 结构松散，物理及化学性能发生更明显的变化。

④ 亚硫酸盐和硫醇处理

天然蛋白质中的二硫键影响其柔韧性和去折叠特性。还原剂（如亚硫酸盐和硫醇）会破坏这种分子间和分子内的二硫键，从而使蛋白质黏合剂黏度降低、黏合性能增强。

⑤ 尿素处理

尿素是一种有效的变性剂，它可以通过破坏氢键来使部分蛋白质展开，当尿素浓度低时部分蛋白质还保持着一些二级结构。极高浓度尿素可能会完全破坏蛋白质的二级结构，导致机械强度差和耐水性低。当三级结构被破坏掉，而二级结构未被破坏时，黏合性能是最好的。尿素已被用于改善大豆蛋白、大豆粉和棉籽的黏合性能。

⑥ 表面活性剂（如十二烷基硫酸钠：SDS；十二烷基苯磺酸钠：SDBS）处理

SDS 和 SDBS 都是变性剂，可用于对各种蛋白质进行化学处理。根据 SDS 的疏水末端与蛋白质的疏水侧链的相互作用，可使蛋白质的二级、三级和四级结构展开，从而使蛋白质的官能团得以暴露，进而改善其与黏附物的反应。

经 SDS（0.5%、1% 和 3%）和 SDBS（0.5%、1% 和 3%）改性的大豆分离蛋白在干燥状态下以及在交替相对湿度或水浸泡和干燥周期培养后，与未改性的蛋白质相比，表现出更大的剪切强度和耐水性。这些处理展开并保留了蛋白质的二级结构，从而提升了它的黏合性能。

高 SDS 浓度下的耐水性降低是因为形成了胶束状区域，其中疏水基团埋在胶束内，从而降低了所得胶黏剂的疏水性。也有可能是较高含量的 SDS 会破坏蛋白质的二级结构，从而破坏最终胶黏剂的耐水性。

⑦ 碱变性处理

NaOH 可导致各种蛋白质变性，如大豆、小麦面筋或麻疯树蛋白质经 NaOH 处理后其黏合强度和耐水性会有所提高。这一方面是因为苛性碱能充分增强链之间的静电斥力，以克服疏水吸引，并提供足够的负电荷以帮助打开蛋白质结构；另一方面是 NaOH 处理可展开蛋白质分子并暴露特定的官能团，使其增加与水的分子间相互作用，从而降低黏度。

⑧ 添加纳米颗粒

在采用大豆蛋白等作为胶黏剂制备木质复合材料时，可在制备过程中添加部分的纳米材料（如纤维素纳米纤维、无机纳米颗粒和纳米黏土等），用于提高胶黏剂的黏合强度和耐水性。

⑨ 添加亲水性添加剂

通过添加不同摩尔质量（400～10000Da）的乙二醇（EG）、二甘醇（DEG）和聚乙二醇（PEG），可以提高大豆分离蛋白胶黏剂的耐水性。乙二醇和二甘醇能够改善润湿性和分子间氢键，并将湿黏合强度提高了 30%。而 PEG（>2000Da）与蛋白质基质的相互作用较弱，因此其润湿性仅略有改善。

⑩ 水解

通常，较高程度的蛋白质水解产生较小的蛋白质片段和更多的极性官能团，它们可能与木材的官能团相互作用，从而提高黏附力。根据水解程度，可以观察到黏合强度的显著提高。然而，极性官能团的增加可能导致吸水性增强，从而最终削弱界面相互作用（尤其是氢键），从而导致黏附力减弱。

经水解得到的低摩尔质量蛋白质或肽片段，其黏合性能通常较差，通过交联可以提高其胶合性能。

⑪ 二羧酸酸酐处理

可以用马来酸酐（MA）对 SPI 进行修饰改性，MA 与 SPI 之间的氨基反应可生成酰胺键，与羟基反应可生成酯键，接枝到 SPI 上生成 MSPI。酰胺键的形成快于酯键的形成。单用 MSPI 黏结的木质复合材料干剪切强度较低，在沸水试验中会发生分层。

MSPI 和聚乙烯亚胺（PEI）组合所得到的胶黏剂可显著提高所得木质复合材料的强度和耐水性。

⑫ 盐酸胍处理

盐酸胍（GH），一种已知的离液剂，可作为变性剂来改善蛋白质的黏附性能。研究人员研究了 GH 改性 SPI 用于黏合纤维板的黏合性能。剪切强度随 GH 浓度的变化而变化，在 1.0mol/L GH 处达到最大值。剪切强度随着压榨温度的升高而增加，并在高温下趋于稳定。

⑬ 聚（甲基丙烯酸缩水甘油酯）处理

为了克服蛋白质基胶黏剂耐水性差的缺点，可用自由基接枝聚合法合成具有良好粘接强度和耐水性的菜籽油分离蛋白-聚（甲基丙烯酸缩水甘油酯）偶联物。接枝到蛋白质分子上的聚合物链在共轭体中引入了氢和共价键，从而显著提高了黏合强度。在固化过程中，共轭物与基体表面之间产生的共价键提高了胶黏剂的耐水性，此外，胶黏剂渗透到基体中会产生机械联锁作用。

⑭ 2-辛烯-1-基琥珀酸酐（OSA）处理

OSA 可对固含量高、流动性好的大豆蛋白胶黏剂进行改性，改性反应时 OSA 通过蛋白质的氨基和羟基与酸酐基团之间的反应接枝到大豆蛋白质分子上。油性和疏水性长烷基链是大豆胶黏剂粘接性能提高的主要原因。

⑮ 聚丙烯酸处理

研究人员使用 SDS 和改性聚丙烯酸（MPA）溶液对豆粕胶黏剂做了改性研究。结果表明 SDS 使豆粕胶的耐水性提高了 30%。加入 MPA 后，豆粕/SDS/MPA 胶黏剂的耐水性进一步提高了 60%。反应机理分析表明，加入 MPA 后，固化胶黏剂中形成了更多的肽链。

⑯ 在蛋白质骨架上接枝

蛋白质链上可以接枝反应性基团，接枝上的基团可与其他蛋白质链上的极性基团反应形成交联网状结构，从而增强交联效果。

⑰ 碳酸钙杂化物处理

研究人员测试了一种仿生大豆蛋白/$CaCO_3$ 杂化木材胶黏剂，研究了胶黏剂的结构、形态、断裂行为和黏合强度。结果表明分子互锁以及与胶黏剂中的钙、碳酸盐和羟基离子的离子交联显著提高了大豆蛋白胶黏剂的耐水性和黏合强度。

⑱ 酶催化蛋白质

用酶（蛋白酶）处理蛋白质会导致多肽链断裂，并暴露通常嵌入折叠蛋白质结构内部的官能团。温和水解可使蛋白质分散体黏度降低，从而提高黏合强度；强水解可导致极低黏度的蛋白质分散，导致过度渗透和黏合强度降低。

（2）蛋白质的交联

对蛋白质多肽链进行交联可形成依靠共价键的三维多肽链网络。这种刚性网络的形成可防止单个链条的移动，从而保持结构完整性。多肽链的交联增强了蛋白质胶黏剂的机械强度和耐水性，并降低了水对多肽网络的渗透能力。界面处的共价交联见图 3-20。

蛋白质改性和变性期间的热水解导致亲水性增加，这是由于多肽的摩尔质量减小和末端亲水性基团

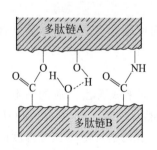

图 3-20　界面处的共价交联

（例如氨基、羟基和羧基）增加所致。因此，水解肽本质上具有亲水性，从而导致黏合木材试样的耐水性较低，这是在胶黏剂中使用此类水解产物的主要问题。通过将极性羧基转化为酯来降低极性是增强蛋白质和肽疏水性的一种方法。蛋白质的交联是另一种方法，交联时可能与肽链上的官能团结合。具有能够与功能性肽基反应的两个或两个以上反应性基团的化合物可以用作交联剂，例如容易与胺反应的双醛和二异氰酸酯。

当羰基化合物与胺反应生成希夫碱时，双醛通过醛亚胺键与多肽的胺基反应使多肽链交联。

低摩尔质量蛋白质/肽片段作为木材胶黏剂时通常表现出较差的性能，例如缺乏足够的内聚强度、耐水性差等。通过使用合适的交联剂，可以使这种低摩尔质量的蛋白质转变成耐水性胶黏剂。开发合适的键合结果可能需要对蛋白质进行变性处理（包括热处理、化学改性和化学交联等）。

3.2.2.6　与蛋白质结合的其他天然胶黏剂或天然交联剂

（1）与蛋白质结合的天然产物或胶黏剂

① 柠檬酸

首先将脱脂大豆粉加入尿素溶液中，再添加柠檬酸和硼酸溶液，搅拌。通过与氨基和羟基之间的反应以及与硼酸形成螯合聚合物，胶黏剂的耐水性得以提高。

② 糖类

通过将豆粕可溶性多糖交联，然后与大豆蛋白进行偶联，即可制得交联大豆胶黏剂。交联大豆胶黏剂的耐水性得以增强，这是由于交联多糖和大豆蛋白的互穿网络的结合，提高了固化胶黏剂的热稳定性，以及较低的黏度增加了胶黏剂对木材配料的渗透性，并产生了更多的互锁。大豆与多糖之间未发生化学反应。

随着大豆基胶黏剂中糖类含量的增加，固化大豆基胶黏剂的疏水性和交联度降低。然而，增加糖类中蔗糖和葡萄糖的含量却能提高胶黏剂的疏水性和黏合强度，这是由于大豆蛋白和两种糖之间的美拉德反应加剧所导致的。

③ DOPA 和多巴胺

贻贝可分泌一种独特的蛋白质，帮助它们黏附在所居住的基质上。人们认为，存在于贻贝蛋白质中的化合物 DOPA 具有黏附和交联特性。将 DOPA 接枝到大豆蛋白上可以提高大豆蛋白胶的耐水性等性能。

为了使大豆蛋白胶黏剂具有类似于 DOPA 的性质，可将碱变性 SPI 与多巴胺（结构式见图 3-21）反应。与碱变性 SPI 相比，多巴胺接枝 SPI（氨基与 SPI

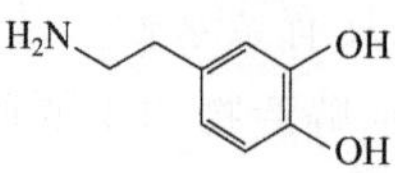

图 3-21　多巴胺的结构式

羟基反应）在干燥和潮湿条件下均表现出非常高的黏合强度。多巴胺的酚羟基对所得木材胶黏剂的黏合强度和耐水性有很大的贡献。

④　缩合单宁

向大豆基胶黏剂中添加单宁酸，可降低其黏度、pH 值以及大豆粉在 146℃以上开始热降解时的变性温度。大豆粉氨基酸与单宁酸之间反应性良好，提高了黏合木制品的黏合强度和耐水性。

⑤　木质素

大豆粉基胶黏剂中添加 10％的木质素可提高其耐水性；木质素与蛋白质分子上的活性基团和自身反应，形成交联和互穿网络。添加木质素可产生适当的黏度，从而在胶合板热压过程中提高胶黏剂的渗透性，并与木材形成更强的互锁，提高固化胶黏剂的热稳定性，形成具有较少孔洞和裂缝的光滑表面，以防止水分侵入，进一步提高耐水性。

（2）蛋白质与天然交联剂的结合

①　戊二醛

戊二醛（结构式见图 3-22）具有疏水性丙烯链，从而可以填充在肽链的氨基之间，改善氨基的亲水性。

②　乙二醛

乙二醛是一种无毒、不易挥发的醛，但其活性比

图 3-22　戊二醛的结构式

甲醛低。乙二醛可与大豆面粉蛋白质的酰胺基反应，形成—N—CHR—OH 基团，可进一步与单宁和 PMDI 反应。此外，将用于木质刨花板的乙二醛化大豆粉胶黏剂与少量乙二醛化木质素或单宁结合，在不添加任何甲醛或甲醛基树脂的情况下，即可生成能用于室内人造板的胶黏剂。最佳配方为乙二醛化预煮大豆粉（SG）、水溶液中的缩合单宁（T）和 PMDI 的组合，组分的比例为 SG：T：PMDI＝54：16：30。

③　其他醛类

其他醛类包括糠醛、甘油聚缩水甘油醚（GPE）、丙二醛、琥珀醛和己二醛等。

④　糠醇

研究人员研究了不同 pH 值条件下蛋白质模型化合物［二肽 N-(2)-1-丙氨酰-1-谷氨酰胺（AG）］与糠醇交联剂的反应，结果表明 pH 值对糠醇与 AG 的共缩合反应（产物见图 3-23）以及糠醇自身的缩合反应有很大影响。在碱性条件下，未检测到共缩合和自缩合。只有在 pH＞11 时，糠醇与 AG 伯氨基之间才发生轻微的共缩合反

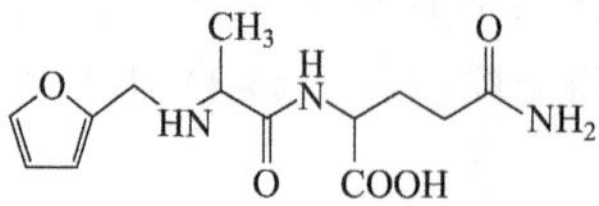

图 3-23　AG 和糠醇缩合
反应的产物

应。在酸性条件（pH<3）下，观察到共缩合和自缩合，在低 pH 值下糠醇优先自缩合。对于 AG 来说，主要是其伯氨基和脂肪族氨基参与反应，而不是仲氨基参与反应。

⑤ 来自糖类中的非挥发性醛

虽然将大豆与共反应胶黏剂反应或者对大豆进行改性都可制得性能良好的胶黏剂，但再对其进行原位化学改性可提高其黏合强度和耐水性。糖类（约占豆粉成分的 45%）有助于提高干强度，但考虑到糖类吸收水分的倾向，它们很可能会降低湿强度。这些糖类中有一半是可溶性的，如蔗糖，另一半是不溶性的。糖类可以在蛋白质球之间形成桥接，从而赋予蛋白质球良好的干强度，但这些桥接键的湿强度不高。如果去除糖类，蛋白质球会更好地聚结，这是 SPI 的一个重要特性。提高其湿强度的一种方法是将糖类转化为更具活性的化合物，还有一种方法是使氧化豆粉中的糖类与蛋白质发生反应。高碘酸盐可将糖类的相邻羟基氧化生成双醛，进而与连接大豆蛋白球的蛋白质反应，从而在两个木材表面之间形成一个更强的胶结防水网络。与未改性大豆粉相比，高碘酸盐与大豆粉原位反应生成了具有超高湿强度的胶黏剂。该反应用于天然大豆粉以及经过热处理（变性）的大豆粉。通过这些反应，天然大豆粉以及经过热处理（变性）的大豆粉的强度得到了提高。

3.2.2.7 蛋白质与合成胶黏剂和交联剂的结合

由于蛋白质具有羧基（COOH）和氨基（NH 或 NH_2），因此蛋白质可以作为酸或碱反应，这使得氨基酸可与多种添加剂反应。通过交联蛋白质链可形成一个强大的网络，从而提高其耐水性。蛋白质骨架上有足够的反应位点，能够与各种化学物质反应。

（1）蛋白质与合成胶黏剂的结合

① PAE 树脂

PAE 树脂（结构式见图 3-24）含有羟基氮芥（由四元氮原子组成的四元环状结构）官能团，这些官能团可以很容易地与活性含氢基团（如蛋白质的氨基、羧基和羟基）以及 PAE 中的氨基反应。PAE 树脂是阳离子型、水溶性和热固性树脂，可形成三维水不溶性网络。因此，PAE 树脂可作为蛋白质/肽化学交联的共反应物，形成通过共价键连接的高摩尔质量和三维刚性聚合物网络。

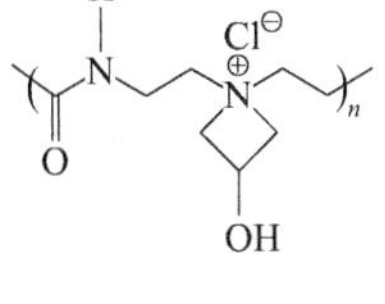

图 3-24 PAE 的结构式

大豆-PAE 胶黏剂的固化条件与 UF 胶黏剂相似，然而由于蛋白质胶黏剂的固体含量低，其固化后会含有更多的水分。

此外，PAE 树脂和肽的交联产物可在固化时与纤维素（木材）的官能团发生反应，从而形成防水共价键，从而进一步增强胶黏剂的内聚强度，并促进聚合物链的缠结，从而防止它们在受到外力时发生蠕变。此外，刚性交联结构的形成改善了该胶黏剂系统的耐水性。

在其等电点处，通过 PAE 树脂的阳离子氮杂环丁烯基和蛋白质的阴离子羧基之间的离子相互作用，蛋白质和 PAE 可在室温下形成可逆的蛋白质 PAE 复合物，在强酸性或碱性条件下会发生破坏。

PAE 和肽化学交联过程中发生的化学反应有助于增强黏合强度和耐水性。这些反应包括 PAE 的自聚合反应，即 PAE 壬啶基团、仲胺及其末端羧酸基团之间反应从而生成了均交联聚合物。还包括由 PAE 的氮杂环丁烯基与肽的氨基和羧基之间反应导致的 PAE 树脂和肽的共交联。大豆蛋白与 PAE 的反应见图 3-25。

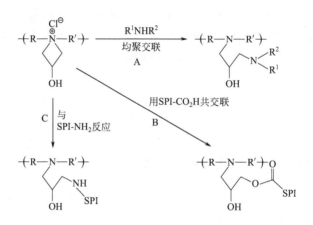

图 3-25　大豆蛋白与 PAE 的反应

② 丙烯酸酯

通过用丙烯酸酯将相同或不同大豆蛋白分子上的活性基团交联可得到一系列大豆蛋白丙烯酸酯（MMA 和丙烯酸丁酯）乳液，可用作木材胶黏剂。其中丙烯酸酯中的一些 C—O 和 C=O 基团与大豆蛋白反应，最终形成了羧基 O—C=O。

③ 聚丙烯酸酯

大豆蛋白-聚丙烯酸酯乳液的黏度随着聚丙烯酸酯含量的增加而降低，这有利于木材的润湿和渗透。FTIR 分析表明，大豆蛋白-聚丙烯酸酯乳液中形成了氢键。1,2,3,4-丁四羧酸可与游离大豆氨基形成新的酯基从而将脱脂大豆粉交联，从而提高胶黏剂的湿剪切强度和热稳定性。

④ 聚乙二醇二丙烯酸酯（PEGDA）

PEGDA 可用作豆粕的降黏剂。PEGDA 自身会发生聚合并与 SM 形成互穿网络，但 PEGDA 和豆粕胶黏剂之间未发生交联反应。

⑤ PF 树脂

大豆蛋白可以用作酚醛树脂的部分替代物。

含有 40％大豆蛋白的大豆 PF 树脂具有良好的耐水性，可经受 2h 的煮沸测试。经水萃取和元素分析试验，发现 55％～86％的水溶性大豆粉通过与甲阶 PF 树脂共聚转化为水不溶性物质。该胶黏剂的制备过程从大豆粉变性开始，首先是大豆蛋白有限水解产生小肽片段；一旦变性打开了蛋白质结构，暴露的官能团可以与甲醛反应生成稳定的蛋白质；最后，这种材料可以通过共聚合与苯酚和甲醛反应产成不溶性材料。当将该胶黏剂用于木质复合材料的表层时，大豆粉的加入百分比与最终板性能之间存在直接关系。

由于各种二次作用力，PF 树脂与大豆蛋白混合时会立即形成凝胶，因此，在用作胶黏剂时，PF 树脂与大豆蛋白应分别加在待胶结物上，然后立即热压固化。

蛋白质的氨基可通过添加甲醛进行甲基化，并与酚醛树脂的羟甲基交联。在 PF 树脂合成过程中可添加预甲基化植物蛋白质组分，用蛋白质替代多达 30％的 PF 树脂，从而显著降低甲醛释放量。此外，在与工业条件类似的条件下制备的用于胶合板的大豆/PF 树脂基胶黏剂（70％大豆蛋白＋30％PF 树脂）有着极低的甲醛释放量。

在制备结构刨花板（OSB）时，可用大豆粉取代胶黏剂中 30％的 PF，大豆粉和 PF 树脂之间仅存在边缘化学键，但大豆粉和 PMDI 之间会发生明显的交联。

⑥ 氨基塑料树脂

在大豆粉胶黏剂中引入 MUF 树脂可提高其黏结性能。在固化时，MUF 树脂的羟甲基与大豆中的氨基在热压过程中发生反应，形成亚甲基桥，显著降低了大豆粉的黏度，同时提高了其耐水性和湿剪切强度，显著降低了甲醛释放量。

在普通的制备脲醛树脂工艺中用棉籽粕取代部分尿素和甲醛可制得脲醛树脂-棉籽粕胶黏剂，其中棉籽粕的质量占比可达 40％。反应机理分析表明棉籽粕的氨基酸侧链与甲醛发生了反应，并通过美拉德反应进一步交联。与纯脲醛树脂相比，该胶黏剂的机械强度（尤其是湿强度）有所提高。棉籽粕在这些胶黏剂中具有良好的分散性，并真正起到了增强 UF 树脂的作用，而不是作为填料或添加剂。该树脂的甲醛释放量略有下降，这一方面是由于甲醛用量的减少，另一方面是因为与棉籽粕反应后，甲醛含量减少。

水解大豆分离蛋白（HSPI）可部分取代脲醛树脂中的尿素，通过共缩合合成改性脲醛树脂。在生物活性土壤中降解 6 个月后，改性脲醛树脂胶黏剂的甲醛释放量低于纯脲醛树脂胶黏剂，降解率高于纯脲醛树脂胶黏剂。

低成本的羟甲基三聚氰胺预聚物（HMP）可对 DSF 基胶黏剂进行改性，HMP 优先与 DSF 中的多糖反应，形成交联网络，提高胶黏剂的耐水性。这种基于多糖的网络还与 HMP 自缩聚网络和大豆蛋白结合形成互穿网络，从而进一步提高胶黏剂的耐水性。密集的互穿网络结构还能提高合成胶黏剂的热稳定性，并形成了一个封闭的断裂带，以防止水分侵入，也是胶黏剂耐水性提高的一个原因。

三聚氰胺-乙二醛树脂（MG）可被用作大豆基胶黏剂的交联剂，以增强耐水性，这是基于 MG 羟甲基与蛋白质的反应；当再添加环氧树脂时可进一步提高其耐水性。

⑦ 环氧树脂

含氮或含氧杂环官能团（例如环氧树脂和 PAE 树脂中的杂环官能团）能够与作为交联剂多肽链的氨基或羧基反应。树脂与多肽链混合比不同，反应的类型也不同，大致可以分为以下两类：环氧树脂和/或 PAE 树脂与（聚）胺（如肽）交联；肽与环氧树脂或 PAE 树脂交联。多肽的氨基和羧基均可与 PAE 树脂的氮杂环丁烯基和环氧树脂的环氧基反应，从而形成高度交联、三维和紧密的肽和环氧或 PAE 树脂网络。

（2）蛋白质与合成交联剂的结合

① 环氧氯丙烷-氢氧化铵交联剂

采用环氧氯丙烷和氢氧化铵在水中反应可制得蛋白质固化剂，该固化剂含有氯醇/氮芥功能。

② 环氧氯丙烷改性聚酰胺（EMPA）

采用 SDS 对 DSF 进行热化学处理，然后与 EMPA 交联，可以提高 DSF 的耐水性，这是由于 DSF 的再聚合、蛋白质和糖类之间的美拉德反应以及交联剂和 DSF 之间的化学交联形成了固体三维交联网络结构。此外，在热处理过程中，SDS 破坏了蛋白质内部的疏水相互作用，抑制了大分子聚集，释放出更多最初埋在 DSF 大豆蛋白质组分球状结构中的反应性基团［图 3-26，（1）为与氨基的反应，（2）为与羧基的反应］。

③ 乙二醇二缩水甘油醚（EGDE）和二乙烯三胺（DETA）

DETA 能够与 EGDE 反应，与环氧基形成长链结构，这种结构可使大豆蛋白分子交联（图 3-27），形成更致密的固化胶黏剂层，从而能够提高合成胶黏剂的耐水性。此外，长链结构与大豆蛋白分子形成互穿网络（图 3-28），进一步提高了胶黏剂的耐水性。

④ 三缩水甘油胺（TGA）

TGA 可用于交联血粉基胶黏剂。具体使用时，需要添加 PVA 作为乳化剂，防止血粉蛋白质分子聚集；SDS 作为变性剂，展开蛋白质结构。与类似的豆粕蛋白相比，用这种交联胶黏剂黏合的胶合板具有更好的湿剪切强度，这是因为血粉中较高的蛋白质含量和疏水性氨基酸含量有助于提高其作为木材胶黏剂的性

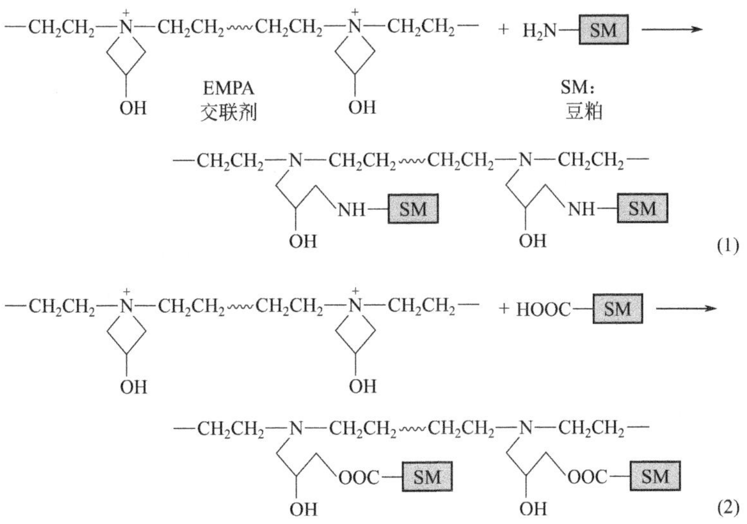

$$—CH_2CH_2—\overset{+}{N}—CH_2CH_2\sim\sim CH_2CH_2—\overset{+}{N}—CH_2CH_2— + H_2N—\boxed{SM} \longrightarrow$$

EMPA
交联剂

SM：
豆粕

OH　　　　　　　　　OH

$$—CH_2CH_2—N—CH_2CH_2\sim\sim CH_2CH_2—N—CH_2CH_2—$$

NH—□SM　　　　　NH—□SM

OH　　　　　　　OH　　　　　(1)

$$—CH_2CH_2—\overset{+}{N}—CH_2CH_2\sim\sim CH_2CH_2—\overset{+}{N}—CH_2CH_2— + HOOC—\boxed{SM} \longrightarrow$$

OH　　　　　　　　　OH

$$—CH_2CH_2—N—CH_2CH_2\sim\sim CH_2CH_2—N—CH_2CH_2—$$

OOC—□SM　　　　OOC—□SM

OH　　　　　　　OH　　　　　(2)

图 3-26　大豆与 EMPA 之间的交联反应

HOOC～～ 花生蛋白分子 ～～NH₂ + EGDE →

花生蛋白分子　　　　　　EGDE

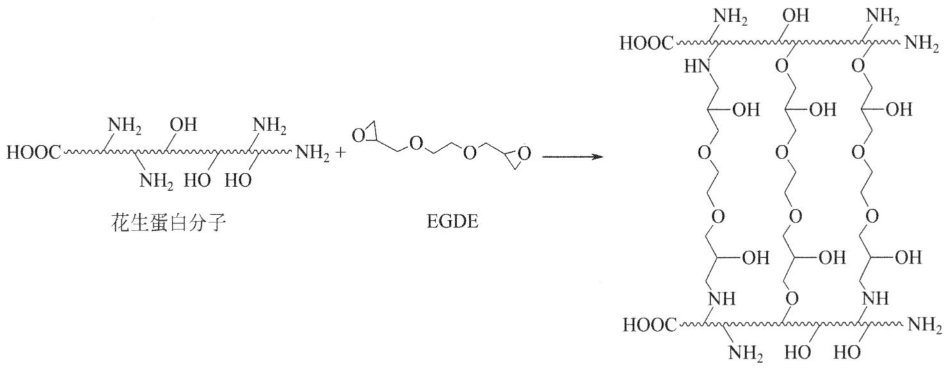

图 3-27　花生蛋白与 EGDE 之间的交联反应

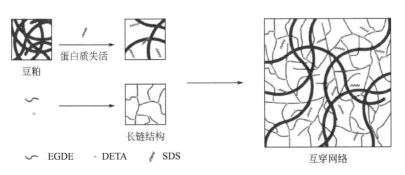

豆粕　蛋白质失活　长链结构

〜 EGDE　· DETA　〟 SDS　　互穿网络

图 3-28　SDS 改性豆粕与 EGDE/DETA 反应产物形成的互穿网络

能。TGA 与血粉蛋白质分子中暴露的活性基团反应，形成交联结构（图 3-29），增加胶合板的热稳定性和湿剪切强度。

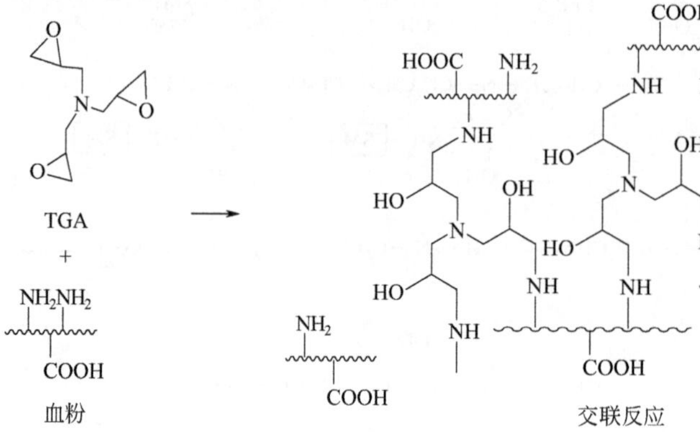

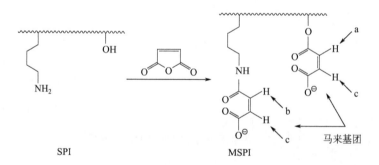

图 3-29　TGA 与血粉的反应

⑤ 聚乙烯亚胺（PEI）

马来酸酐（MA）可通过酰胺键与酯键接枝到 SPI 上形成 MSPI（图 3-30），再加入 PEI（结构式见图 3-31）后，PEI 的氨基与马来酰酯反应生成马来酰酰胺，并通过 Michael 加成反应与马来酰基团的 C＝C 键反应，从而显著提高了木质复合材料的强度和耐水性。

图 3-30　SPI 与 MA 的接枝反应

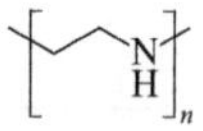

图 3-31　PEI 的结构式

⑥ 聚酰胺型胺（PADA）

多胺具有低固含量和高黏度。以聚乙烯多胺和己二酸为原料可制得一种新型 PADA 多胺树脂，以用作豆粉基胶黏剂的交联剂，提高其耐水性。所得 PA-

DA 溶液的固含量高达 50%，黏度低达 270mPa•s。PADA 和 MA 反应形成的交联网络（图 3-32）增加了水不溶性固体含量，提高了固化豆粉基胶黏剂的耐水性。

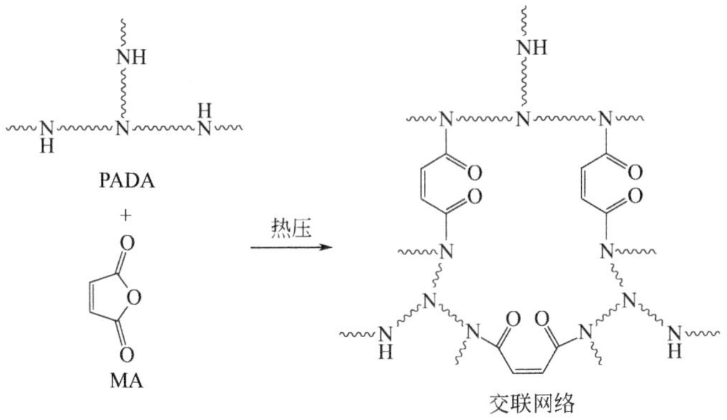

图 3-32　PADA 与 MA 的反应

⑦ PAE 和三甲基丙基三乙酸乙酯（AATMP）

以 NaOH 或柠檬酸为分散剂，PAE 或 AATMP 为交联剂，可制备小麦面筋蛋白分散体（图 3-33 和图 3-34）。

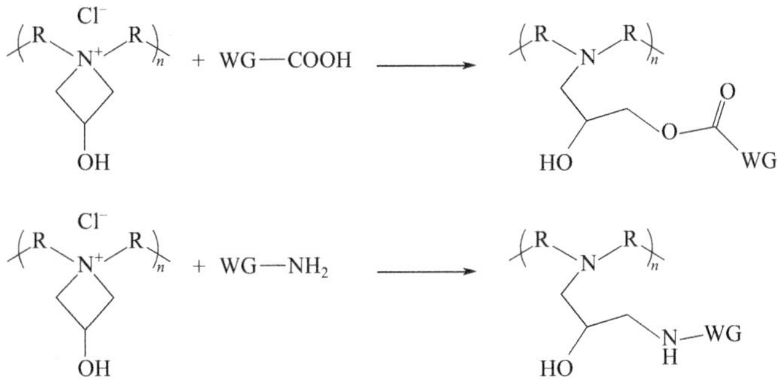

图 3-33　小麦面筋（WG）与 PAE 之间可能发生的反应

⑧ 甲醛

有研究人员以二肽 N-(2)-1-丙氨酰-1-谷氨酰胺（AG）为模型化合物，研究了不同 pH 值下大豆蛋白与甲醛的交联反应，结果表明 pH 值对这些反应有很大影响。在 pH 值为 1~3 的强酸性条件下，甲基化反应主要发生在 AG 的脂肪族氨基上。然而，得到的甲基化 AG 很难进一步浓缩。在弱酸性条件下，例如 pH 5，氨基和甲醛之间的甲基化反应和进一步的缩合反应都是可能的。然而，在这些条件下，缩合反应仍然很弱。在碱性条件下，和 AG 甲醛的所有三种氨基之间

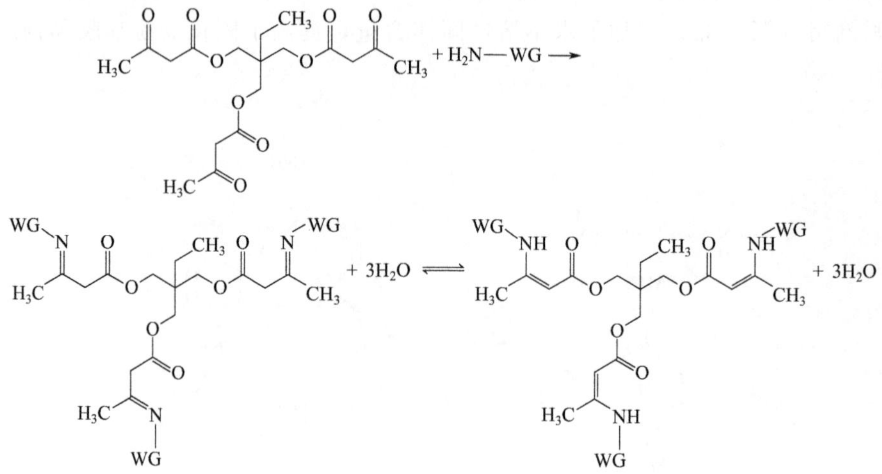

图 3-34 小麦面筋（WG）与 AATMP 之间可能发生的反应

都发生了甲基化反应，系统中同时存在亚甲基键和亚甲基醚键。亚甲基键主要来自 AG 的羟甲基与 AG 的氨基和脂肪族氨基之间的反应。甲基化 AG 的氨基之间还形成了乙醚桥。

⑨ PMDI

异氰酸酯也可用来交联大豆胶黏剂。一方面，大豆能够分散稀释异氰酸酯；另一方面，二异氰酸酯能够通过氨基交联多肽链。PMDI 还可通过形成聚脲结构与系统中的水反应（图 3-35）。

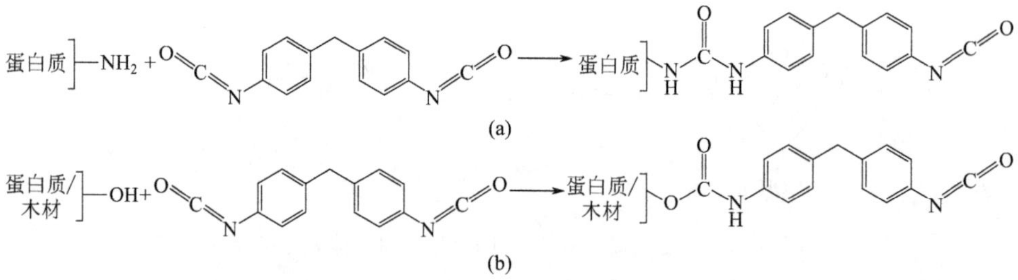

图 3-35 PMDI 与氨基（a）和羟基（b）的反应

⑩ 水性异氰酸酯（API）

API 可用于对乳清蛋白胶黏剂进行改性。改性后，API 与乳清蛋白发生了交联反应，提高了其内聚强度，而且还通过聚氨酯键与木材形成了强大的化学结合。API 主要与乳清蛋白中残留的氨基反应，进而与乳清蛋白交联生成三维多肽链网络，并通过聚氨酯键与木材官能团形成共价键，显著提高了 API 胶黏剂的强度。

⑪ 甲基丙烯酸缩水甘油酯接枝酶处理豆粕

采用酶处理豆粕，并接枝甲基丙烯酸缩水甘油酯，可降低豆粕胶黏剂的黏度并提高其湿剪切强度。甲基丙烯酸缩水甘油酯的缩水甘油基（环氧基）与蛋白质的羟基或氨基发生了反应，此外，甲基丙烯酸缩水甘油酯的甲基丙烯酸双键被打开，打开后的碳和蛋白质氨基的氮也发生了反应，从而使甲基丙烯酸缩水甘油酯接枝到了酶处理豆粕上。

⑫ 无机水合硅酸钙（CSH）杂化物

CSH 杂化物，如 3-氨丙基三乙氧基硅烷（APTES），可用作交联剂，在有机大豆蛋白和无机 CSH 相之间建立共价键，以改善大豆蛋白的湿黏附性能。

⑬ 过氧化物氧化交联

高碘酸盐、高锰酸盐或碘酸盐等过氧化物可提高大豆粉胶黏剂的强度，尤其是在潮湿条件下。高碘酸盐也可提高其他植物蛋白（羽扇豆、油菜和棉籽）的黏结强度，但效果不像大豆粉那样好。高锰酸钾也相当有效，碘酸盐在一定程度上有效，而硝酸、氯酸盐、高氯酸盐和溴酸盐在增加湿强度方面无效。

3.2.3 单宁类

自然界中的单宁存在于树皮、木材、树叶和植物果实中。单宁可用于各种工业应用，主要是制造油墨、纺织染料和防腐剂。尽管许多植物中都含有单宁，但只有少数植物的单宁浓度足够高，值得提取，例如，单宁可以从松树、藜科植物、橡树、栗树、金合欢、桉树、桃金娘、枫树、桦树和柳树中提取。最常见的提取单宁的方法有浸渍法、索氏萃取法、超临界 CO_2 萃取法和渗滤法。还有一些罕见的技术，如微波和超声波辅助提取也已被研究，以提高单宁产量。提取方法会影响单宁提取物的黏合性能。萃取剂影响聚合度、糖浓度和官能团（例如羟基）的数量。在萃取溶液中，还存在淀粉、聚合糖类和氨基酸等其他成分。在工业规模上一般不会去除这些杂物，并且单宁通常作为喷雾干燥粉末出售。

利用基质辅助激光解吸/电离飞行时间（MALDITOF）、FTIR 光谱和核磁共振（NMR）光谱可对单宁进行表征。根据其酚性，单宁可大致分为两大类：缩合单宁和水解单宁（图 3-36）。

缩合单宁，顾名思义，具有由羟基化的 C_{15} 类黄酮单元构成的缩合复杂化学结构，类黄酮单元之间的键形成位置各不相同。在缩合单宁的基本结构中，A 环可以是间苯二酚或间苯三酚型，B 环可以是邻苯三酚、邻苯二酚或苯酚型。邻苯二酚是唯一能够交联的 B 环结构。在从松木中提取单宁时，一般情况下间苯三酚单宁类型的产量较低，并且比间苯二酚类型的单宁对甲醛的反应性更高，因

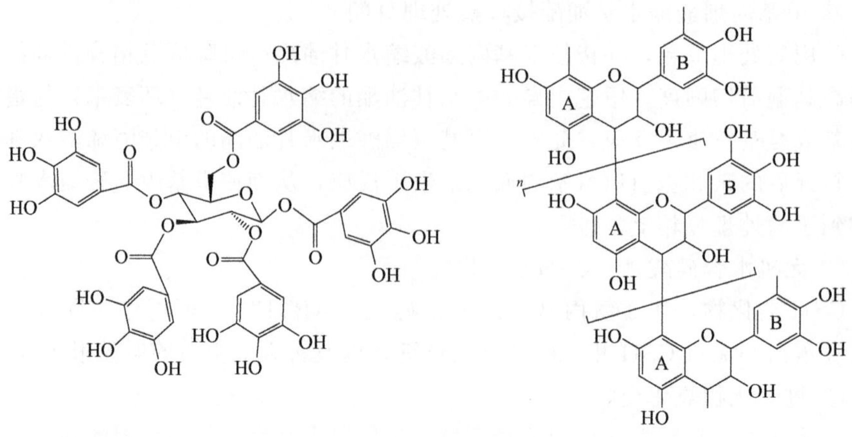

图 3-36 水解单宁（a）和缩合单宁（b）的基本结构

此适用期较短。聚合度低的缩合单宁溶于极性溶剂，聚合度高的缩合单宁溶于稀碱溶液。某些缩合单宁，例如来自白坚木和金合欢的单宁，已实现商业化生产，自 20 世纪 70 年代以来一直被用于制造木材胶黏剂。缩合单宁的多环结构会导致快速固化，同时也导致胶黏剂具有高黏度。

水解单宁，以及没食子单宁和鞣花单宁，是羧酸和糖的酯。没食子单宁是没食子酸的聚合物酯，通常与糖有关。然而，Pizzi 等人的一项研究表明，其中一些确实具有基于五没食子葡萄糖重复单元的广泛聚合结构。水解单宁易溶于水，易水解生成苯甲酸衍生物和糖。在自然状态下，水解单宁允许低水平的苯酚取代，并且具有低亲核性。

3.2.3.1 最常见的商用单宁胶黏剂

工业上已经在使用单宁-甲醛木材胶黏剂。目前，在世界大部分地区，单宁的供应量还不足以与合成胶黏剂竞争。只有南非和南美有足够的单宁供应（例如，来自白坚木的单宁酸），以用作胶黏剂。应注意的是，与 UF 树脂相比，单宁基胶黏剂通常使刨花板具有更好的耐水性和耐湿性。由于缩合单宁具有较高的反应性，大多数商业应用和研究都集中在缩合单宁上，但也有一些研究将水解单宁用作木材胶黏剂。它们通过低反应活性的间位反应，但仍有可能用水解单宁替代酚醛树脂中的大量苯酚。

单宁可与木质素一起用于不同类型的木材胶黏剂。如果不使用甲醛，木质素可以在与单宁和固化剂（如六胺）混合之前进行乙二醛化。根据 EN 717-3，用含羞草单宁和乙二醛化麦草木质素黏合的刨花板甲醛释放量为 0.92～1.12mg/kg。此外，其他生物基材料也适合与单宁一起使用，以形成胶黏剂。例如，以六胺为固化剂的玉米淀粉-含羞草单宁已被用作胶合板的胶黏剂。淀粉单宁胶黏剂的一个改进和研究领域是降低其高黏度，这限制了其工业化发展。

由于其酚醛特性，单宁胶黏剂的甲醛释放量非常低。通过使用无排放固化剂或在不含醛的情况下通过自动冷凝固化的单宁，排放量可进一步减少。自催化固化可发生在高活性单宁中，如原花青素中，这样就无需外部催化剂。对于反应较慢的单宁，如前罗宾替尼，当在高 pH 值下存在少量碱性 SiO_2 时，会发生自凝固。

在自催化缩合过程中，类黄酮重复单元的 O1-C2 链被打开，然后驱动开放链的反应性 C2 与另一聚合物链中类黄酮单元的 C6 或 C8 中的自由位点之间的自动缩合。在较高 pH 值的室温下也会发生自凝固，从而增加单宁胶黏剂的黏度。不同的单宁在不同的 pH 值下具有不同的自缩合行为，例如含羞草单宁在碱性 pH 值下发生自缩合，阿拉伯金合欢单宁在 pH 值为 4 时发生自缩合。

增加酚醛树脂单宁胶黏剂中的单宁含量可相应地减少甲醛排放。然而，酚醛树脂中高浓度的单宁会导致更高的黏度和更短的适用期，因为单宁比苯酚对甲醛更具反应性，它们的结构中含有间苯二酚和间苯三酚环。有研究人员用浓缩的栎树皮单宁取代了 PF 中高达 30% 的苯酚。超过 30% 的置换会恶化刨花板的力学性能，增加刨花板的吸水率和膨胀厚度。还有研究人员通过共缩聚机制制备了缬草单宁改性酚醛树脂，该缬草单宁主要由没食子酸基、六羟基双酚基和葡萄糖组成。

3.2.3.2 取代交联剂

为了生产低排放和无排放的单宁木材胶黏剂，可使用其他交联剂取代甲醛。尽管甲醛的固化速度比其他交联剂快，但适用期非常短。因此，甲醛不适用于作为某些活性高的单宁类（如栗子单宁）胶黏剂的交联剂。乙二醛、六胺和三（羟甲基）硝基甲烷等都可用作单宁类胶黏剂的交联剂，其中乙二醛的适用期短于六胺和三（羟甲基）硝基甲烷。

甲基化硝基石蜡，例如最简单且最便宜的三（羟甲基）硝基甲烷，也能用作单宁胶黏剂的交联剂。它已被证明可以降低甲醛排放量，当用其取代其他固化剂时还可延长适用期。然而，它也需要比其他固化剂高得多的固化温度。其他固化剂，如以植物油为基础的脂肪酰胺，也能被用作单宁胶黏剂的交联剂。例如以来自卡兰贾油和米糠油的 N,N-双（2-羟乙基）脂肪酰胺作为单宁交联剂，以 H_2SO_4、NaOH 和 NH_4Cl 作为固化剂可制得单宁类胶黏剂，NaOH 会使米糠油和卡兰贾油的结合强度略微降低，N,N-双（2-羟乙基）脂肪酰胺能够增加黏结接头的耐化学性、拉伸强度和冲击强度。卡兰贾油中的 N,N-双（2-羟乙基）脂肪酰胺的效果更好一些，因为其中甲醇基团的反应性高于米糠油。

参考文献

［1］ 华毓坤. 人造板工艺学. 北京：中国林业出版社，2002.

［2］ Dunky M. Wood adhesives nased on natural resources: A critical review. Scrivener Publishing LLC. 2020, 8（3）: 333-378.

［3］ Hemmil V, Adamopoulos S, Karlssonb O, et al. Development of sustainable bio-adhesives for engineered wood panels-A review. RSC Advances, 2017, 7: 38604.

4

木质素基无醛胶黏剂

近年来，伴随世界纤维板工业的快速发展，脲醛、酚醛和三聚氰胺-甲醛胶为代表的纤维板工业用胶，因其优良的粘接性和低廉的价格得到了迅猛发展。但是以石油为原料的"三醛"胶在纤维板使用过程中会释放出甲醛，在环保意识不断增强和矿物资源日益减少的今天，迫使人们寻求可再生资源制备环保型胶黏剂。

木质素作为自然界中的第二大量的天然可再生资源，产量仅次于纤维素。其具有各种官能团，如酚羟基、醛基和羧基等活性基团，可以与一些含有氨基或亚胺基化合物在一定条件下合成树脂，已有学者进行了这方面的探索研究。天然的木质素很难获得，最大来源形式是以硫酸盐和亚硫酸盐制浆造纸工艺制备的副产物，即工业木质素。全世界每年工业木质素的产量约为5000万吨，其中木质素磺酸盐每年约为450万吨，但有效利用率不到10%，大部分仍被当作废物，不仅造成浪费资源，而且还会引发环境问题，尤其是对水资源造成严重的污染。由于其来源广泛、低毒环保等优势，近年来人们将工业木质素用于制备木材用胶黏剂的最多的原料进行了广泛的研究。但是由于工业木质素的结构复杂和低活性等原因，使得木质素胶黏剂的性能稳定性差或价格偏高，从而不能得到大规模的工业应用。此外，利用灌木和林业"三剩物"发电以及种植油料能源林发展生物柴油，既可以替代部分化石能源，又可以增汇减排，为减缓气候变暖做出积极贡献。

因此，在低碳经济体系下，利用生物、化学等多种复合改性技术，将工业木质素和林业"三剩物"资源为原料进行加工利用，将会为基于改性工业木质素制备的环保型纤维板提供一种可行性高、优势明显的选择。

4.1 工业木质素

4.1.1 工业木质素的来源及其特征

木质素的基本结构单元是苯丙烷结构，目前学者研究发现木质素主要有三种基本结构，即愈创木基（苯丙烷）结构、紫丁香基（苯丙烷）结构和对羟苯基（苯丙烷）结构，如图 4-1 所示。

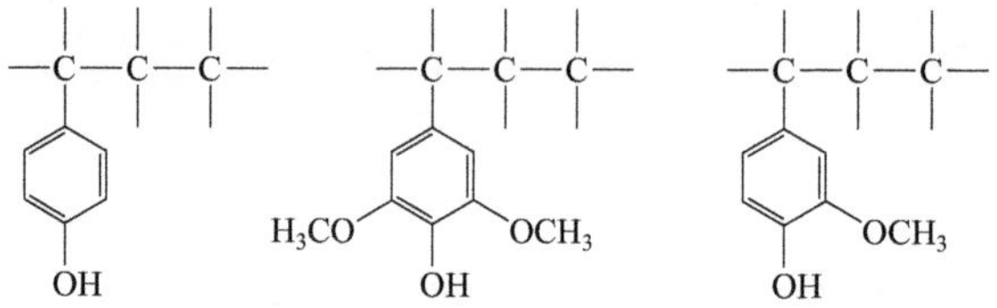

图 4-1 木质素的基本结构单元

由于分离方法和分离条件的不同，从天然植物中分离出的木质素结构单元间连接键的类型、功能官能团的组成都会存在差异，使木质素分子结构中各部位的化学反应活性也各不相同，如表 4-1 所示。

表 4-1 木质素的分离方法及其特征

分离方法		名称	特征
将木质素以外的成分溶解除去，木质素作为不溶性成分		硫酸木质素（Klason 木质素）	聚糖酸水解，化学变化大或化学变化较大
		盐酸木质素（Willstater 木质素）	
		氢氟酸木质素	
		三氟醋酸木质素	
		铜氨木质素（Frendenberg 木质素）	聚糖水解和溶解，发生化学变化
		高碘酸盐木质素（Purves 木质素）	聚糖的氧化作用
溶解木质素进行分离，木质素作为可溶性成分	中性有机溶剂提取，化学变化极少	天然木质素（Brauns 木质素）	乙醇抽提
		磨木木质素 MWL（BjÖrkman）	振动磨磨碎/二氧六环-水提取
		纤维素酶木质素（CEL）	磨碎/酶处理/溶剂提取
		褐腐菌处理木质素（ELL）	酶释放木质素
	木质素与溶剂之间有化学反应	乙醇解木质素	乙醇/盐酸处理
		二氧六环酸解木质素	二氧六环/盐酸处理
		硫代醋酸解木质素	硫代醋酸/盐酸处理
		酚木质素	酚/盐酸处理
	木质素胺化反应	有机胺木质素	胺与木质素结合
	木质素严重降解，一般工业制浆方法	木质素磺酸盐	亚硫酸盐或亚硫酸氢盐处理
		碱木质素	氢氧化钠处理
		硫木质素	$Na_2S/NaOH$ 处理

工业木质素主要来源于制浆造纸工业的副产物。根据造纸制浆方法和原料来源不同，主要分为碱木质素、木质素磺酸盐（磺化木质素）、硫酸盐木质素、有机溶剂木质素、水解木质素、离子液体木质素及生物炼制木质素，它们各自具有独特的官能团，因此理化性能也不尽相同，如表 4-1 所示，从而决定各自的应用领域和使用范围。

4.1.1.1 工业木质素作为增强材料

在自然界中，木质素主要起着植物细胞壁结构的机械支撑作用，自然而然，木质素非常适合作为增强材料。木质素增强复合材料的研究越来越广泛，近年来，低成本环保型木质素基塑料复合材料得到了世界各国研究界的重视，目前木质素已发展成生产高性能复合材料最常用的增强剂之一。然而，作为原料的木质素，与大多高分子材料（特别是极性高分子材料）的界面相容性差，难以与它们混合均匀，这始终是发展混合木质素/高分子复合材料的一个很大的挑战。木质素颗粒与聚合物基体之间的弱界面结合容易造成共混物中的粒子聚集和相分离。在大多数木质素/高分子共混体系中，即使加入一定量的增容剂，共混物的抗拉强度与断裂伸长率也比较低。通过在木质素上接枝相容性优良的高分子链可能是一种有效的解决方法，因为类似的方法在无机颗粒/高分子聚合材料中获得了成功。也有研究人员利用功能性基团对木质素进行改性，以提高聚合物基体的相容性和力学性能。

将木质素改性制备热塑性复合材料是目前的一个研究热点。Chen 等人利用 1-溴代十二烷的异丙醇溶液（80℃）对硫酸盐木质素进行了烷基化处理，但烷基化处理后的木质素脆性仍然比较大，并且对木质素/聚丙烯复合材料的拉伸和弯曲性能有着不利的影响，不过相比于聚丙烯，该复合材料（烷基化木质素的比例小于 40％）的冲击强度增加了 35％。Maldhure 等人比较了烷基化木质素/聚丙烯复合材料和酯化木质素/聚丙烯复合材料的力学性能，结果发现酯化木质素/聚丙烯复合材料的力学性能退化要低于烷基化木质素/聚丙烯复合材料。另一项研究中，Sun 等人使用聚马来酸乙二醇酯作为相容剂，制备了木质素-g-聚甲基丙烯酸甲酯与低密度聚乙烯的复合材料，结果显示该复合材料的拉伸强度、断裂伸长率和高温热稳定性都要高于未改性木质素与低密度聚乙烯的复合材料。Yue 等人通过曼尼希反应改性了针叶材碱木质素，从而制备了聚氯乙烯/木粉复合材料，与未经处理的木粉相比，木质素胺处理的复合材料的力学性能有了显著的改善。Hilburg 等人通过原子转移自由基聚合的方法在直径 5nm 的硫酸盐木质素上接枝了聚苯乙烯和聚甲基丙烯酸甲酯，从而合成了热塑性木质素基复合材料，该复合材料的分子量和木质素质量分数可以通过调整木质素大分子引发剂和单体的比例来控制。两种复合材料（木质素-g-聚甲基丙烯酸甲酯和木质素-g-聚苯乙烯）的韧性和极限伸长量远远高于两种通过直接共混得到的混合材料（木质素/聚甲基丙烯酸甲酯共混物和木质素/聚苯乙烯共混物），结果表明原子转移自由基聚合方法在合成木质素基热塑性材料方面有着较大的潜力。以上研究表明改性木质素的掺入能够增强常用热塑性塑料的刚度或强度，但不幸的是，这往往导致复合材料断裂伸长率下降。

4.1.1.2 木质素基抗氧化剂的研究进展

木质素是一种由芳环羟基和甲氧基等官能团构成的化学结构复杂的杂聚芳香族化合物。由于芳环羟基和甲氧基等官能团的存在，木质素可以通过氢赠予的方式来终止氧化引发反应。因此，研究人员考虑将木质素与其他材料复合制备高附加值的抗氧化剂产品，从而降低自氧化速率。Azadfar 等人发现木质素和二叔丁基对甲酚对 2,2-二苯基-1-苦肼的抑制百分比分别为 86.9%±0.34% 和 103.3%±1%，因此他们认为碱木质素的抗氧化活性可以与商业抗氧化剂（二叔丁基对甲酚）媲美。碱木质素中包含有对羟基肉桂酸的衍生物，对羟基肉桂酸的抗氧化活性是由芳香环羟基和被邻位取代的甲氧基电子赠体基团的数量决定。木质素具有的酚羟基和甲氧基含量越高，脂肪羟基含量越低，分散性越窄，分子量越低，其抗氧化效率就越高。此外，研究人员也对木质素的化学特性、侧链结构、π-木质素共轭体系对其抗氧化活性的影响进行了研究。研究发现，对木质素抗氧化活性起最大影响的是含量很高的可以发生质子交换电子传递的酚单元。其余的影响因素可能包括苯基丙烷单元、侧链上 α 位置含 CH_2 的苯丙烷单元，侧链上含氧苯丙烷单元的数量和 π-共轭体系的大小。Ponomarenko 的实验结果表明侧链上含氧苯丙烷单元的数量和 π-共轭体系的体积的增加会给木质素的抗氧化活性带来不利影响。

食品包装的目的是防止食品质量下降并延长保质期，从而提高产品的经济价值。这可以通过活性包装来实现，通过吸收和（或）清除，活性包装可以消除导致食品氧化的复合物，从而延长食品的保质期。Pouteau 等人利用热重分析仪测试了聚丙烯/木质素共混物的氧化诱导时间，从而评价了该共混物的抗氧化活性。实验结果表明，聚丙烯的氧化诱导时间为 30min，而掺 1% 木质素的共混物氧化诱导时间（70~670min）有所增加。Pouteau 等分析了酚含量（木质素中脂肪族羟基与酚羟基的比例）对氧化诱导时间的影响，结果表明酚羟基含量降低会引起氧化诱导时间的增加，这说明酚羟基含量降低会提高木质素与聚丙烯基体的相容性，从而提高了抗氧化活性。同样，Morandim-Giannetti 等人利用差示扫描量热仪测试了木质素/聚丙烯/椰壳纤维复合材料的氧化诱导时间，从而评价了它的抗氧化活性。结果发现，在聚丙烯/椰壳纤维中加入木质素会引起氧化诱导时间的极大延长。未加入木质素的聚丙烯/椰壳纤维复合材料的氧化诱导时间为 9.41min，而木质素/聚丙烯/椰壳纤维复合材料的氧化诱导时间在 11.3～45.7min 范围内。Louaifi 等人将木质素加入聚乳酸中制备了一种活性可降解包装材料并研究了它的抗氧化活性。结果表明聚乳酸本身对 2,2-二苯基-1-苦肼没有抗氧化活性，而加入木质素后对 2,2-二苯基-1-苦肼展示了良好的抗氧化活性，并且加入的木质素越多，其抗氧化活性越高。Espinoza Acosta 等人将醇溶性木质素引入淀粉膜中，测试了复合膜的抗氧化活性。结果表明，不含醇溶性木质素的淀粉膜对 2,2-二苯基-1-苦肼的抑制不明显，而仅添加 5% 醇溶性木质素的复合膜对 2,2-二苯基-1-苦肼抑制率增大到了 10.79%。以上研究结果表明，在食品包装中仅添加少量的木质素（<10%）就可以获得良好的抗氧化活性。

4.1.1.3　木质素基紫外线防护剂的研究进展

木质素是木质素单体的聚合衍生物，在聚合过程中，乙烯基对苯酚的电子共轭将失去，这会导致在耦合位点上产生紫外发色基团。由于其发色基团的生成，木质素具有紫外/可见光吸收性能。因此，木质素被广泛应用于紫外线防护材料中。

Pucciariello 等人用高能球磨法将蒸汽爆破木质素混入可生物降解的聚己酸内酯中。木质素中的酚羟基是一种自由基清除剂，可以抑制或降低紫外线降解的速率，因此，木质素的加入显著改善了复合材料的紫外稳定性能。Hambardzumyan 等人合成了纤维素纳米晶体-木质素纳米复合材料涂料，该涂料在可见光部分有很高的透射率，在紫外光谱区又有很高的吸收率。当该涂料被用作各向同性涂层时，它能够吸收整个紫外光谱区域，这取决于该涂料的添加量以及涂料中木质素的比例。纤维素纳米晶体含量高的复合材料表面积大，从而增强了木质素和纤维素纳米晶体间的相互作用。此外，由于酚酸单体和木质素间是靠共价键连接的，因此复合材料对波长达 340nm 的光也有吸收作用。Qian 等人将木质素加入洗面奶和防晒乳液中制备了新型防晒剂。该防晒剂的防晒系数值与木质素浓度成比例增加。即使只加入 10% 的木质素，该防晒剂的防晒系数也能从 1 增加到 5 以上，而 UVA 区域的透光率低于 SPF 15；当加入 2% 的木质素时，该防晒剂的防晒系数便接近 SPF 30。有趣的是，该防晒剂的防晒性能随着紫外线辐射时间的增加而提高，2h 的紫外线辐射显著改善了该防晒剂的紫外吸收性能。这可能是由于木质素和其他防晒活性物质在乳液中起到了协同作用，同时木质素的抗氧化功能也起到了一定的作用。另外，在碧欧泉防晒液中加入 10% 的木质素后，该产品的防晒系数降低到 15，这可能是由于木质素含量过高从而导致木质素在乳液中的分散性太差。因此，与防晒乳相容性更好的改性木质素或木质素基共混物可能更适合作为光谱防晒剂的原料。此外，木质素的不良色泽是其在化妆品中应用的另一个问题，大量的木质素会使防晒乳从原来的奶白色变成黄色其至棕色。因此，使用较少的木质素（以降低对颜色的影响）以达到更高的紫外线吸收能力是一个很大的挑战。

Chung 等人发现在聚乳酸中加入木质素可以显著提升聚乳酸的抗拉强度，同时不影响复合材料的刚度和断裂伸长量，此外，该复合材料具有良好的紫外吸收能力。纯聚乳酸仅可以阻止波长较短的紫外线（100～200nm）透过；加入未改性木质素的聚乳酸紫外线防护能力有所提高，但提高程度不明显，这是因为木质素未能在聚乳酸中均匀分散；而加入改性木质素的聚乳酸几乎可以阻止所有波长的紫外线透过。最近，Yu 等人合成了木质素基多臂星型嵌段共聚物紫外线吸收剂。该共聚物表现出了热塑性弹性体的性质，玻璃化转变温度在－10～40℃之间可调。与未加木质素的材料相比，加入木质素后材料的抗拉强度和断裂伸长量显著提高。此外，当木质素含量低于 0.2％时，该紫外线吸收剂就已展现了优异的紫外吸收能力，它对全波段的紫外吸收达到了 85％，而未加木质素的材料紫外吸收只有 0～20％。鉴于上述材料都展示了优异的紫外吸收性能和力学性能，因此木质素基共聚物适合作为理想的紫外线吸收涂料。

4.1.1.4　木质素基抗菌剂的研究进展

随着当代医学和生物技术的发展，人们越来越关注木质素作为抗菌剂的可能性。木质素抗菌功能的主要决定因素是酚类成分，尤其是侧链结构和官能团的性质。通常，在侧链的 α、β 位置的双键和 γ 位置上的甲基赋予了酚类成分最强的微生物抵抗效力。与此相反，酚类成分中氧的存在会降低其抗菌效力。除化学结构外，影响木质素抑菌效果的其他因素包括木质素的来源、提取方法、培养基浓度和菌种。例如，硫酸盐木质素对抵抗大肠杆菌和黄单胞菌有效，但对丁香假单胞菌和多黏菌素 B 没有抵抗效果。另一项研究表明，最佳的提取温度对于实现最大抗菌活性也至关重要。在这项研究中，提取温度在半小时内从 130℃升到了160℃，导致抗菌活性完全消失。尽管原有的抗菌性质和提取步骤对最终的抗菌活性有较大影响，但并不是说抗菌活性就完全取决于原有的抗菌性质和提取步骤，Dumitriu 和 Popa 的研究表明，用胺基化合物对木质素进行季铵化也可以有效提高木质素的抗菌效率。

酚类化合物的性质（多酚或者单酚）并不影响其抗菌效力，但影响杀菌方式。最常见的杀菌方式是先分解细胞膜，再释放细胞内成分，而一些单酚化合物，如肉桂醛，可以通过进入细菌内部、降低细胞内 pH 值的方式消耗三磷酸腺苷，从而起到杀菌作用。

在生物医学植入物和聚乙烯导管的使用中经常遇到细菌定植的危险。木质素拥有杀菌能力和生物相容性，同时成本较低。因此，研究人员探索了木质素的抗菌功效。Gregorova 等人以革兰阴性和阳性细菌菌株进行了琼脂扩散试验。通过比较来自榉木中的磨木木质素与其他标准的抗菌添加剂（如硝酸银、洗必泰、苯扎氯铵和布罗波尔），Gregorova 等人发现，磨木木质素对革兰阴性和阳性细菌菌株的生长抑制效果与布罗波尔和洗必泰相似。因此，可以认为木质素的杀菌能力与目前常用的抗菌剂相当。Gregorova 等人还进一步研究了木质素作为抗菌剂的实用性。他们将磨木木质素引入聚乙烯薄膜并进行了力学测试，发现膜的力学性能没有急剧下降，表明磨木木质素可以在聚乙烯膜中使用，同时保持其抗菌性能。

4.1.1.5　木质素基生物医学材料的研究进展

组织工程在修复、替换和增强某一组织或器官的功能方面有着独特的优势，因此它是当今最引人注目的跨学科研究领域之一。组织工程技术的一个主要挑战是设计和开发适合细胞生长在体内和体外的支架。一些研究人员已经开始探索木质素作为功能医学材料（如水凝胶和纳米纤维）在组织工程领域的应用。水凝胶本身的结构和细胞外基质非常相似，因此水凝胶非常适合作为组织工程材料。Raschip 等人通过将不同种类的木质素（杨木木质素、一年生纤维作物木质素和木质素环氧改性树脂）加入生物相容性优异的黄原胶中制备了半贯穿型水凝胶，实验结果表明，木质素的加入对水凝胶体系的热氧化稳定性和溶胀性能有影响。Park 等人首先制备了含有木材三大组分（纤维素、木聚糖和木质素）的木材仿生水凝胶珠，然后将从皱落假丝酵母中提取的脂肪酶嵌入水凝胶珠中，结果发现该酶的活性和半衰期都有所提高，其中，木质素被证明是提高该酶热稳定性和pH 稳定性的最主要成分。因此，制备的可生物降解和生物相容的木材仿生水凝胶珠可以作为多种生物医学应用中酶固定的良好底物。Diao 等人通过原子转移自由基聚合的方法合成了以木质素为核、接枝聚合物链为多臂外层的热凝胶共聚物，该共聚物的水溶液展现了良好的热凝胶行为，它可以在体温条件下形成水凝胶。此外，该木质素基热凝胶还有众多优点，例如凝胶浓度低（1.3%～1.5%）、机械与流变性能可调（可以通过调整体系中的木质素浓度实现）等。因此，研究人员声称该木质素热凝胶可用于组织工程和药物运输等生物医学领域，但该文没有关于细胞培养的介绍。在另一项研究中，Kai 等人制备了一系列聚乙二醇甲基丙烯酸酯接枝木质素超支化共聚物，在向该共聚物的水溶液中加入 α-环糊精后，混合体系能够自组装成超分子水凝胶。研究发现，1%的木质素基共聚物即可在体温条件下形成稳定水凝胶，其中木质素核对诱导凝胶性能尤为重要。因此，上述水凝胶展现了力学性能可调性、优异的自愈性和良好的生物相容性，表明这些木质素基超分子水凝胶有望作为生物医学领域的智能生物材料。

4.1.1.6　木质素基智能材料的研究进展

智能材料是一类独特的材料，可以感知环境并相应地改变其功能，这意味着它们的性质可以随外部刺激（例如压力、温度、湿度、pH 值或电）的改变而变化。发展木质素基智能材料是一个引人注目的研究课题。如前文所述，在木质素表面接枝其他高分子可以获得一种温敏型木质素基共聚物和水凝胶，这些材料在体温条件下即可发生相转变。Feng 等人使用双氧水作引发剂、N,N-亚甲基双丙烯酰胺作交联剂在乙酸木质素表面接枝了高聚物分子，合成了一种温敏型水凝胶。这种木质素基温敏水凝胶的低温临界溶液温度约为 32℃，在此温度时其溶胀率从超过 1000％ 大幅下降至不到 200％。Kadla 等人采用液态表面引发原子转移自由基聚合的方法在木质素纳米纤维表面接枝了一种高分子，制备了一种离子响应型木质素基纳米纤维，这种纳米纤维的低温临界溶液温度也为 32℃；可以通过调整体系中离子浓度来实现对该纳米纤维的纤维直径和接触角的控制。Kadla 等人还通过先对硫酸盐木质素和聚环氧乙烷进行共电子纺丝，随后进行热处理的方法研发了一种湿度响应型木质素基无纺布，其中热处理可以使静电纺丝材料从纤维状变成膜状。该无纺布的形状可以随水分变化产生可逆的变化，就像形状记忆材料一样；通过调节无纺布中木质素的含量和热处理温度可以实现对该无纺布湿度响应性质的调控。Qian 等人通过原子转移自由基聚合的方法研发了一种木质素-g-聚甲基丙烯酸 N,N-二甲氨基乙酯智能纳米颗粒，可以通过 CO_2 鼓泡的方式将此纳米颗粒分散到水中，但向其中鼓入 N_2 时它会析出；这种随 CO_2/N_2 变化的性质可以通过接枝密度和甲基丙烯酸 N,N-二甲氨基乙酯单元链的长度来控制。这种木质素基纳米颗粒作为皮克林乳液表面活性剂的可能性也被研究过，实验人员在 5mL 的皮克林溶液中加入了 1mg 的木质素基纳米颗粒，发现该皮克林溶液的稳定性大大增加（可以储存一个多月而不发生相分离），因此该木质素基纳米颗粒适宜作为皮克林溶液的表面活性剂。而将 CO_2 通入乳液会引起乳液的去乳液化和相分离，再向其中通入 N_2 则会使混合物重新乳液化。这种由通入空气控制的去/再乳液化是高度可逆并能轻易重复的。这种木质素表面活性剂也易于回收和再利用，因此相比于传统产品，它显示出了独特的优势。

4.1.1.7　木质素基碳前驱体的研究进展

最近，木质素作为一种制备高附加值产品的前驱体材料得到了越来越多的重视和关注。利用木质素制备高附加值产品有好几种方法，除之前提到的几种方法外，对木质素进行大规模的热化学转化（包括热裂解和水热炭化）也引起了广泛的注意，因为与传统的直接燃烧相比，对木质素进行热化学转化可以带来更高的收益，同时降低有害气体的排放。

活性炭是一种比表面积大、孔隙率高的碳基材料，通过在特定的气氛和高温下对含碳量高的有机物进行物理改性或热降解可以将该有机物转化成活性炭材料。活性炭材料超高的比表面积赋予其足够高的表面能，使它能够吸附（物理吸附）一些污染物和催化剂等分子，因此，活性炭材料在催化和环境修复方面有很大的潜力。对木质素进行热化学活化不仅可以在木质素表面形成多孔结构，还可以在这些孔上负载活性官能团（羟基、氨基、羧基、磺酸基和羰基等）以赋予这些孔以催化剂的性质；使用硝酸对炭化后的木质素前驱体进行表面修饰即是一种简单的使获得的炭材料拥有可调节介孔的方法。

储存可再生能源（风能、太阳能等）是世界上最被人们认可的一种应对全球能源危机的策略之一，而影响这一策略实施的一个主要因素是储能设备的价格。通过合成具有大比表面的碳材料，或者通过静电纺丝合成碳纤维毡的方法可以制备以木质素为前驱体的膜材料，而这种膜材料可以用于制备储能领域中的功能性电极，从而避免使用昂贵的导电促进剂和胶黏剂。因为自然界中木质素含量巨大并且可以再生，这就决定了这种材料有着巨大的成本优势，并且以木质素为前驱体制备的碳质电容电极材料的性能和传统的电极材料类似甚至更优。因此木质素在储能领域有着广阔的前景。

4.1.1.8 木质素基胶黏剂的研究进展

木质素具有酚结构，因此它可以作为苯酚的替代物来合成酚醛树脂胶黏剂。此外，木质素的一些属性也决定了它适合作为胶黏剂，例如高疏水性、低玻璃化转变温度和低多分散性。木质素基胶黏剂可以分为两大类：酚醛树脂型胶黏剂和无醛型胶黏剂。在酚醛树脂胶黏剂中，木质素可以替代部分苯酚；在无醛胶黏剂中，木质素和非甲醛类化学物质反应以生成低毒型生物胶黏剂。

甲醛可以通过亲电取代的方式和木质素的酚基自由邻位连接，从而合成木质素基酚醛树脂。木质素的紫丁香基单元酚羟基的邻位已被亚甲基取代，不能再与木质素反应，而对羟苯基和愈疮木基单元分别有两个和一个自由邻位能够与甲醛反应，它们比紫丁香基单元更适合作为苯酚的替代物生产酚醛树脂。如前文所述，针叶材中的木质素主要包括愈疮木基丙烷和少量的对羟苯基结构单元，阔叶材木质素中主要含紫丁香基丙烷、愈疮木基丙烷和少量的对羟基丙烷结构单元，因此针叶材木质素更符合合成酚醛树脂的要求。由此可见，在合成木质素基酚醛树脂之前，必须先了解木质素确切的化学结构。Tejado 等人表征了多种木质素（硫酸盐松木木质素、碱蒽醌亚麻木质素和野生罗望子木质素）的物理化学性质以确定哪种木质素最适合合成酚醛树脂，结果发现硫酸盐木质素主要由愈疮木基丙烷单元构成，因此它的自由酚羟基更多，同时它分子量最大，热降解温度也最高，所以这三种木质素中硫酸盐木质素最适宜用来合成酚醛树脂。

2008 年，美国环境保护署将甲醛列为一种致癌、有毒材料。因此许多科研工作者致力于消除木材胶黏剂中的甲醛，开发不含甲醛的环保型胶黏剂。大多数已公开发表的研究论文和工业试验都使用木质素取代部分酚醛树脂和脲醛树脂，这并不能从根本上解决甲醛污染问题。也有少部分关于制备木质素基无醛胶黏剂的研究。Mansouri 等人研发了一种新的胶黏剂合成工艺，他们使用乙二醛来代替甲醛，乙二醛是一种不挥发、无毒的醛，但其反应活性低于甲醛。在这项工艺中，他们使用分子量为 4634 的木质素磺酸钙与乙二醛在碱性条件下反应，然后将得到的产物（乙二醛/木质素）与 PMDI 胶黏剂混合来生产刨花板，所得到的刨花板满足国际标准规定（EN 312）对户外使用板材的要求。之后，Mansouri 等人研究了由不同配方的乙二醛/木质素-PMDI 胶黏剂制得的刨花板的性能，结果发现当乙二醛/木质素和 PMDI 的质量比为 3∶2 时所得到的刨花板（含胶量为 8%）在干燥和潮湿条件下的内结合强度都非常优秀，满足室外使用标准，并且发现向该混合胶黏剂中加入一定的三乙酸甘油酯可以增强木质素芳香核之间的亚甲基连接，提高刨花板的弹性模量。Navarrete 等人制备了一种由低分子量木质素和单宁组成，不含任何合成树脂的新型生物基胶黏剂，使用的低分子量木质素是麦草醋酸/甲酸制浆的副产物，具体工艺如下：首先，用乙二醛在碱性条件下对木质素进行改性，然后将改性木质素与单宁均匀混合，再用乌洛托品对其交联。结果表明，使用该胶黏剂生产的板材内结合强度满足 EN 312 标准规定的室内使用要求。此外，根据干燥器法（JIS A5908）测量，该胶黏剂的甲醛释放量为零。从以上背景资料中可以看出，木质素非常适合作为胶黏剂的一种原料。

4.1.2 工业木质素在木材工业中的应用

工业木质素由于其含有丰富的官能团及活性位置，广泛应用于分散剂、乳化剂和多价螯合剂等领域，同时也因其具备同酚醛树脂（PF）相似的结构、自身的胶黏性能和高分子特性，也被广泛应用于胶黏剂工业，主要应用方式为三类：

① 工业木质素自身直接利用，即在酸化催化的条件下，将工业木质素直接与木质材料混合，通过长时间的高温高压制备成木质复合材料。但这种生产方法存在能耗较大、制品强度低、耐水性差等缺点，早已经被淘汰。随着改性活化技

术发展，工业木质素基胶黏剂应用得到发展。

② 工业木质素与 H_2O_2、醛类、多元醇、马来酸酐、胺类等交联剂结合制成木材用胶黏剂。21 世纪以来，研究人员对此做了大量的研究，但是没有得到任何具体的应用。近几年，随着人们环保理念的不断增强，该方法又被重新采用，用来制备非甲醛环保型木质素胶黏剂。

③ 工业木质素与其他树脂（酚醛树脂、脲醛树脂和聚氨酯树脂等）混合，对其进行改性，制得木质素-酚醛树脂、木质素-脲醛树脂、木质素-环氧树脂以及木质素-聚氨酯树脂等。

4.1.3　工业木质素的活化改性

由于工业木质素的反应活性低，在木材工业中的利用和推广一直受到限制。因此，从 20 世纪 80 年代后，研究者将工业木质素活化成为现阶段的研究重点。其中，活化改性方法主要有 3 类，分别为物理改性、化学改性和生物改性。

4.1.3.1　物理改性

物理方法活化改性工业木质素的研究不多，主要是在不加入任何其他物质的条件下，通过各种频率的波及过滤分离等手段将工业木质素按照分子量的大小进行分级活化，根据实际需要获取某一分子量范围的加以利用。

其中，超滤法处理的工业木质素，可以提高木质素的均一性，但无法改变工业木质素的化学结构从而增加其活性，同时由于超滤后工业木质素利用不完全，未被利用的部分仍会继续污染环境，因此，这种方法未得到深入的研究与广泛的应用。

超声波法处理工业木质素主要是超声波以波动和能量两种形式作用于木质素的化学结构，从而断开如甲氧基等结合力强的化学键，同时促进与工业木质素有关的氧化、还原、取代以及自由基引发的降解、聚合等一系列化学反应，增加工业木质素的反应活性。任世学等人采用超声波作用于麦草碱木质素，分析了碱木质素官能团含量在超声波作用前后的变化，超声波可以提高碱木质素总羟基含量。其中，醇羟基含量从 1.99mmol/g 提高到 4.14mmol/g，酚羟基含量从 1.88mmol/g 提高到 2.54mmol/g，说明超声波处理能够提高工业木质素反应活性。

4.1.3.2　化学改性

由于工业木质素化学结构庞大复杂，单一物理改性不足以提高其反应活性，因此，通过法学方法对其进行化学活化改性，赋予木质素一定的功能性已经成为开发利用工业木质素的有效手段。目前在木材工业中，工业木质素的化学改性方法有十几种，主要集中在脱甲基化、羟甲基化、酚化、还原、氧化等改性方法。

(1) 脱甲基化改性

工业木质素的脱甲基化是将木质素芳环上的甲氧基转化为酚羟基，在脱甲基化过程中会不断降低工业木质素的平均分子量，提高分子量的多分散性。在合成树脂过程中，木质素芳核上的—OCH_3妨碍邻近C_9链上的羟甲基发生缩聚反应，脱甲氧基变成酚羟基后，酚羟基体积小、活性大，可以增加工业木质素的反应活性。

Wu 等人研究了脱甲基麦秸硫酸盐木质素的前后官能团变化，甲氧基含量从10.39%下降到6.09%，而酚羟基和羧基分别从2.98%和5.51%增加到4.58%和7.10%。An 等用硫黄对硫酸盐木质素进行脱甲氧基，代替苯酚制备 LPF 树脂，可满足胶合板用胶需求，结果表明，脱甲基化使木质素中形成邻苯二酚结构，从而使得木质素的反应活性较苯酚强，且成本只有苯酚价格的一半。

陈克利研究了桦木硫酸盐木质素硫化改性方法及其在酚醛树脂中应用，研究表明，在碱用量4%、硫用量5%、反应最高温度260℃、保温15min的最优条件下，改性木质素的甲氧基含量由原来的18.81%降低为11.84%，利用脱甲基木质素可取代60%的苯酚合成具有良好性能的木质素酚醛树脂。

(2) 羟甲基化改性

工业木质素的羟甲基化是指工业木质素在碱性条件下与甲醛反应生成羟甲基

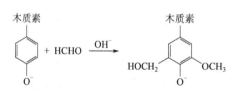

图 4-2　木质素的羟甲基化反应

的反应，反应方程式如图 4-2 所示，其中包含两个反应：木质素芳环上存在的空位上发生的羟甲基反应；羧甲基化、氧化、硝化和氯化芳环侧链上的羟甲基化反应。将工业木质素在催化体系中进行羟甲基化改性，如锰盐催化体系、双氧水亚铁催化体系、铈铵硝酸盐催化体系等，能够有效提高木质素的反应活性。在众多木质素衍生物的中间体中，羟甲基化木质素是其中重要的一个，在木质素酚醛树脂胶黏剂的合成过程中起到决定性的作用。

Zhao 等人研究了经羟甲基化后的碱木质素结构，结果显示约 0.36mol—CH_2OH/C_9单元被引入木质素分子结构中，通过勒德雷尔-马纳塞反应（Lederer-Manasse）反应，约 0.33mol —CH_2OH被引入愈创木基的C_5结构单元中。Alonso 等人将羟甲基木质素磺酸铵部分替代35%的苯酚，合成酚醛树脂，其性能与商业用酚醛树脂性能相似。刘德启利用双氧水加稀土催化剂对草浆造纸黑液中木质素进行酚羟基化和羟甲基化改性，制备具有良好胶结性能的木质素酚醛结合剂。研究表明活化改性后的工业木质素可分别替代 90% 及 85% 的酚、醛原料，具有显著的经济效益与环保效益。林再雄等人采用羟甲基化法对碱木质素进行活化，试验结果表明在木质素对苯酚替代率低于 30% 条件，分离提纯后的木质素可直接应用于 PF 胶黏剂的改性；当替代率大于 50% 后，木质素的羟甲基化表现出对木质素改性酚醛树脂的胶结强度、热稳定性的良好促进作用，但由于木质素的羟甲基化作用导致 PF 树脂中残留甲醛含量增加，木质素胶黏剂的储存稳定性降低。

（3）酚化改性

由于反应介质的 pH 值不同，可以分为酸性酚化改性和碱性酚化改性。其中，碱性条件下酚化改性是碱木质素在碱性高温条件下与苯酚发生化学反应，是目前碱木质素制备胶黏剂最有前景的改性方法之一。酸性酚化改性是木质素磺酸盐在酸性条件下与苯酚发生化学反应，在一定程度上能够使其活性点数目增加。

Cetin 等人将木质素酚化改性后制成性能良好的 LPF 树脂，其中在刨花板制造中木质素代替苯酚的比例达到 30%，其物理和力学性能与商业用 PF 胶黏剂制备产品相似。Khan 等人以 NaOH 为催化剂，通过酚化改性木质素制成可代替 50% 苯酚的 LPF 树脂，产品的胶结强度比酚醛树脂更好，具有加工温度低和加工速度快的特点。刘纲勇等人在碱性条件下，酚化改性麦草碱木质素合成符合国标 Ⅰ 类板用的 LPF 胶黏剂，其中苯酚代替率高达 70%。赵斌元等人对木质素磺酸钠采用比较简单温和的间甲酚-硫酸法改性方法进行改性，红外光谱、紫外光谱、核磁共振氢谱测试结果表明，该法能有效提高木质素磺酸盐的酚羟基含量，并降低了其分子量以及分子结构的复杂性。

（4）还原改性

工业木质素的还原改性是利用还原剂将木质素中的醛基和羰基还原成羟基，常用的还原剂有氢化铝锂、硼氢化钠、雷尼镍等。其最初目的是鉴定还原产物推断其结构，之后通过控制还原条件活化木质素制备环己烷、苯酚等有价值的化工产品。

Li 等人用硼氢化钠对褐腐菌脱甲基木质素进行还原（反应方程式如图 4-3 所示），发现还原后的木质素中邻苯二酚基团有很强的与其他物质聚合的性能，活化了木质素进而对胶黏剂的改性起到很好的作用。方桂珍等以钯/炭（Pd/C）为催化剂，以环己烯为氢给予体的还原催化体系对麦秆碱木质素进行还原改性的研究，结果表明，Pd/C 催化剂对碱木质素还原改性反应具有较高的催化活性，碱木质素总羟基含量增加了 46.95%。其中，酚羟基含量增加了 33.74%，醇羟基含量增加了 63.935%；甲氧基含量降低了 17.73%，碱木素的苯环结构稳定，活性官能团增加，多分散系数变小。之后，方桂珍等采用 CuO/C 为催化剂，以环己烯为还原剂对麦草碱木质素进行还原反应，发现碱木质素的总羟基（酚羟基和醇羟基）含量从最初的 6.19% 增加到 13.86%，其中，酚羟基增加了 306.5%。羰基大部分被还原为羟基，从最初的 2.19% 下降到 0.52%，碱木质素的反应活性得到显著提高。孙其宁以硼氢化钠、雷尼镍还原改性马尾松褐腐木质素，之后与聚氮丙啶合成制备木材用胶黏剂，为解决褐腐木质素较低反应活性提供了新途径。

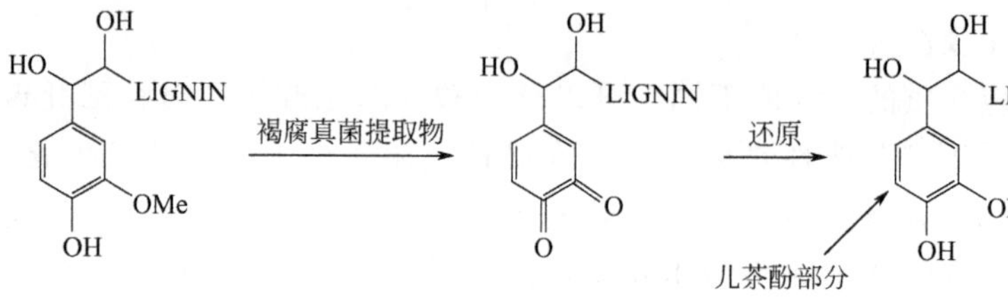

图 4-3　脱甲基木质素的还原反应

（5）氧化改性

将工业木质素进行氧化改性处理目的是增加木质素化学结构中羰基和酰基的含量，使羰基化和酰基化改性后的木质素亲水性和聚电解质性质得到提高，反应式如图 4-4 所示。木质素氧化也是获得如香草醛、丁香醛、羟基苯甲醛等化学品的有效途径。

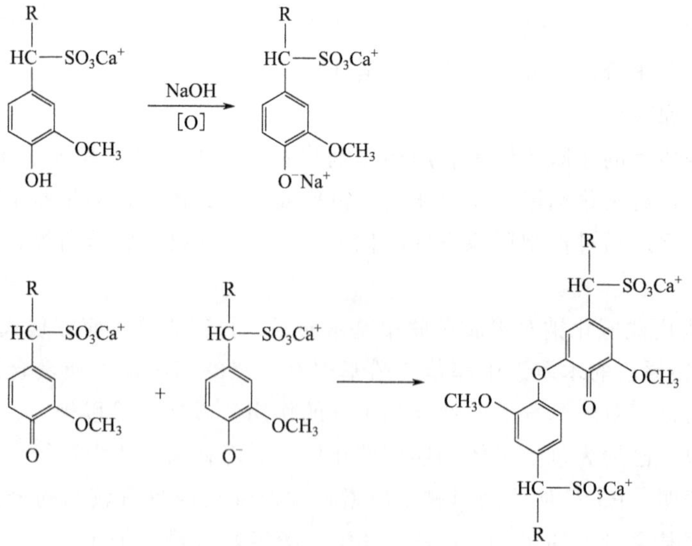

图 4-4　木质素磺酸钙氧化改性反应

Bernini 等人研究了用苯甲酸等氧化后木质素结构变化，结果表明甲氧基含量从 11.9% 下降到 2.8%，酚羟基含量从 2.4% 增加到 11.2%。Villar 等利用以 N_2 为保护气氛的高压反应釜，在碱性条件下用硝基苯和氧化铜将木质素氧化成酚类化合物，如丁香醛、香草醛、丁香酸、香草酸。过氧化氢（H_2O_2）作为一种常用的氧化剂应用于制浆造纸领域。最初人们集中在 H_2O_2 与木质素中发色基团或其他活性基团的反应研究，但 H_2O_2 并不只与发色基团反应，它也可以降解或溶解木质素。H_2O_2 具有双重反应特性，可在水溶液中氧化或还原很多无机离子。用作还原剂时产物为氧气，用作氧化剂时产物为水。因此，H_2O_2 与木质素的反应途径多样，其反应机理也比较复杂。Brown 等人发现 H_2O_2 反应对过渡金属离子也十分敏感，特别是铁、铜、锰离子。Gierer 等人通过木质素模型化合物研究了在碱性条件下木质素的氧化降解，提出了三种木质素降解途径，其中两个包括利用 O_2 或 H_2O_2 对木质素侧链的氧化分解，另一个是 C_α—C_β 键的氧化断裂。

（6）其他活化改性

接枝共聚、羧甲基化、氧化、硝化、氯化、电解法等活化方法降解木质素进而达到活化目的的方法也有报道。

4.1.3.3　生物改性

生物改性处理工业木质素主要是利用各种酶，如过氧化酶、氧化酶、木质素过氧化酶、锰过氧化酶或虫漆酶等，将木质素结构解聚或改变其主要官能团结构，增加反应位点，提高木质素基胶黏剂的胶合性能。漆酶作为一种氧化还原酶，能够催化不同类型底物，主要表现在底物自由基的生成和漆酶分子中四个铜离子的协同作用，其中氧化反应机理见图 4-5。

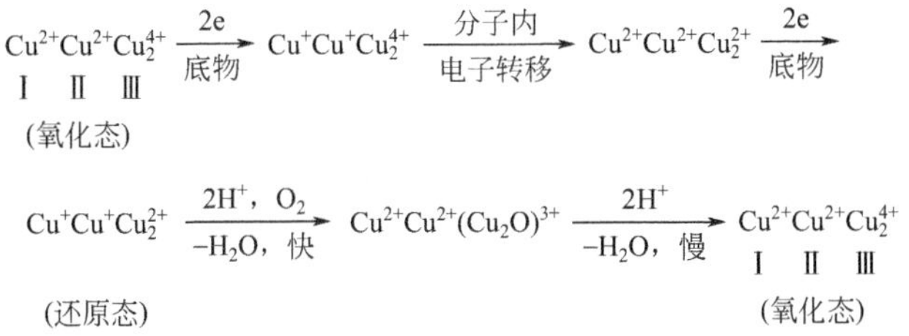

图 4-5　漆酶催化氧化反应机理

漆酶虽被较早发现，但真正用于木材加工领域始于 20 世纪 90 年代中期的德国哥廷根大学，此后美国、丹麦、芬兰等国相继开展了不少研究，主要集中在漆酶活化处理木纤维生产纤维板的工艺，活化处理条件探索，漆酶直接处理工业木素进行木材胶合研究等方面，取得了不少成果，先后申请了一些专利。Viikari等人申请了关于利用酶活化技术制备木质素基胶黏剂，并将其应用到刨花板制造的专利。Jin等人用褐腐木质素与漆酶、过氧化氢和过氧化物酶一起制备木质素胶黏剂，研究不同树种、不同酶与木质素的配比对胶接强度的影响，结果表明，酶处理有助于干剪强度的提高。李振坤等研究漆酶活化碱木质素制备胶黏剂的工艺，确定最佳工艺参数为：1g木质素用漆酶1.5mL，pH值3.0～4.0，溶液浓度70%，反应时间7h。

4.1.4 木质素磺酸盐的特点及应用

木质素磺酸盐是通过亚硫酸盐法制得的，pH值在2～12之间。同木质素一样，木质素磺酸盐的基本结构是苯甲基丙烷衍生物，其中磺酸基团使其能够溶于水和一些极性有机溶液中。由于磺酸基团引入芳烃中，木质素磺酸盐比碱木质素具有较高的平均分子量和分子量，其结构模型见图4-6。

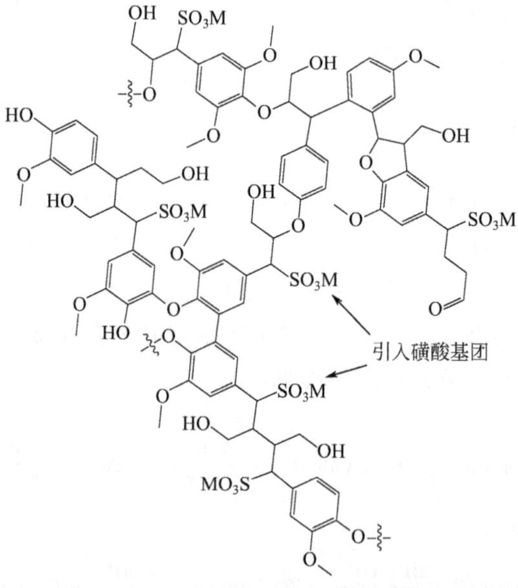

图 4-6　木质素磺酸盐的结构模型

研究表明，木质素磺酸盐分子为大约由50个苯丙烷单元组成的近似于球状三维网络结构体，中心部位为未磺化的原木质素三维网络分子结构，中心外围分布着被水解且含有磺酸基的侧链，最外层是磺酸基的反离子形成的双电层。木质素磺酸铵是一种多功能的分子，除磺酸基外，还有多种官能团，如甲氧基、酚羟基、羧基及苯甲醇基等。

木质素磺酸盐的应用比较广泛，主要可用作胶黏剂、皮革揉剂、染料分散剂、沥青乳化剂、水泥减水剂、钻井泥浆添加剂、水煤浆乳化稳定剂、木质素阳离子表面活性剂、木质素农药稀释剂等。但是，由于木质素磺酸盐结构复杂且分子量分布比较宽，限制了其应用的扩大。

4.1.5　木质素磺酸铵在木材工业中的研究现状

4.1.5.1　在木质素磺酸铵直接利用方面

研究人员已经尝试在强酸催化和长时间热压下制备木质素磺酸铵刨花板，虽其干强度及水煮 2h 的强度达到了加拿大户外刨花板的标准，但耐湿性能较差。由于木质素磺酸盐的分子量以及结构特征对其性能有很大影响，为得到具有较高反应活性的木质素磺酸盐，改性木质素磺酸铵成为利用其的有效手段。常用的改性方法主要有化学改性和生物改性。

通过化学改性可使木素磺酸盐苯环上的游离基具有较强的反应活性，在苯环上和侧链上均可发生功能化反应。Alonso 等人用草酸作为催化剂，120℃条件下将木质素磺酸盐酚化改性，能够取代 30％ 的酚醛树脂。胡建鹏等人以过氧化氢为氧化剂，采用氧化改性方法分别在酸、碱条件下对木质素磺酸铵进行氧化改性，研究表明，酸性条件下，部分芳香环被破坏并发生羟基化，甲氧基减少；在碱性条件下主要以氧化降解为主，同时制备了改性工业木质素-木纤维复合材料并对其结合性能进行表征。由于化学改性有时需添加大量化学试剂，如强酸、碱等，条件相对剧烈，副反应比较多，影响目标产品的合成与提取。与之相比，生物法改性条件温和且环保。目前生物法对木质素磺酸盐的改性研究相对较少，在与木质素相关的酶系中，由于漆酶可氧化酚类及非酚类木质素化合物，在过去几十年中受到高度关注。曹永建等人用漆酶活化木素或其磺酸盐制备胶黏剂用于人造板生产，发现除漆酶木素磺酸钠胶合体系外，漆酶木素和漆酶木素磺酸铵胶合体系的胶合板胶合强度均达到并超过国家Ⅲ类胶合板的要求。

4.1.5.2　在木质素磺酸铵与交联剂结合方面

在木质素磺酸铵与交联剂结合方面，已有学者用木质素磺酸铵、糠醇和过氧化氢喷洒到木片上反应压制刨花板，在强度和耐水性能方面比得上在相同条件下的酚醛树脂胶黏剂制备的刨花板。Lin 等人在酸性条件下，以 H_2O_2 或过硫酸盐为引发剂，按照一定质量比例将针叶、阔叶木质素磺酸盐的混合物与丙烯酸或甲基丙烯酸、丙烯腈混合制备木质素磺酸盐改性胶黏剂，结果表明在制砖、沙模定型中其塑性明显增强。

4.1.5.3 在木质素磺酸铵与树脂混合方面

在木质素磺酸铵与树脂混合方面，Bonstein 等人将木质素磺酸盐与甲醛、碱等混合后再与 MF 树脂反应制备 LMF 胶黏剂，其中，木质素磺酸盐的质量分数大于 70%，其性能与 MF 树脂相近，固化速度和温度与 UF 树脂近似，同时具备与 PF 树脂相似的耐水性。Pizz 等人将木质素磺酸钠与固化剂六亚甲基四胺混合，再与酚醛树脂交联成具有三维网状结构的热固性树脂，其对木材有较强的胶合作用，并且木质素磺酸钠表现出可不被其他类型木质素衍生物所代替的特性。国婷等人先在碱性条件下将木质素磺酸盐进行脱甲基改性，再与甲醛、苯酚共聚制成 LPF 树脂，其可替代一半用量以上的 PF 树脂。

4.1.6 木质素磺酸铵在人造板工业中存在的问题及发展趋势

木质素磺酸铵在人造板工业中存在的普遍问题是其结构的复杂性、大分子的多分散性以及物理化学性质的不均一，这使得木质素磺酸铵胶黏剂利用受到一定限制。因此今后开发木质素磺酸铵胶黏剂首先要解决其活性问题，即将大分子量的木质素高聚物分解成含有羟基、醛基、芳香环结构的小分子量混合物，寻找合适的改性方法将木质素磺酸铵中的甲氧基氧化成酮羰基，适度地断开醚键和苯环侧链上冗长的 C—C 键，同时保护烯键并防止苯环裂解，增加其中的羟基、醛基、邻苯二酚类等活性基团才是解决木质素磺酸铵相对较低的反应活性的根本途径。

目前国内外对木质素磺酸盐的结构认识方面还存在许多未知，其中木质素的超分子体系结构是研究重点，在活化木质素同时应该加深工业木质素与木质纤维等人造板原材料的反应机理探讨，应加大力度开发利用木质素及其多种类型的衍生物与淀粉、蛋白质等可再生生物质资源制备环保型胶黏剂。随着人类对环境污染和能源危机的日益关注，木质素这种具有可再生、可降解特性的天然高分子资源的开发将备受重视，废弃物的资源化与可再生资源的利用前景十分广阔。

4.2 酶法改性木质素磺酸铵胶黏剂

在木质复合材料生产中，以甲醛为基料的脲醛胶、酚醛胶等化工类胶黏剂普遍存在释放甲醛等问题，随着生物技术和仿生技术的不断发展，引发人们从生物学、仿生学的角度利用可再生生物质制备环保型胶黏剂。

漆酶介体体系（laccase mediator system，LMS）被认为是一种具有很大潜在应用价值、高效的反应体系。加入一些小分子化合物作为介体可将漆酶的氧化作用和反应效率大大提高。其中，有效的介体包括合成介体（如 ABTS、NHA、HBT 等）和天然介体（如香草醛、丁香醛、阿魏酸等）。对比合成介体的价格较高、自身或其衍生物的生态毒性不明等缺陷，天然介体主要来自一些真菌次生代谢产物或木质素降解产物，具有一定的环境和生态优势。为了保护环境和降低漆酶改性成本，以天然介体替代价格较昂贵的合成介体，是满足生物改性工业木质素要求的有效途径。

4.2.1　酶法改性的机理分析

4.2.1.1　试验材料和方法

（1）试验材料

木质纤维为杂木纤维，由大兴安岭恒友家具集团有限公司提供。其组分有东北地区的红松、落叶松、杨木等，含水率低于 5%，纤维形态 20～80 目。

漆酶，工业级，购于武汉远城科技发展有限公司，使用前保存在 −10℃ 条件下。

香草醛（3-甲氧基-4-羟基苯甲醛），购自阿达玛斯试剂有限公司。

木质素磺酸铵，工业级，购于武汉华东化工有限公司，产品物性见表 4-2。

表 4-2　木质素磺酸铵产品的物性

产品物性	指标	产品物性	指标	产品物性	指标
木质素磺酸铵含量	50%～60%	形态	细粉末状，95%通过80目	黏度	50%水溶液115Pa·s
颜色	褐色	水分	<7%	pH 值	4～7
灼烧残渣	<12%	堆积密度	0.328g/cm³	水溶性	>36g/100mL
水不溶物	<2%	可燃物	约84%	碣实密度	0.532g/cm³

化学试剂：醋酸钠、醋酸、氢氧化钠、液体石蜡等，分析纯，均购于哈尔滨凯美斯科技有限公司。

（2）酶法改性方法

① 漆酶活性测定

将 142.6μL 愈创木酚（分析纯）与 5.2g 丁二酸混合，用 NaOH 溶液调 pH 值至 5.0，再用蒸馏水定容至 1L，配制出实验所需底物，再将酶液稀释至 n 倍，取 2.4mL 底物，加 0.6mL 酶液，混合均匀，50℃ 条件下反应 1min，运用 TU-1900 型紫外-可见分光光度计在 465nm 下测吸光度 A。酶活计算公式为吸光度 $(A)×$

稀释倍数（n）×13.89。本试验测得的漆酶活性值为3860U/g。

② 酶法改性木质素磺酸铵的制备

试验过程中，先用0.2mol/L醋酸-醋酸钠缓冲溶液（pH＝6）分别配制一定浓度的漆酶溶液和香草醛溶液，将pH值调节在4.5左右混合均匀即得到漆酶-香草醛体系溶液。木质素磺酸铵用量确定为20g/份，先分别加入醋酸、醋酸/醋酸钠缓冲溶液（pH值为4.2～5.0）调整溶液浓度和pH值，再根据实验设计的不同，加入不等量的漆酶-香草醛体系溶液，在一定的容器里恒温反应一段时间，即制得酶法改性木质素磺酸铵（LMS modified industrial lignin，以下简称LMIL），其间利用空气泵持续鼓入空气，并不断搅拌。

（3）改性木质素磺酸铵的化学组分分析

利用Magna-IR 560 E.S.P型傅里叶变换红外光谱仪分析木质素磺酸铵改性前后化学组分的变化，在不同改性条件下，取适量改性木质素磺酸铵和未改性木质素磺酸铵，采用压片法制样，分辨率设置为4cm^{-1}，扫描次数为40次。

（4）纤维板的制备及理化性能测试

首先，将木纤维放入高速混合机（转速为1500r/min）中高速搅拌1min，进行纤维细化；再将改性木质素磺酸铵溶液、液体石蜡防水剂缓慢加入处于高速运转的木纤维中，常温混合3～5min后，在自制的模具（幅面尺寸200mm×200mm）中手工铺装组坯；经预压、再热压成型，成板后的纤维板经过24h平衡处理后待用。其中，板坯含水率25%（根据前期试验确定的较优值），设计幅面尺厚度5mm（厚度规控制），目标密度0.8g/cm³；预压压力2MPa、热压压力10MPa，热压温度170℃，热压时间7min。

将试验材料按照国家标准GB/T 17657—1999人造板及饰面人造板理化性能试验方法制备出具有规格尺寸的试验试件，分别测定材料的静曲强度（MOR）、弹性模量（MOE）、内结合强度（IB）和24h吸水厚度膨胀率（24h TS）四项理化性能指标。以LMIL为胶黏剂制备的纤维板，简称LMIL/WF材料。

（5）酶法改性木质素磺酸铵反应条件确定

影响漆酶-香草醛体系改性木质素磺酸铵的工艺参数较多，涉及的影响因素主要包括漆酶用量、香草醛用量、pH值、活化时间、活化温度等。根据前期试验研究，确定底物质量分数为4%，pH值为5.5。因此，以漆酶用量（1g木质素磺酸铵用40～200U漆酶）、香草醛用量（质量分数为0.5%～2.5%，相对于绝干木质素磺酸铵质量）、活化温度（20～60℃）、活化时间（0.5～2.5h）作为考察因素进行研究。

首先，利用单因素试验依次研究各因素对板材理化性能的影响，从而初步确定适宜的工艺参数范围。在此基础上，采用$L_9(3^4)$正交试验设计表进行正交试验，将试验数据按重复试验的数据分析方法进行方差分析，优化得出最优酶法改性工艺条件，各因素与水平见表 4-3。

表 4-3　酶法改性条件下的正交试验因素与水平

水平	漆酶用量(A)/(U/g)	香草醛用量(B)/%	活化温度(C)/℃	活化时间(D)/h
1	120	0.5	40	1.5
2	140	1	45	2.0
3	160	1.5	50	2.5

4.2.1.2　结果与分析

（1）酶法改性木质素磺酸铵的红外光谱（FTIR）分析

图 4-7 为不同活化时间下的漆酶-香草醛体系活化的木质素磺酸铵红外谱图，旨在研究酶法改性前后木质素磺酸铵的主要官能团变化。

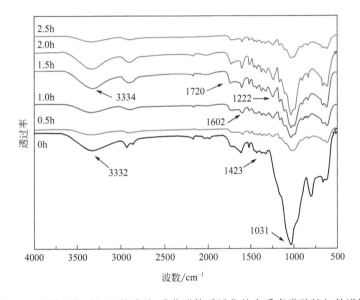

图 4-7　不同活化时间下的漆酶-香草醛体系活化的木质素磺酸铵红外谱图

从图 4-7 可以看出：在漆酶用量 120U/g、香草醛用量 1.5%、活化温度 40℃条件下，随着活化时间的不断延长，木质素磺酸铵中经漆酶-香草醛体系活化后 3332cm^{-1} 处的羟基（—OH）伸缩振动先略有下降后不断增强，峰值位置波数增大，同时峰值也随之增加，这说明经过漆酶处理后羟基相对含量增大；1031cm^{-1} 处酚羟基的伸缩振动吸收峰强度明显减弱，且 1423cm^{-1} 附近的甲基振动减弱，由于漆酶能催化氧化木质素磺酸铵中的酚羟基，形成酚氧游离基和水，所生成的中间游离基发生耦合反应，生成具有高分子量、无定形的脱氢聚合物产物。而 1222cm^{-1} 处紫丁香基木质素的 C—O 振动吸收强度增强，这可能是漆酶催化木质素磺酸铵中的酚羟基发生了醚化反应，形成醚键（C—O—C）连接。

（2）漆酶用量对纤维板物理力学性能的影响

漆酶对活化木质素磺酸铵的催化、活化能力与漆酶用量有直接的关系。随着氧化反应的进行，部分漆酶可能会失活，漆酶用量若过小，反应底物反应不完全，最终效果不理想；但漆酶用量若过大，可能引起底物反应过度，产生聚合反应甚至会起到反作用，从而也影响最终效果。

根据前期试验，其不变因素取范围中间值，因此本试验在香草醛用量 1.5%，活化温度 40℃，活化时间 1.5h 的条件下进行。如图 4-8 所示，随着漆酶用量从 40U/g 增加到 120U/g，MOR 和 MOE 均呈现上升趋势，即 MOR 从 16.2MPa 增大到 34.1MPa，MOE 从 2188MPa 增大到 3001MPa。当漆酶用量继续升高到 200U/g 时，MOR 呈缓慢下降趋势，而 MOE 先下降后趋于平缓。

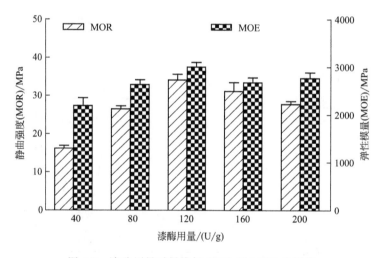

图 4-8　漆酶用量对纤维板 MOR 和 MOE 的影响

由图 4-9 可以看出，随着漆酶用量从 40U/g 增加到 200U/g，IB 先上升后趋于平缓，在漆酶用量 160U/g 时有最大值 0.91MPa；24hTS 先下降后上升，在漆酶用量 120U/g 时有最小值 26%。说明随着漆酶用量增加，漆酶能够充分催化、活化木质素磺酸铵，但当漆酶用量达到饱和，继续增加用量对木质素磺酸铵的氧化改性不明显，甚至对纤维板的性能产生负面影响。因此，漆酶用量的适宜范围设定为 120～160U/g。

（3）香草醛用量对纤维板物理和力学性能的影响

适量的香草醛用量可以提高漆酶的利用率和氧化效果。在漆酶用量 120U/g，活化温度 40℃，活化时间 1.5h 的条件下，从图 4-10 可以看出：随着香草醛用量

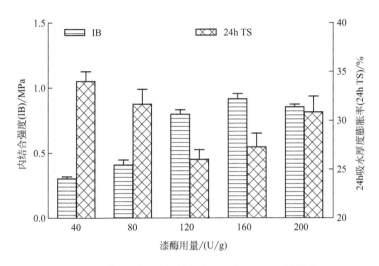

图 4-9　漆酶用量对纤维板的 IB 和 24h TS 的影响

在 0.5%～2.5%范围内升高时，MOR 和 MOE 均呈现先上升后下降的趋势，但变化幅度较小。在香草醛用量为 1.0%时，MOR 有最大值 34.8MPa；当香草醛用量为 1.5%时，MOE 有最大值 3001MPa。说明作为天然介体，香草醛能够促进漆酶将高度聚合的木质素氧化降解成木素小分子，从而提高其化学再聚合能力。

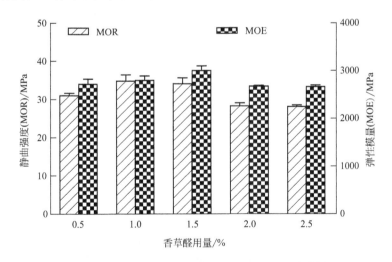

图 4-10　香草醛用量对纤维板 MOR 和 MOE 的影响

从图 4-11 可以看出：随着香草醛用量从 0.5%增加至 2.5%，IB 呈现波动变化，而 24h TS 先下降再上升后趋于平缓，在香草醛用量为 1.0%时 IB 有最大值 0.84MPa，24h TS 有最小值 32%。其原因可能类似于偶联剂的单分子层理论，香草醛用量在漆酶-香草醛体系中存在临界值，影响纤维板中木纤维与改性木质素磺酸铵之间化学键或氢键的形成。综合分析，香草醛用量选择在 0.5%～1.5%较好。

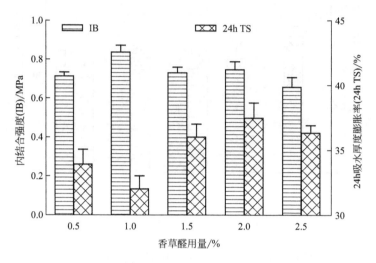

图 4-11　香草醛用量对纤维板 IB 和 24h TS 的影响

（4）活化温度对纤维板物理和力学性能的影响

在漆酶用量 120U/g，香草醛用量 1%，活化时间 1.5h 的条件下，活化温度对纤维板力学性能的影响趋势见图 4-12。从图 4-12 可以看出：当温度从 20℃升高到 50℃时，MOR 和 MOE 均呈现增大趋势，其中 MOR 从 25.5MPa 增大到最大值 36.4MPa，增幅 42.7%；MOE 从 2570MPa 增大到最大值 3172MPa，增幅23.4%。随着活化温度继续升高到 60℃，MOR 和 MOE 均呈减小趋势。

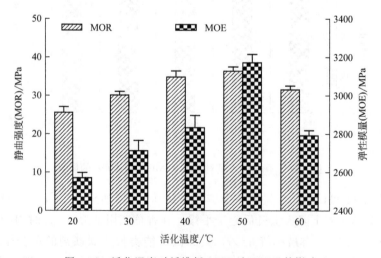

图 4-12　活化温度对纤维板 MOR 和 MOE 的影响

如图 4-13 所示，当活化温度由 20℃升高到 60℃时，IB 呈现先增大后减小的趋势，在活化温度 40℃时有最大值 0.84MPa；24h TS 呈现先减小后增大的趋势，在活化温度 50℃时有最小值 30%。说明随着活化温度的升高，漆酶-香草醛体系的活性增大，酶促木质素磺酸铵的活化反应速率可能会随着之增加，但较高的温度会使酶活损失较大，使得活化温度在 50～60℃范围内的纤维板力学性能有所下降。因此，活化温度在 40～50℃之间比较适宜。

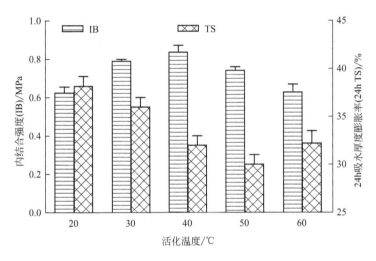

图 4-13　活化温度对纤维板 IB 和 24h TS 的影响

（5）活化时间对纤维板物理和力学性能的影响

在漆酶用量 120U/g，香草醛用量 1.0%，活化温度 40℃的条件下，从图 4-14 可以看出，随着活化时间从 0.5h 延长到 2.5h，MOR 先上升后趋于平缓，MOE

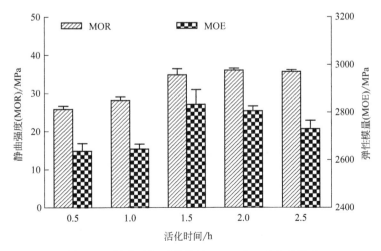

图 4-14　活化时间对纤维板 MOR 和 MOE 的影响

呈先升高后降低的趋势，其中 MOR 在活化时间 2.0h 时有最大值 36.0MPa，而 MOE 在活化时间 1.5h 有最大值 2833MPa。

如图 4-15 所示，随着活化时间在 0.5～2.5h 之间延长，IB 从 0.67MPa 增大到 0.88MPa，增幅 31.3%，而 24h TS 呈先降低后升高的趋势，在活化时间 2.0h 时有最大值 30.4%。这说明随着反应时间的延长，漆酶-香草醛体系能够充分活化木质素磺酸铵，但活化时间过长，活化降解的木素小分子或活性官能团间可能会发生再聚合反应，从而降低热压过程中的化学聚合。因此，适宜的活化时间应为 1.5～2.5h。

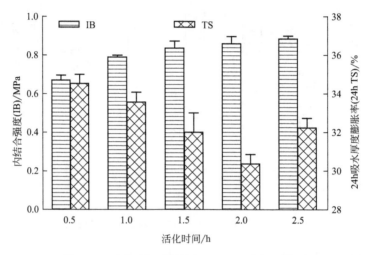

图 4-15　活化时间对纤维板 IB 和 24h TS 的影响

4.2.2　酶法改性工艺条件优化

正交试验物理力学性能结果见表 4-4，其中重复试验的两次结果分别用 y_{il} 表示，i 代表各因素。对试验结果进行方差分析，由表 4-5 可知，除漆酶用量对 MOR 和 24h TS 影响显著；香草醛用量比对弹性模量影响不显著，对内结合强度影响显著；活化时间对 24h TS 影响显著外，各工艺因素对纤维板的物理和力学性能影响均高度显著。

表 4-4　LMIL/WF 材料的正交试验物理和力学性能结果

试验号	密度 /(g/cm³)	静曲强度/MPa		弹性模量/MPa		内结合强度/MPa		24h 吸水厚度 膨胀率/%	
		y_{a1}	y_{a2}	y_{b1}	y_{b2}	y_{c1}	y_{c2}	y_{d1}	y_{d2}
1	0.81	16.5	17.2	2620	2330	0.46	0.50	21.8	29.0
2	0.82	25.4	24.2	3113	3210	0.77	0.62	28.6	23.3

续表

试验号	密度 /(g/cm³)	静曲强度/MPa		弹性模量/MPa		内结合强度/MPa		24h吸水厚度膨胀率/%	
		y_{a1}	y_{a2}	y_{b1}	y_{b2}	y_{c1}	y_{c2}	y_{d1}	y_{d2}
3	0.78	37.5	36.0	3268	3145	0.78	0.70	18.0	16.5
4	0.82	22.5	23.7	2820	2708	0.98	0.87	22.4	25.0
5	0.80	30.0	31.6	2810	2900	0.96	0.78	19.2	17.4
6	0.79	33.4	32.5	3436	3360	0.65	0.74	25.6	23.0
7	0.81	26.4	25.3	2903	2540	0.52	0.57	11.5	13.0
8	0.78	24.3	26.7	2557	2633	0.76	0.80	28.0	29.5
9	0.80	33.6	28.5	3120	2945	0.76	0.78	12.5	11.0

表 4-5 LMIL/WF 材料的方差分析及显著性

因子	MOR/MPa	MOE/MPa	IB/MPa	24hTS/%
漆酶用量(A)/(U/g)	5.17*	7.11*	11.85**	6.42*
香草醛用量(B)/%	88.97**	34.71**	5.49*	9.42**
活化温度(C)/℃	26.49**	2.16	6.49*	22.12**
活化时间(D)/h	3.41	10.83**	9.13**	4.86*

* $F > F_{0.05}$ (2, 9)＝4.26 为显著；** $F > F_{0.01}$ (2, 9)＝8.02 为高度显著。

在方差分析基础上，以材料的 IB 和 24h TS 为选择最优工艺参数的重点，兼顾其他性能指标以及原料成本，结合极差分析得出各因素对材料性能指标的主次顺序和优选水平，最终确定最优工艺条件即 $A_2B_2C_2D_3$，即漆酶用量 140U/g，香草醛用量 1.0%，活化温度 45℃，氧化时间 2.5h，见表 4-6。在该条件下进行 3 组验证试验，试验测试结果见表 4-7。从验证试验结果可知，四项指标的变异系数均小于 10%，说明在最优酶法改性工艺条件下制备的纤维板性能比较稳定，试验重复性良好。

表 4-6 LMIL/WF 材料的极差分析

试验因素	MOR/MPa	MOE/MPa	IB/MPa	24h TS/%
主次顺序	$B>D>C>A$	$B>D>A>C$	$A>D>C>B$	$C>A=D>B$
最优条件	$A_2B_3C_3D_3$	$A_2B_3C_2D_2$	$A_2B_2C_2D_3$	$A_1B_2C_1D_3$
优化工艺条件	$A_2B_2C_2D_3$			

表 4-7 优化工艺条件下 LMIL/WF 材料的验证试验结果

项目	MOR/MPa	MOE/MPa	IB/MPa	24h TS/%
1	33.2	3245	0.65	17.9
2	32.6	3050	0.72	18.7

项目	MOR/MPa	MOE/MPa	IB/MPa	24h TS/%
3	30.8	3180	0.60	19.2
平均值	32.2	3158	0.66	18.6
变异系数/%	3.9	3.1	9.1	3.5

在本节研究中，利用酶法改性方法，对木质素磺酸铵进行活化改性，应用FTIR 分析改性前后木质素磺酸铵的化学结构变化，利用单因素试验探索主要改性因素对基于改性木质素磺酸铵制备的纤维板理化性能的影响趋势，通过正交试验设计、直观分析以及方差分析，探索不同改性方法的最优工艺条件，得出以下结论。

① 在漆酶-香草醛体系下，木质素磺酸铵的羟基相对含量增大，酚羟基的吸收峰强度明显减弱，漆酶能催化氧化木质素磺酸铵中的酚羟基，形成酚氧游离基，主要以氢原子转移为主。

② 各影响因素对纤维板理化性能存在明显的影响规律，在漆酶-香草醛体系下，确定适宜的工艺范围是漆酶用量 120～160U/g，香草醛用量 0.5%～1.5%，活化温度 40～50℃，活化时间 1.5～2.5h。

③ 从不同氧化改性木质素磺酸铵的化学官能团变化和材料的理化性能的角度综合分析考虑，优选改性工艺条件为：在漆酶-香草醛体系下，漆酶用量 140U/g，香草醛用量 1.0%，活化温度 45℃，氧化时间 2.5h。通过验证试验表明试验重复性较好。

4.3 复配改性木质素磺酸铵胶黏剂

聚乙烯亚胺是一种无毒无害的水溶性高分子聚合物，由于其具有反应性很强的伯胺和仲胺，能与纤维素中的羟基反应并交联聚合，与羟基反应生成氢键，与羧基反应生成离子键，与碳酰基反应生成共价键。同时其具有极性基团（胺基）和疏水基（乙烯基）构造，可与不同的物质反应结合。利用其较强的结合力，可广泛应用于改性、吸附、接着和黏结剂等领域。

在本节研究中，利用聚乙烯亚胺复配木质素磺酸铵改性方法，对木质素磺酸铵进行活化改性，分析改性前后木质素磺酸铵的化学结构变化，并探索主要改性因素对基于改性木质素磺酸铵制备的纤维板理化性能的影响趋势，旨在优选出工艺简单、适合产业化生产的绿色改性工艺条件。

4.3.1　复配改性的机理分析

4.3.1.1　试验材料和方法

（1）试验材料

木质纤维为杂木纤维，由大兴安岭恒友家具集团有限公司提供。其组分是东北地区的红松、落叶松、杨木等，含水率低于5%，纤维形态20～80目。

聚乙烯亚胺 UN-1015（polyethylenimine，PEI），分子量 M_w 70000，质量分数50%，购于上海尤恩化工有限公司。

木质素磺酸铵，工业级，购于武汉华东化工有限公司，产品物性见表4-2。

化学试剂：过氧化氢（H_2O_2，30%）、硫酸、液体石蜡等，分析纯，均购于哈尔滨凯美斯科技有限公司。

（2）复配改性木质素磺酸铵的制备

精确称取各组试验所需的木质素磺酸铵，溶于一定量的蒸馏水中室温搅拌10～15min配制成30%的木质素磺酸铵溶液，用20%稀硫酸溶液调节pH值为10左右，分别加入不同用量（相对木质素磺酸铵质量）的 H_2O_2，置于60℃的恒温水浴锅内，不断搅拌反应，底物浓度4%，将氧化改性后的木质素磺酸铵溶液（oxidatively modified industrial lignin，以下简称OMIL）与聚乙烯亚胺（PEI）按照一定质量比复配，即制得复配改性木质素磺酸铵（HMIL），静置待用。

（3）改性木质素磺酸铵的化学组分分析

利用 Magna-IR 560 E.S.P 型傅里叶变换红外光谱仪分析木质素磺酸铵改性前后化学组分的变化，在不同改性条件下，取适量改性木质素磺酸铵和未改性木质素磺酸铵，采用压片法制样，分辨率设置为 $4cm^{-1}$，扫描次数为40次。

（4）纤维板的制备及理化性能测试

首先，将木纤维放入高速混合机（转速为1500r/min）中高速搅拌1min，进行纤维细化；再将改性木质素磺酸铵溶液、液体石蜡防水剂缓慢加入处于高速运转的木纤维中，常温混合3～5min后，在自制的模具（幅面尺寸200mm×200mm）中手工铺装组坯；经预压、再热压成型，成板后的纤维板经过24h平衡处理后待用。其中，板坯含水率25%（根据前期试验确定的较优值），设计幅面尺厚度5mm（厚度规控制），目标密度 $0.8g/cm^3$；预压压力2MPa、热压压力10MPa，热压温度170℃，热压时间7min。

将试验材料按照国家标准 GB/T 17657—1999 人造板及饰面人造板理化性能试验方法制备出具有规格尺寸的试验试件，分别测定材料的静曲强度（MOR）、弹性模量（MOE）、内结合强度（IB）和24h吸水厚度膨胀率（24h TS）四项理化性能指标。以 HMIL 为胶黏剂制备的纤维板，简称 HMIL/WF 材料。

（5）复配改性木质素磺酸铵反应条件确定

根据前期研究基础，以 H_2O_2 用量（5%～40%，相对于绝干木质素磺酸铵质量）、OMIL 与 PEI 质量比 [（3∶1～11∶1）]、pH 值（8～12）、氧化时间（0.5～2.5h）作为考察因素进行研究。首先，利用单因素试验依次研究各因素对板材理化性能的影响，从而初步确定适宜的工艺参数范围。在此基础上，采用 $L_9(3^4)$ 正交试验设计表进行正交试验，将试验数据按重复试验的数据分析方法进行方差分析，优化得出最优复配改性工艺条件，各因素与水平见表 4-8。

表 4-8　复配改性条件下的正交试验因素与水平

水平	H_2O_2 用量(a)/%	OMIL 与 PEI 质量比(b)	pH 值(c)	氧化时间(d)/h
1	10	5∶1	8	1.0
2	20	7∶1	9	1.5
3	30	9∶1	10	2.0

4.3.1.2　结果与分析

（1）氧化改性木质素磺酸铵的红外光谱（FTIR）分析

图 4-16 为未处理木质素磺酸铵与不同氧化时间下的氧化改性木质素磺酸铵的红外谱图。从图 4-16 中可以看出，$3400cm^{-1}$ 的吸收峰为芳香族或脂肪族的羟基（—OH）伸缩振动峰，$3325～3200cm^{-1}$ 处的吸收峰是木质素羟基（—OH）

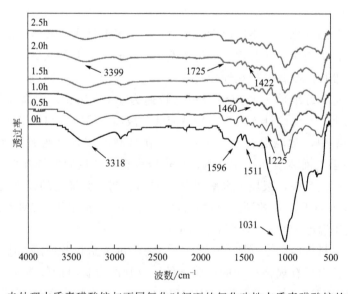

图 4-16　未处理木质素磺酸铵与不同氧化时间下的氧化改性木质素磺酸铵的红外谱图

的伸缩振动峰，1725cm^{-1}处的吸收峰为非共轭羰基伸缩振动峰，1596cm^{-1}、1511cm^{-1}和1422cm^{-1}处的吸收峰为芳香环的振动峰，1460cm^{-1}处的吸收峰是甲氧基（—OCH$_3$）的伸缩振动峰，1042～1044cm^{-1}处的吸收峰是磺酸基的伸缩振动峰，1225cm^{-1}处的吸收峰是酚羟基的伸缩振动峰。

与未处理木质素磺酸铵相比，随着H$_2$O$_2$用量的不断增多，OMIL中的羟基吸收峰强度明显减弱，说明在碱性条件下羟基被H$_2$O$_2$氧化。同时，OMIL中的羰基和酚羟基的吸收峰强度有所增强，其原因在于在碱性条件下，氧化剂H$_2$O$_2$主要是与羟基、烯烃类等还原性的基团发生氧化反应。

在H$_2$O$_2$用量20%、OMIL与PEI质量比7∶1、pH值10、氧化时间2.0h的氧化条件下，将OMIL与PEI混合加热（温度170℃），加热时间7min，进一步确定反应变化。OMIL与PEI混合物加热前后红外谱图见图4-17。在室温25℃下，OMIL与PEI混合物可以清楚观察到1706cm^{-1}处的羰基吸收峰。当加热后，羰基的吸收峰强度明显降低，这与图4-16中的OMIL存在的羰基吸收峰强度变化相反，同时3276cm^{-1}处的胺基和1225cm^{-1}处酚羟基强度也显著降低，这说明在加热条件下OMIL与PEI混合物形成了共价键（如酰胺基）。红外结果表明OMIL与PEI的固化机理发生在OMIL的羰基和PEI的胺基，类似于DKL-PEI胶黏剂的反应机理。

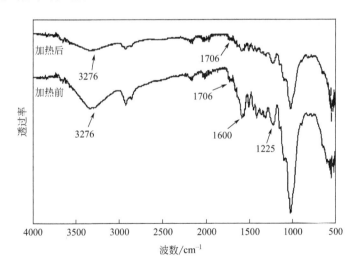

图4-17　OMIL与PEI混合物加热前后红外谱图

（2）H$_2$O$_2$用量对纤维板物理和力学性能的影响

根据前期试验，其不变因素取范围中间值，因此本试验在OMIL与PEI质量配比7∶1，pH值10，氧化时间1.5h的条件下进行。如图4-18所示，随着H$_2$O$_2$用量由5%增加到40%，MOR和MOE均呈先增大后减小的趋势，且

MOE 变化趋势较平缓。同时，在 H_2O_2 用量 20％时有最大值，分别为 29.8MPa 和 4150MPa。

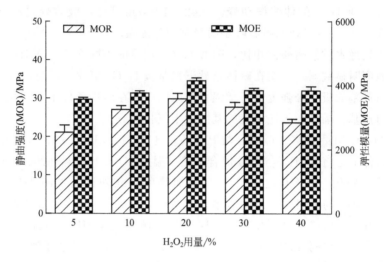

图 4-18　H_2O_2 用量对纤维板 MOR 和 MOE 的影响

从图 4-19 可以看出：当 H_2O_2 用量从 5％增加到 40％时，IB 呈先升高后降低的趋势，在 H_2O_2 用量 20％时有最大值 1.2MPa，这与 MOR 和 MOE 变化趋势一致；24h TS 呈先减小后增大的趋势，且在 H_2O_2 用量 30％时有最小值 18.5％。说明在碱性条件下，H_2O_2 能够增加 OMIL 的可反应位点和活性官能团与 PEI 反应聚合，过量的 H_2O_2 会引起木质素的过分降解，生成的羟基含量已经达到饱和状态，从而导致纤维板理化性能下降。综合分析，H_2O_2 用量的适宜范围在 10％～30％。

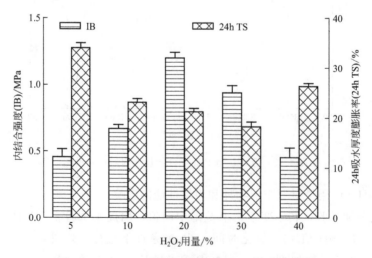

图 4-19　H_2O_2 用量对纤维板 IB 和 24h TS 的影响

（3）OMIL 与 PEI 质量比对纤维板物理和力学性能的影响

在 H_2O_2 用量 10%，pH 值 10，氧化时间 1.5h 的条件下，如图 4-20 所示，随着 OMIL 与 PEI 质量比从 3∶1 增加到 11∶1 时，MOR 和 MOE 均呈先增大后减小的趋势，但 MOE 在 OMIL 与 PEI 质量比 5∶1 和 7∶1 处值相差不大，在 OMIL 与 PEI 质量比 9∶1 均有最大值，分别为 38.5MPa 和 4042MPa。这说明在复配改性中，PEI 作为交联剂可以与 OMIL 在热压过程中发生交联聚合，作为胶黏剂能够与木纤维表面羟基等官能团反应，从而增加材料的胶结强度，但 PEI 用量存在临界值，这与 Liu 等研究结论相似。

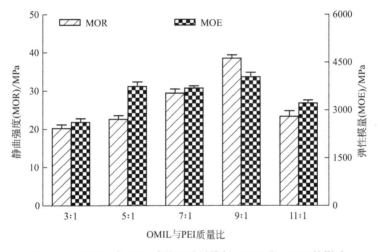

图 4-20 OMIL 与 PEI 质量比对纤维板 MOR 和 MOE 的影响

从图 4-21 可以看出：随着 OMIL 与 PEI 质量比在（3∶1）～（11∶1）之间增大，IB 呈先增大后减小的趋势，在 OMIL 与 PEI 质量比 7∶1 处有最大值 0.92MPa；

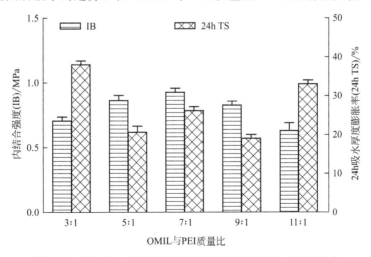

图 4-21 OMIL 与 PEI 质量比对纤维板 IB 和 24h TS 的影响

24h TS 呈现波动趋势，有两个较低点分别为 OMIL 与 PEI 质量比 5∶1 和 9∶1。因此，从经济效果和耐水性考虑，OMIL 与 PEI 质量比在（5∶1）～（9∶1）之间比较好。

（4）pH 值对纤维板物理和力学性能的影响

在 H_2O_2 用量 10%，MIL 与 PEI 质量比 5∶1，氧化时间 1.5h 的条件下，如图 4-22 所示，随着 pH 值由 8 增大到 12，MOR 略有增大后缓慢降低，从 30.4MPa 减小到 22.6MPa，减幅 25.7%；MOE 则先增大后减小，在 pH 值 10 处有最大值 4338MPa。

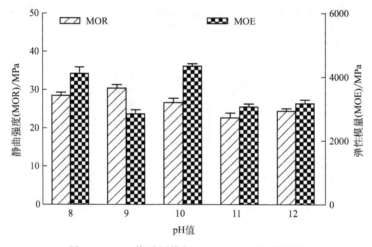

图 4-22　pH 值对纤维板 MOR 和 MOE 的影响

由图 4-23 可以看出，当 pH 值由 8 增大到 12 时，IB 呈波动变化，在 pH 值

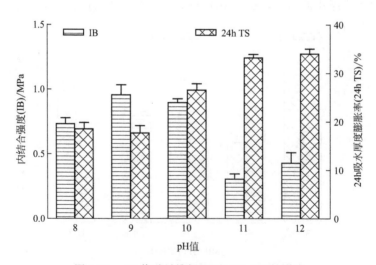

图 4-23　pH 值对纤维板 IB 和 24h TS 的影响

9 处有最大值 0.95MPa；24h TS 则先略有下降后迅速上升，在 pH 值 9 处有最小值 17.6%。说明 pH 值对氧化体系作用较为明显。因此，pH 值的适宜范围设定为 8～10。

（5）氧化时间对纤维板物理和力学性能的影响

在 H_2O_2 用量 10%，MIL 与 PEI 质量比 5∶1，pH 值 10 的条件下，如图 4-24 所示，由氧化时间从 0.5h 延长到 2.5h，MOR 和 MOE 均呈先增大后减小的趋势，在氧化时间 2.0h 处有最大值，分别为 30.4MPa 和 4305MPa。其中，MOR 变化幅度较小，最大增幅 18.4%；而 MOE 变化较大，最大增幅 28.7%。

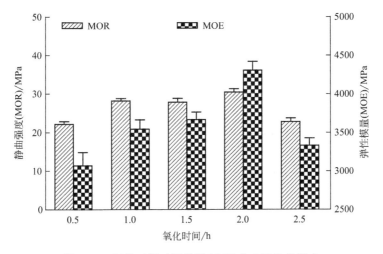

图 4-24　氧化时间对纤维板 MOR 和 MOE 的影响

如图 4-25 所示，随着氧化时间在 0.5～2.5h 范围内延长，IB 呈先增大后减

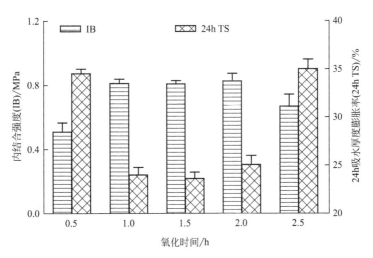

图 4-25　氧化时间对纤维板 IB 和 24h TS 的影响

小的趋势，其中氧化时间在 1.0～2.0h 之间，IB 基本上没有变化；24h TS 先迅速减小后趋于平缓再迅速增大，在氧化时间 1.5h 处有最小值 23.6%。这与 H_2O_2 用量的趋势相似，说明过长氧化时间同样会导致木质素磺酸铵的过分降解，木质素分子量过低不利于与 PEI 反应生成高聚物，导致其胶合性能有所降低。因此，氧化时间的适宜范围应设定在 1.0～2.0h。

4.3.2　复配改性工艺条件优化

HMIL/WF 材料的正交试验物理力学性能结果见表 4-9，其中重复试验的两次结果分别用 y_{il} 表示，i 代表各因素。对试验结果进行方差分析如表 4-10 所示，除 H_2O_2 用量对 MOR 和 24h TS 影响显著，OMIL 与 PEI 质量比对 MOE、24h TS 影响不显著，对 IB 影响显著，氧化时间对 24h TS 影响显著外，各工艺因素对纤维板的物理力学性能影响均高度显著。

表 4-9　HMIL/WF 材料的正交试验物理力学性能结果

试验号	密度 /(g/cm³)	静曲强度/MPa		弹性模量/MPa		内结合强度/MPa		24h 吸水厚度 膨胀率/%	
		y_{a1}	y_{a2}	y_{b1}	y_{b2}	y_{c1}	y_{c2}	y_{d1}	y_{d2}
1	0.78	13.8	14.3	2700	2930	0.61	0.55	28.6	267
2	0.80	28.0	26.0	3900	3865	0.27	0.20	29.4	34.6
3	0.82	39.0	41.0	4905	4618	1.04	0.89	23.5	24.6
4	0.79	25.6	24.7	5120	5018	1.23	1.16	26.5	27.8
5	0.78	30.4	29.0	4210	4100	1.25	1.34	22.4	23.7
6	0.81	32.2	35.0	3424	3300	0.87	0.79	28.9	29.4
7	0.77	25.0	26.9	3979	3500	0.77	0.65	22.4	21.7
8	0.84	29.3	28.5	3564	3640	1.30	1.24	28.4	27.6
9	0.81	31.4	32.0	4200	4102	0.67	0.70	22.3	25.4

表 4-10　HMIL/WF 材料的方差分析及显著性

因素	MOR/MPa	MOE/MPa	IB/MPa	24h TS/%
H_2O_2 用量(a)/%	6.97*	11.68**	101.84**	6.26*
OMIL 与 PEI 质量比(b)	200.03**	3.72	5.78*	3.22
pH 值(c)	45.46**	91.05**	31.92**	19.03**
氧化时间(d)/h	46.94**	52.63**	117.57**	4.87*

* $F > F_{0.05}$ (2，9)=4.26 为显著；** $F > F_{0.01}$ (2，9)=8.02 为高度显著。

在方差分析基础上，以材料的 IB 和 24h TS 为选择最优工艺参数的重点，兼顾其他性能指标以及原料成本，结合极差分析得出各因素对材料性能指标的主次顺序和优选水平，最终确定最优工艺条件即 $a_2b_2c_3d_3$，H_2O_2 用量 20%，OMIL 与 PEI 质量比 7:1，pH 值 10，氧化时间 2.0h，见表 4-11。在该条件下进行 3 组验证试验，试验测试结果见表 4-12。从验证试验结果可知，四项指标的变异系数均小于 10%，说明在最优复配改性工艺条件下制备的纤维板性能比较稳定，试验重复性良好。

表 4-11　HMIL/WF 材料的极差分析

试验因素	MOR/MPa	MOE/MPa	IB/MPa	24h TS/%
主次顺序	$b>d>c>a$	$c>d>a>b$	$d>a>c>b$	$c>a>d>b$
最优条件	$a_2b_3c_3d_3$	$a_2b_3c_2d_3$	$a_2b_2c_3d_3$	$a_3b_1c_3d_1$
优化工艺条件	$a_2b_2c_3d_3$			

表 4-12　优化工艺条件下 HMIL/WF 材料的验证试验结果

项目	MOR/MPa	MOE/MPa	IB/MPa	24h TS/%
1	34.2	4090	0.86	25.6
2	33.6	4206	0.79	24.2
3	32.2	4008	0.92	23.5
平均值	33.3	4101	0.85	24.4
变异系数/%	3.1	2.4	7.6	4.4

在本节研究中，利用复配改性方法，对木质素磺酸铵进行活化改性，应用 FTIR 分析改性前后木质素磺酸铵的化学结构变化，利用单因素试验探索主要改性因素对基于改性木质素磺酸铵制备的纤维板理化性能的影响趋势，通过正交试验设计、直观分析以及方差分析，探索不同改性方法的最优工艺条件，得出以下结论：

① 在碱性 H_2O_2 氧化条件下，木质素磺酸铵中的羟基和甲氧基吸收峰强度明显减弱，羰基和酚羟基的吸收峰强度有所增强，主要以氧化降解为主。

② 各影响因素对纤维板理化性能存在明显的影响规律，在复配改性条件下，H_2O_2 用量的适宜范围在 10%～30%，OMIL 与 PEI 质量比为（5:1）～（9:1），pH 值为 8～10，氧化时间为 1.0～2.0h。

③ 从不同氧化改性木质素磺酸铵的化学官能团变化和材料的理化性能的角度综合分析考虑，优选改性工艺条件为：在复配改性条件下，H_2O_2 用 20%，

OMIL 与 PEI 质量比为 7∶1，pH 值为 10，氧化时间为 2.0h。在两种最优改性工艺条件下，通过验证试验表明试验重复性较好。

参考文献

［1］ 陶用珍，管映亭．木质素的化学结构及其应用．纤维素科学与技术，2003（01）：42-55.

［2］ GosselinkR J A, Abacherli A, Semke H, et al. Analytical protocols for characterization of sulphur-free lignin. Industrial Crops and Products, 2004, 3（19）：271-281.

［3］ 谢宝东，邱学青，王卫星．木质素改性与木质素水煤浆添加剂．造纸科学与技术，2003，22（6）：120-124.

［4］ 余慧群，周海，廖艳芳，等．工业木质素的来源及其改性应用进展．企业科技与发展，2010（18）：19-23.

［5］ Vishtal A, Kraslawski A. Challenges in industrial applications of technical lignins. Bioresources, 2011, 6（3）：3547-3569.

［6］ Chen F, Dai H, Dong X, et al. Physical properties of lignin-based polypropylene blends. Polymer Composites, 2011, 32（7）：1019-1025.

［7］ 苟俊．超声波在化学化工中的应用研究．重庆工学院学报，2002（6）：76.

［8］ 任世学，方桂珍．超声波处理对碱木素官能团含量的影响．中国造纸，2005（4）：20-22.

［9］ 任世学，方桂珍．超声波处理对麦草碱木质素结构特性的影响．林产化学与工业，2005，25（增）：82-86.

［10］ Okamoto T, Takeda H, Funabiki T, et al. Fundamental studies on the development of lignin-based adhensives. I. Catalytic demethylation of anisole with molecular oxygen. Reaction Kinetics and Catalysis Letters, 1996, 58（2）：237-242.

［11］ Wu S B, Zhan H Y. Characteristics of demethylated wheat straw soda lignin and its utilization in lignin-based phenolic formaldehyde resins. Cellulose Chemistry and Technology, 2001, 35：253-262.

［12］ An X N, Schroeder H A, Thompson G E. Demethylated kraft lignin as a substitute for phenol in wood adhesive. Chemistry and Industry of Forest Products, 1995, 15（3）：36-42.

［13］ 周益同，张小丽，张力平．木质素的结构及其改性现状．现代化工，2010，30（S2）：63-66，68.

［14］ Zhao L W, Griggs B F, Chen C L, et al. Utilization of softwood kraft lignin as adhensive for the manufacture of reconstituted wood. Journal of Wood Chemistry and Technology, 1994, 14（1）：127-145.

［15］ Alonso M V, Oliet M, Rodríguez F, et al. Use of a methylolated softwood ammonium lignosulfonate as partial substitute of phenol in resol resins manufacture. Journal of Applied Polymer Science, 2004, 94：643-650.

［16］ 袁媛，王军各，倪晓慧，等．漆酶活化工业木质素制备环保型纤维板的工艺参数及产品性能．东北林业大学学报，2011，39：81-83.

［17］ 刘德启．草浆造纸黑液改性制备木质素酚醛树脂结合剂．耐火材料，2000，34（6）：337-339.

［18］ 林再雄，欧阳新平，杨东杰，等．羟甲基化对合成木质素改性酚醛胶粘剂性能的影响．世界科技

研究与发展，2010，32（3）：348-351.

[19] Cetin N S, Özmen N. Use of organosolv lignin in phenol-formaldehyde resins for particalboard production-I. Organosolv lignin modified resins. International Journal of Adhension and Adhensives, 2002, 22: 477-480.

[20] Khan M A, Ashraf S M. Studies on thermal characterization of lignin substituted phenol formaldehyde resin as wood adhesives. International Journal of Adhesion and Adhesives, 2007, 89（3）：993-1000.

[21] 刘纲勇，邱学青，邢德松. 麦草碱木素酚化改性及其制备 LPF 胶粘剂工艺研究. 高校化学工程学报，2007，21（4）：678-684.

[22] 赵斌元，胡克鏊. 木质素磺酸钠的酚化改性初步研究. 高分子材料科学与工程，2000，16（1）：158-161.

[23] Li K, Geng X. Formaldehyde-free wood adhesives from decayed wood. Macromolecular Rapid Communications, 2005, 26（7）：529-532.

[24] 方桂珍，李丽英，任世学. 钯/炭催化剂对碱木质素还原反应的催化作用. 中国造纸学报，2004，19（2）：129-133.

[25] 方桂珍，李丽英，叶结旺. Pd/C 催化下碱木质素与环己烯的还原反应. 中国造纸学报，2005（2）：71-74.

[26] 方桂珍，徐凤英，任世学，等. CuO/C 催化还原碱木质素的化学结构特征. 中国造纸学报，2007，22（1）：42-44.

[27] 孙其宁. 利用褐腐木材制备无醛胶黏剂的研究. 北京：中国林业科学研究院，2009.

[28] Hatakeyama H, Iwashita K, Meshitsuka G, et al. Effect of molecular weight on glass transition temperature of lignin. Mokuzai Gakkaishi, 1975, 21（11）：618-623.

[29] Bernini R, Barontini M, Mosesso P, et al. A selective de-O-methylation of guaiacyl lignans to corresponding catechol derivatives by 2-iodoxybenzoic acid（IBX）. The role of the catechol moiety on the toxicity of lignans. Organic and Biomolecular Chemistry, 2009, 7: 2367-2377.

[30] Villar J C, Caperos A, García-Ochoa F. Oxidation of hardwood kraft lignin to phenolic derivatives nitrobenzene and copper oxide as oxidant. Journal of Wood Chemistry and Technology, 1997, 17（3）：259-285.

[31] Xiang Q, Lee Y Y. Oxidative cracking of precipitated hardwood lignin by hydrogen peroxide. Applied Biochemistry and Biotechnology, 2000, 84-86（1-9）：153-162.

[32] Maldhure A V, Ekhe J D, Deenadayalan E. Mechanical properties of polypropylene blended with esterified and alkylated lignin. Journal of Applied Polymer Science, 2012, 125（3）：1701-1712.

[33] BrownD G, Abbot J. Effects of metal ions and stabilisers on peroxide decomposition during bleaching. Journal of Wood Chemistry and Technology, 1995, 15（1）：85-111.

[34] Gierer J, Imsgard F, Noren I. Studies on the degradation of phenolic lignin units of the β-aryl ether type with oxygen in alkaline media. Acta Chemica Scandinavica B, 1977, 31: 561-572.

[35] 蒋挺大. 木质素. 北京：化学工业出版社，2001.

[36] Jin L, Nicholas D D, Schultz T P. Wood laminates glued by enzymatic oxidation of brown-rotted lignin. Holzforschung, 1991, 45（6）：467-468.

[37] Yaropolov A I, Skorobogatko O V, Vartanov S S, et al. Laccase: Properties, catalytic mechanism, and applicability. Applied Biotechnology, 1994, 49: 257-280.

[38] Felby C, Nielsen B R, Olesen P O, et al. Identification and quantification of radical reaction intermediates by electron spin resonance spectrometry of laccase-catalysed oxidation of wood fibers from beech（Fagus Sylvatica）. Applied Microbiology and Biotechnology, 1997, 48: 459.

[39] 袁媛. 基于改性木质素的环保型木质材料研制及其生命周期评价. 哈尔滨: 东北林业大学, 2014.

[40] Sailaja R. Low density polyethylene and grafted lignin polyblends using epoxy-functionalized compatibilizer: mechanical and thermal properties. Polymer International, 2010, 54（12）: 1589-1598.

[41] 李振坤, 郭康权, 李家宁, 等. 漆酶活化木素制备胶粘剂的工艺研究. 西北林学院学报, 2008（03）: 182-184.

[42] Zakzeski J, Bruijnincx P C A, Jongerius A L, et al. The catalytic valorization of lignin for the production of renewable chemicals. Chemical Reviews, 2010, 110: 3552-3599.

[43] 李忠止. 木素化学研究与制浆技术的进展. 纤维素科学与技术, 1994, 2（3）: 1-23.

[44] Alonso M V, Oliet M, Rodrɪguez F, et al. Modification of ammonium lignosulfonate by phenolation foruse in phenolic resins. Bioresource Technology, 2005（96）: 1013-1018.

[45] 胡建鹏, 郭文君, 孙晓婷, 等. 氧化条件对改性木质素制备环保型纤维板性能的影响. 东北林业大学学报, 2012, 40: 55-58.

[46] 胡建鹏, 郭明辉. 改性工业木质素-木纤维复合材料制备工艺及结合性能表征. 林业科学, 2013, 49: 103-111.

[47] H ü ttermann A, Mai C, Kharazipour A. Modification of lignin for the production of new compounded materials. Applied Microbiology Biotechnology, 2001, 55（4）: 387-394.

[48] 曹永建, 段新芳, 曹远林, 等. 漆酶活化木素磺酸盐条件对胶合板强度的影响. 林产工业, 2007, 34（2）: 13-17, 60.

[49] 袁媛, 郭明辉. 基于响应面法的酶活化玉米秸秆碎料板工艺. 北京林业大学学报, 2013, 35: 122-128.

[50] Yuan Y, Guo M H, Liu F Y. Preparation and evaluation of green composites using modified ammonium lignosulfonate and polyethylenimine as binder. BioResources, 2014, 9（1）: 836-848.

[51] Pizzi A, Marcel D. Wood adhesive, chemistry and technology. New York, 1983, 252: 262-270.

[52] 国婷, 陈克利, 杨淑蕙, 等. 从制浆黑液中分离木素及木素-苯酚-甲醛（LPF）树脂制备的研究. 林产工业, 1999（01）: 25-28.

[53] 袁媛, 郭明辉. 复配改性工业木质素/木纤维复合材料的制备与表征. 复合材料学报, 2014, 31（4）: 1098-1105.

[54] 邱卫华, 陈洪章. 红外光谱分析木质素在漆酶酶法改性中的反应性. 光谱学与光谱分析, 2008, 28（7）: 1501-1505.

[55] Camarero S, Ibarra D, Martinez Á T, et al. Paper pulp delignification using laccase and natural mediators. Enzyme and Microbial Technology, 2007, 40（5）: 1264-1271.

[56] Jamshidi K, Hyon S H, Ikada. Y. Thermal characterization of polylactides. Polymer, 1988, 29（12）: 2229-2234.

[57] Yue X, Chen F, Mail X Z. Improved interfacial bonding of PVC/wood-flour composites by lignin amine modification. Bioresources, 2011, 6（2）: 2022-2034.

[58] Hilburg S L, Elder A N, Chung H, et al. A universal route towards thermoplastic lignin com-

posites with improved mechanical propertie. Polymer, 2014, 55（4）: 995-1003.

[59] Azadfar M, Gao A H, Bule M V, et al. Structural characterization of lignin: A potential source of antioxidants guaiacol, and 4-vinylguaiacol. International Journal of Biological Macromolecules, 2015, 75: 58-66.

[60] Dizhbite T, Telysheva G, Jurkjane V, et al. Characterization of the radical scavenging activity of lignins-natural antioxidants. Bioresource Technology, 2004, 95（3）: 309-17.

[61] Ponomarenko J, Dizhbite T, Lauberts M, et al. Analytical pyrolysis-A tool for revealing of lignin structure-antioxidant activity relationship. Journal of Analytical & Applied Pyrolysis, 2015, 113: 360-369.

[62] Ugartondo V, Mitjans M, Vinardell M P. Comparative antioxidant and cytotoxic effects of lignins from different sources. Bioresource Technology, 2008, 99（14）: 6683-6687.

[63] Sanchessilva A, Costa D, Albuquerque T G, et al. Trends in the use of natural antioxidants in active food packaging: a review. Food Additives & Contaminants Part A Chemistry Analysis Control Exposure & Risk Assessment, 2014, 31（3）: 374-395.

[64] Pouteau C, Dole P, Cathala B, et al. Antioxidant properties of lignin in polypropylene. Polymer Degradation & Stability, 2003, 81（1）: 9-18.

[65] Morandim-Giannetti A A, Agnelli J A M, Lanças B Z, et al. Lignin as additive in polypropylene/coir composites: Thermal, mechanical and morphological properties. Carbohydrate Polymers, 2012, 87（4）: 2563-2568.

[66] Domenek S, Louaifi A, Guinault A, et al. Potential of lignins as antioxidant additive in active biodegradable packaging materials. Journal of Polymers & the Environment, 2013, 21（3）: 692-701.

[67] Espinoza Acosta J L, Torres Chávez P I, Ramírez-Wong B, et al. Mechanical, thermal, and antioxidant properties of composite films prepared from durum wheat starch and lignin. Starch-Stärke, 2015, 67（5-6）: 502-511.

[68] Chaochanchaikul K, Jayaraman K, Rosarpitak V, et al. Influence of lignin content on photodegradation in wood/HDPE composites under UV weathering. Bioresources, 2012, 7（1）: 38-55.

[69] Pucciariello R, Bonini C, D' Auria M, et al. Polymer blends of steam-explosion lignin and poly（ε-caprolactone）by high-energy ball milling. Journal of Applied Polymer Science, 2008, 109（1）: 309-313.

[70] Hambardzumyan A, Foulon L, Chabbert B, et al. Natural organic UV-absorbent coatings based on cellulose and lignin: designed effects on spectroscopic properties. Biomacromolecules, 2012, 13（12）: 4081-4088.

[71] Qian Y, Qiu X, Zhu S. Lignin: A nature-inspired sun blocker for broad-spectrum sunscreens. Green Chemistry, 2014, 17（1）: 320-324.

[72] Chung Y L, Olsson J V, Li R J, et al. A renewable lignin-lactide copolymer and application in biobased composites. Acs Sustainable Chemistry & Engineering, 2013, 1（10）: 1231-1238.

[73] Yu J, Wang J, Wang C, et al. UV-absorbent lignin-based multi-arm star thermoplastic elastomers. Macromolecular Rapid Communications, 2015, 36（4）: 398-404.

[74] Dumitriu S, Popa V. Polymeric Biomaterials: Structure and Function. Florida: CRC Press, 2013.

[75]　Visakh P M, Thomas S, Mathew A P. Advances in natural polymers: composites and nano-composites. Berlin Heidelberg: Springer, 2013.

[76]　Dong X, Dong M D, Lu Y J, et al. Antimicrobial and antioxidant activities of lignin from residue of corn stover to ethanol production. Industrial Crops & Products, 2011, 34 (3): 1629-1634.

[77]　Nada A M A, El-Diwany A I, Elshafei A M. Infrared and antimicrobial studies on different lignins. Acta Biotechnologica, 2010, 9 (3): 295-298.

[78]　Gregorova A, Redik S, Sedlarik V, et al. Lignin-containing polyethylene films with antibacterial activity. Nanocon, 2011, 184-189.

[79]　Fernandes E M, Pires R A, Mano J F, et al. Bionanocomposites from lignocellulosic resources: Properties, applications and future trends for their use in the biomedical field. Progress in Polymer Science, 2013, 38 (10-11): 1415-1441.

[80]　Raschip I E, Vasile C, Ciolacu D, et al. Semi-interpenetrating polymer networks containing polysaccharides. I. Xanthan/lignin networks. High Performance Polymers, 2007, 19 (5-6): 603-620.

[81]　Răschip I E, Hitruc E G, Vasile C. Semi-interpenetrating polymer networks containing polysaccharides. II. Xanthan/lignin networks: a spectral and thermal characterization. High Performance Polymers, 2011, 23 (3): 219-229.

[82]　Park S, Kim S H, Won K, et al. Wood mimetic hydrogel beads for enzyme immobilization. Carbohydrate Polymers, 2015, 115: 223-229.

[83]　Diao B, Zhang Z, Zhu J, et al. Biomass-based thermogelling copolymers consisting of lignin and grafted poly (N-isopropylacrylamide), poly (ethylene glycol), and poly (propylene glycol). Rsc Advances, 2014, 4 (81): 42996-43003.

[84]　Kai D, Zhi W L, Liow S S, et al. Development of lignin supramolecular hydrogels with mechanically responsive and self-healing properties. ACS Sustainable Chemistry & Engineering, 2015, 3 (9): 2160-2169.

[85]　Feng Q, Chen F, Wu H. Preparation and characterization of a temperature-sensitive lignin-based hydrogel. Bioresources, 2011, 6 (4): 4942-4952.

[86]　Gao G, Dallmeyer J I, Kadla J F. Synthesis of lignin nanofibers with ionic-responsive shells: water-expandable lignin-based nanofibrous mats. Biomacromolecules, 2012, 13 (11): 3602-3610.

[87]　Gao G, Karaaslan M A, Kadla J F, et al. Enzymatic synthesis of ionic responsive lignin nanofibres through surface poly (N-isopropylacrylamide) immobilization. Green Chemistry, 2014, 16 (8): 3890-3898.

[88]　Qian Y, Zhang Q, Qiu X, et al. CO_2-responsive diethylaminoethyl-modified lignin nanoparticles and their application as surfactant for CO_2/N_2-switchable Pickering emulsions. Green Chemistry, 2014, 16 (12): 4963-4968.

[89]　Ju-Won J, Libing Z, Lutkenhaus J L, et al. Controlling porosity in lignin-derived nanoporous carbon for supercapacitor applications. Chemsuschem, 2015, 8 (3): 428-432.

[90]　Suhas, Carrott P J, Ribeiro Carrott M M. Lignin-from natural adsorbent to activated carbon: a review. Bioresource Technology, 2007, 98 (12): 2301.

[91]　Tejado A, Pena C, Labidi J, et al. Physico-chemical characterization of lignins from different

sources for use in phenol-formaldehyde resin synthesis. Bioresource Technology, 2007, 98
（8）: 1655-1663.

[92] Mansouri N E E, Pizzi A, Salvadó J. Lignin-based wood panel adhesives without formalde-
hyde. Holz als Roh-und Werkstoff, 2007, 65（1）: 65-70.

[93] Mansouri N E E, Pizzi A, Salvado J. Lignin-based polycondensation resins for wood adhesives.
Journal of Applied Polymer Science, 2007, 103（3）: 1690-1699.

[94] Navarrete P, Mansouri H R, Pizzi A, et al. Wood panel adhesives from low molecular mass
lignin and tannin without synthetic resins. Journal of Adhesion Science & Technology, 2010,
24（8-10）: 1597-1610.

5

木质素胶黏剂基无醛纤维板的成型技术

响应面优化分析法（response surface methodology，RSM）是在合理的试验设计下，通过建立和分析多元二次回归方程来拟合考察因子和响应值之间的关系，解决多变量问题、寻求最佳工艺参数的一种有效统计方法。它不仅适用于非线性数据的处理分析和实验参数优化，而且能够获得连续的多元预测模型。目前，RSM 设计常用的类型有中心复合设计（Central Composite Design，CCD）和框贝肯设计（Box-Behnken Design，BBD）。

由于木质素结构十分复杂，关于机理方面研究还不是很清楚，有些地方如自由基产生机理等方面存在矛盾。因此，对基于不同改性木质素磺酸铵制备的纤维板的机理研究显得尤其重要。

在本章研究中，分别以两种改性木质素磺酸铵为黏结相，以木纤维为基体制备两种环保型木质材料，采用 BBD 响应面优化法，探讨主要制备工艺因素（改性木质素磺酸铵用量、热压温度、热压时间）对响应值（纤维板的理化性能）的影响规律，并建立对应的多元二次响应面模型，优化两种纤维板制备工艺，并从理化性能、接触角、结晶度、官能团等方面对两种纤维板的机理进行分析研究，进而为环境友好型木质基纤维板的研制与开发提供一定的基础研究。

5.1 木质素胶黏剂基无醛纤维板的热压工艺

5.1.1 酶法改性木质素磺酸铵胶黏剂基无醛纤维板的热压工艺

5.1.1.1 试验材料与方法

（1）试验材料
同 4.2.1.1(1)。

（2）试验方法

以 LMIL/WF 材料为研究对象，采用 Design-Expert 8.0.6 软件中的 Box-Behnken Design 对试验方案进行设计和分析，进而优化环保型木质基纤维板的最佳制备工艺参数。在前期的试验基础上，以改性木质素磺酸铵用量、热压温度、热压时间为试验因素。其中，试验因素与水平设计见表 5-1，响应曲面法的试验方案设计见表 5-2。

表 5-1　响应面试验设计的因素与水平表

符号	因素	单位	水平		
			低(−1)	中(0)	高(+1)
A	LMIL 用量	%	20	30	40
B	热压温度	℃	170	180	190
C	热压时间	min	3	5	7

表 5-2　响应面试验设计方案

运行次数	LMIL 用量(A)/%	热压温度(B)/℃	热压时间(C)/min
1	30(0)	160(−1)	7(+1)
2	20(−1)	170(0)	7(+1)
3	20(−1)	170(0)	3(−1)
4	30(0)	160(−1)	3(−1)
5	20(−1)	180(+1)	5(0)
6	40(+1)	180(+1)	5(0)
7	30(0)	180(+1)	3(−1)
8	40(+1)	160(−1)	5(0)
9	30(0)	170(0)	5(0)
10	30(0)	180(+1)	7(+1)
11	30(0)	170(0)	5(0)
12	30(0)	170(0)	5(0)
13	40(+1)	170(0)	7(+1)
14	30(0)	170(0)	5(0)
15	40(+1)	170(0)	3(−1)
16	30(0)	170(0)	5(0)
17	20(−1)	160(−1)	5(0)

（3）纤维板的制备及理化性能测试

同 4.2.1.1(4)。

5.1.1.2 结果与分析

根据响应面法试验设计方案制备各组 LMIL/WF 材料，其理化性能指标测试结果如表 5-3 所示。

表 5-3　LMIL/WF 材料的响应面法试验结果

运行	LMIL 用量 (A_1)/%	热压温度 (B_1)/℃	热压时间 (C_1)/min	MOR_1/MPa	MOE_1 /MPa	IB_1/MPa	24h TS_1 /%
1	30	160	7	28.4	2317	0.55	28.2
2	20	170	7	18.3	1980	0.50	35.4
3	20	170	3	21.9	2487	0.45	32.6
4	30	160	3	13.2	1280	0.48	30.5
5	20	180	5	16.2	1880	0.65	37.4
6	40	180	5	20.0	2300	0.51	28.6
7	30	180	3	19.2	2257	0.40	33.4
8	40	160	5	20.4	2268	0.65	30.6
9	30	170	5	34.5	3221	0.72	15.9
10	30	180	7	16.7	1892	0.67	27.4
11	30	170	5	38.2	3320	0.68	15.3
12	30	170	5	34.8	3121	0.60	18.4
13	40	170	7	30.0	2838	0.65	30.0
14	30	170	5	35.4	3252	0.66	17.8
15	40	170	3	24.3	2153	0.40	33.2
16	30	170	5	35.7	3145	0.74	15.9
17	20	160	5	19.4	2226	0.48	37.4

（1）工艺因子对 LMIL/WF 材料 MOR_1 的影响

通过软件对 MOR_1 的测试结果进行二次多项式回归拟合，经二次优化，剔除对模型影响不显著的因素，得到以 MOR_1 为目标函数的二次多元回归方程：

$$MOR_1 = 35.72 + 2.44A + 1.93C - 4.42BC - 6.16A_1^2 - 10.56B_1^2 - 5.78C_1^2$$

(5-1)

同时，为检验该模型的有效性，对 MOR_1 的二次回归模型进行方差分析，分析结果见表 5-4。

表 5-4　MOR_1 的响应面二次回归模型方差分析结果

方差来源	平方和	自由度	均方	F 值	P 值	显著性
模型	1043.64	9	115.96	23.95	0.0002	＊＊
A_1	47.53	1	47.53	9.82	0.0165	＊＊
B_1	10.81	1	10.81	2.23	0.1787	—
C_1	29.65	1	29.65	6.12	0.0426	＊
A_1B_1	1.96	1	1.96	0.40	0.5448	—
A_1C_1	24.50	1	24.50	5.06	0.0592	—
B_1C_1	78.32	1	78.32	16.18	0.0050	＊＊
A_1^2	159.77	1	159.77	33.00	0.0007	＊＊
B_1^2	469.53	1	469.53	96.98	＜0.0001	＊＊
C_1^2	140.91	1	140.91	29.10	0.0010	＊＊
残差	22.89	7	4.84			
失拟	25.30	3	8.43	3.93	0.1097	—
纯误差	8.59	4	2.15			
总离差	1077.54	16				

主要系数				
标准偏差	2.20	决定系数	0.9685	
平均值	25.13	校正拟合度	0.9281	
变异系数/%	8.76	信噪比	12.759	

注：＊＊表示在 $P<0.01$ 水平下高度显著；＊表示在 $P<0.05$ 水平下显著；—表示在 $P>0.05$ 水平下不显著。

　　MOR_1 模型的 P 值为 0.0002，说明 MOR_1 与建立的二次回归方程（5-1）的关系高度显著；失拟 P 值为 0.1097，大于 0.05，表现为不显著，说明未知因素对试验结果干扰很小；决定系数为 0.9685，大于 0.8，与校正拟合度比较接近，表明该回归模型的拟合程度较高，实测值与预测值十分接近，可用于响应值的分析和预测；变异系数为 8.76%，小于 10%，用于评价每个平均偏离情况，说明模型的重复性较好；信噪比用来表现回归模型的预测程度，信噪比越高，说明回归模型可用于预测的程度越高，该模型的信噪比较高（12.759＞4），说明该模型可用于预测。

　　从表中显著性检验可知：A_1、B_1C_1、A_1^2、B_1^2、C_1^2 为高度显著因素，C_1 为显著因素，而 B_1、A_1B_1、A_1C_1 为不显著因素。试验因素对模型的影响顺序为：$A_1>C_1>B_1$。其中，因素 B_1 和 C_1 的交互作用对响应值 MOR_1 影响很大。当设定因素 A_1 为 0 水平时，因素 B_1 和 C_1 的响应面和等高线如图 5-1 所示。在试验范围内，随着热压温度的升高和热压时间的延长，MOR_1 呈先增大后减小的趋势。其原因在于,过高热压温度和过长热压时间促使木材细胞腔内的水分迅速流失,木材中的羟基变成不稳定的醚键结合,同时木材表面自由能降低,导致木纤维自身强度明显降低,对纤维板的 MOR_1 产生不利影响。

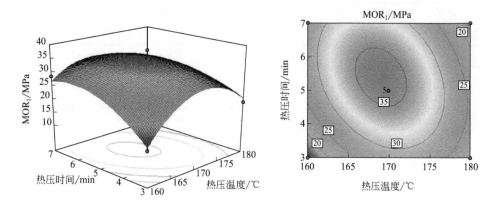

图 5-1   因素 B_1 热压温度和 C_1 热压时间对 MOR_1 影响的
响应面与等高线

根据二次回归模型,在各因素的取值范围内得出最优工艺方案为:LMIL 用量为 32.44%,热压温度为 168.99℃,热压时间为 5.52min,LMIL/WF 材料的 MOR_1 可达到最大值 36.32MPa。

(2)工艺因子对 LMIL/WF 材料 MOE_1 的影响

通过软件对 MOE_1 的测试结果进行二次多项式回归拟合,经二次优化,剔除对模型影响不显著的因素,得到以 MOE_1 为目标函数的二次多元回归方程:

$$MOE_1 = 3211.80 + 123.25A_1 + 298.00A_1C_1 - 366.25B_1C_1 -$$
$$299.78A_1^2 - 743.53B_1^2 - 547.52C_1^2 \tag{5-2}$$

同时,为检验该模型的有效性,对 MOE_1 的二次回归模型进行方差分析,分析结果见表 5-5。

表 5-5 MOE_1 的响应面二次回归模型方差分析结果

方差来源	平方和	自由度	均方	F 值	P 值	显著性
模型	5.49×10^6	9	6.11×10^5	32.77	<0.0001	* *
A_1	1.22×10^5	1	1.22×10^5	6.52	0.0379	*
B_1	3.83×10^3	1	3.83×10^3	0.21	0.6641	—
C_1	7.74×10^4	1	7.74×10^4	4.16	0.0809	—
A_1B_1	3.57×10^4	1	3.57×10^4	1.92	0.2087	—
A_1C_1	3.55×10^5	1	3.55×10^5	19.07	0.0033	* *

方差来源	平方和	自由度	均方	F 值	P 值	显著性
B_1C_1	5.37×10^5	1	5.37×10^5	28.80	0.0010	＊＊
A_1^2	3.78×10^5	1	3.78×10^5	20.31	0.0028	＊＊
B_1^2	2.33×10^6	1	2.33×10^6	124.94	＜0.0001	＊＊
C_1^2	1.26×10^6	1	1.26×10^6	67.75	＜0.0001	＊＊
残差	1.30×10^5	7	1.86×10^4			
失拟	1.04×10^5	3	3.48×10^4	5.33	0.0700	—
纯误差	2.61×10^4	4	6.53×10^3			
总离差	5.63×10^6	16				
主要系数						
标准偏差	136.50		决定系数		0.9768	
平均值	2463.18		校正拟合度		0.9470	
变异系数/%	5.54		信噪比		16.980	

注：＊＊表示在 $P<0.01$ 水平下高度显著；＊表示在 $P<0.05$ 水平下显著；—表示在 $P>0.05$ 水平下不显著。

MOE_1 模型的 P 值小于 0.0001，说明 MOE_1 与建立的二次回归方程（5-2）的关系高度显著；失拟 P 值为 0.0700，大于 0.05，表现为不显著，说明未知因素对试验结果干扰小；决定系数为 0.9768，大于 0.8，与校正拟合度比较接近，表明该回归模型的拟合程度较高，实测值与预测值十分接近，可用于响应值的分析和预测；变异系数为 5.54%，小于 10%，用于评价每个平均偏离情况，说明模型的重复性很好；信噪比用来表现回归模型的预测程度，信噪比越高，说明回归模型可用于预测的程度越高，该模型的信噪比较高（16.980＞4），说明该模型可用于预测。

从表中显著性检验可知：A_1C_1、B_1C_1、A_1^2、B_1^2、C_1^2 为高度显著因素，A_1 为显著因素，而 B_1、C_1、A_1B_1 为不显著因素。试验因素对模型的影响顺序为：$A_1>C_1>B_1$。其中，因素 A_1 与 C_1 的交互作用和因素 B_1 与 C_1 的交互作用对响应值 MOE_1 影响很大。

当设定因素 B_1 为 0 水平时，因素 A_1 和 C_1 的响应面和等高线如图 5-2 所示。在试验范围内，随着 LMIL 用量的增大和热压时间的延长，MOE_1 呈先增大后趋于平缓的趋势。

当设定因素 A_1 为 0 水平时，图 5-3 是因素 B_1 和 C_1 的响应面和等高线。在试验范围内，随着热压温度的升高和热压时间的延长，MOE_1 呈先增大后减小的趋势。根据二次回归模型，在各因素的取值范围内得出最优工艺方案为：LMIL 用量为 32.89%，热压温度为 169.91℃，热压时间为 5.34min，LMIL/

WF 材料的 MOE_1 可达到最大值 3237.98MPa。

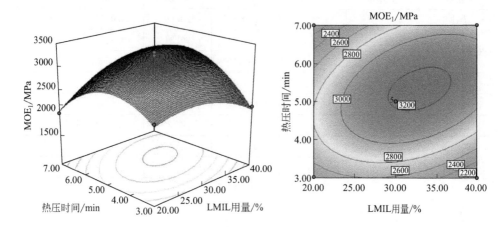

图 5-2　因素 A_1 LMIL 用量和 C_1 热压时间对 MOE_1 影响的
响应面与等高线

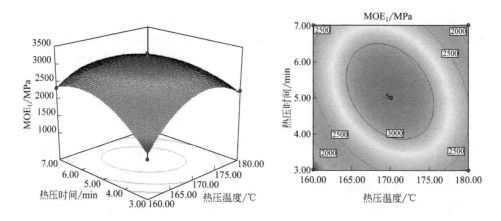

图 5-3　因素 B_1 热压温度和 C_1 热压时间对 MOE_1 影响的
响应面与等高线

（3）工艺因子对 LMIL/WF 材料 IB_1 的影响

通过软件对 IB_1 的测试结果进行二次多项式回归拟合，经二次优化，剔除对模型影响不显著的因素，得到以 IB_1 为目标函数的二次多元回归方程：

$$IB_1 = 0.68 + 0.080C_1 - 0.077A_1B_1 - 0.066A_1^2 - 0.11C_1^2 \qquad (5-3)$$

同时，为检验该模型的有效性，对 IB_1 的二次回归模型进行方差分析，分析结果见表 5-6。

表 5-6　IB_1 的响应面二次回归模型方差分析结果

方差来源	平方和	自由度	均方	F 值	P 值	显著性
模型	1.90×10^{-6}	9	2.10×10^{-2}	11.25	0.0021	＊＊
A_1	2.11×10^{-3}	1	2.11×10^{-3}	1.15	0.3195	—
B_1	6.13×10^{-4}	1	6.13×10^{-4}	0.33	0.5812	—
C_1	5.10×10^{-2}	1	5.10×10^{-2}	27.95	0.0011	＊＊
A_1B_1	2.40×10^{-2}	1	2.40×10^{-2}	13.11	0.0085	＊＊
A_1C_1	1.00×10^{-2}	1	1.00×10^{-2}	5.46	0.0521	—
B_1C_1	1.00×10^{-2}	1	1.00×10^{-2}	5.46	0.0521	—
A_1^2	1.80×10^{-2}	1	1.80×10^{-2}	10.09	0.0156	＊
B_1^2	7.16×10^{-3}	1	7.16×10^{-3}	3.91	0.0885	—
C_1^2	5.40×10^{-2}	1	5.40×10^{-2}	29.74	0.0010	＊＊
残差	1.30×10^{-2}	7	1.83×10^{-3}			
失拟	8.25×10^{-4}	3	2.75×10^{-4}	0.092	0.9608	—
纯误差	1.20×10^{-2}	4	3.00×10^{-3}			
总离差	2.00×10^{-1}	16				

主要系数

标准偏差	0.043	决定系数	0.9354
平均值	0.58	校正拟合度	0.8523
变异系数/%	7.43	信噪比	8.948

注：＊＊表示在 $P<0.01$ 水平下高度显著；＊表示在 $P<0.05$ 水平下显著；—表示在 $P>0.05$ 水平下不显著。

IB_1 模型的 P 值为 0.0021，说明 IB_1 与建立的二次回归方程（5-3）的关系高度显著；失拟 P 值为 0.9608，大于 0.05，表现为不显著，说明未知因素对试验结果干扰小；决定系数为 0.9354，大于 0.8，与校正拟合度较为接近，表明该回归模型的拟合程度较高，实测值与预测值十分接近，可用于响应值的分析和预测；变异系数为 7.43%，小于 10%，用于评价每个平均偏离情况，说明模型的重复性很好；信噪比用来表现回归模型的预测程度，信噪比越高，说明回归模型可用于预测的程度越高，该模型的信噪比较高（8.948＞4），说明该模型可用于预测。

从表中显著性检验可知：C_1、A_1B_1、C_1^2 为高度显著因素，A_1^2 为显著因素，而 A_1、B_1、A_1C_1、B_1C_1、B_1^2 为不显著因素。试验因素对模型的影响顺序为：$C_1>A_1>B_1$。其中，因素 A_1 与 B_1 的交互作用对响应值 IB_1 影响很大。当设定因素 C_1 为 0 水平时，因素 A_1 和 B_1 的响应面和等高线如图 5-4 所示。在试验范围内，随着 LMIL 用量的增大和热压温度的升高，IB_1 呈先增大后减小的趋势。

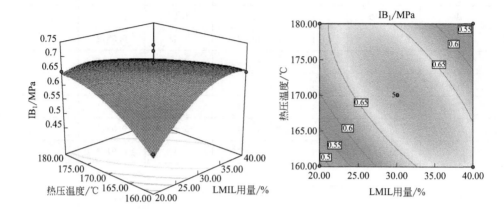

图 5-4　因素 A_1 LMIL 用量和 B_1 热压温度对 IB_1 影响的
响应面与等高线

根据二次回归模型，在各因素的取值范围内得出最优工艺方案为：LMIL 用量为 31.58%，热压温度为 172.21℃，热压时间为 5.87min，LMIL/WF 材料的 IB_1 可达到最大值 0.69MPa。

（4）工艺因子对 LMIL/WF 材料 24h TS_1 的影响

通过软件对 24h TS_1 的测试结果进行二次多项式回归拟合，经二次优化，剔除对模型影响不显著的因素，得到以 24h TS_1 为目标函数的二次多元回归方程：

$$24h\ TS_1 = 17.04 - 2.95A_1 - 2.45A_1C_1 + 9.04A_1^2 + 7.07B_1^2 + 5.77C_1^2 \tag{5-4}$$

同时，为检验该模型的有效性，对 24h TS_1 的二次回归模型进行方差分析，分析结果见表 5-7。

表 5-7　24h TS_1 的响应面二次回归模型方差分析结果

方差来源	平方和	自由度	均方	F 值	P 值	显著性
模型	883.74	9	98.19	26.02	0.0001	＊＊
A_1	69.62	1	69.62	18.45	0.0036	＊＊
B_1	0.28	1	0.28	0.075	0.7927	—
C_1	13.78	1	13.78	3.65	0.0976	—
A_1B_1	0.09	1	0.09	0.024	0.8816	—
A_1C_1	24.01	1	24.01	6.36	0.0397	＊
B_1C_1	3.42	1	3.42	0.91	0.3726	—

续表

方差来源	平方和	自由度	均方	F 值	P 值	显著性
A_1^2	344.28	1	344.28	91.24	<0.0001	＊＊
B_1^2	210.31	1	210.31	55.73	0.0001	＊＊
C_1^2	140.06	1	140.06	37.12	0.0005	＊＊
残差	26.41	7	3.77			
失拟	19.08	3	6.36	3.47	0.1303	—
纯误差	7.33	4	1.83			
总离差	910.16	16				
主要系数						
标准偏差	1.94		决定系数	0.9710		
平均值	27.34		校正拟合度	0.9337		
变异系数/%	7.11		信噪比	13.020		

注：＊＊表示在 $P<0.01$ 水平下高度显著；＊表示在 $P<0.05$ 水平下显著；—表示在 $P>0.05$ 水平下不显著。

24h TS_1 模型的 P 值为 0.0001，说明 24h TS_1 与建立的二次回归方程（5-4）的关系高度显著；失拟项 P 值为 0.1303，大于 0.05，表现为不显著，说明未知因素对试验结果干扰小；决定系数为 0.9710，大于 0.8，与校正拟合度比较接近，表明该回归模型的拟合程度较高，实测值与预测值十分接近，可用于响应值的分析和预测；变异系数为 7.11%，小于 10%，用于评价每个平均偏离情况，说明模型的重复性很好；信噪比用来表现回归模型的预测程度，信噪比越高，说明回归模型可用于预测的程度越高，该模型的信噪比较高（13.020>4），说明该模型可用于预测。

从表中显著性检验可知：A_1、A_1^2、B_1^2、C_1^2 为高度显著因素，A_1C_1 为显著因素，而 B_1、C_1、A_1B_1、B_1C_1 为不显著因素。试验因素对模型的影响顺序为：$A_1>C_1>B_1$。其中，因素 A_1 与 C_1 的交互作用对响应值 24h TS_1 影响很大。

当设定因素 B_1 为 0 水平时，因素 A_1 和 C_1 的响应面和等高线如图 5-5 所示。在试验范围内，随着 LMIL 用量的增大和热压时间的延长，24h TS_1 呈先降低后略升高的趋势。

当设定因素 A_1 为 0 水平时，因素 B_1 和 C_1 的响应面和等高线如图 5-6 所示。在试验范围内，随着热压温度的升高和热压时间的延长，24h TS_1 呈先减小后增大的趋势。

根据二次回归模型，在各因素的取值范围内得出最优工艺方案为：LMIL 用量为 31.83%，热压温度为 169.99℃，热压时间为 5.31min，LMIL/WF 材料的

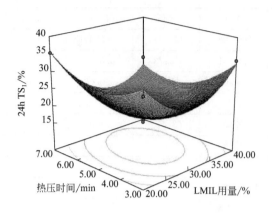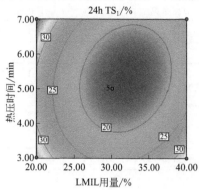

图 5-5　因素 A_1 LMIL 用量和 C_1 热压时间对 24h TS_1 影响的
响应面与等高线

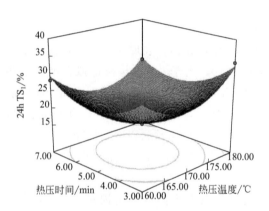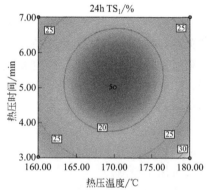

图 5-6　因素 B_1 热压温度和 C_1 热压时间对 24h TS_1 影响的
响应面与等高线

24h TS_1 可达到最大值 16.67%。

（5）LMIL/WF 材料工艺因子的综合优选

在各因子的试验范围内，设定 MOR_1、MOE_1 和 IB_1 处于最大值，24h TS_1 处于最小值，利用 Design-Expert 8.0.6 软件对 LMIL/WF 材料工艺因子进行响应面模型综合优化，所得优化结果为：LMIL 用量为 32.36%，热压温度为 169.61℃，热压时间为 5.5min。考虑到实际工艺过程中的可操作性，最终确定 LMIL/WF 材料的最优工艺参数为 LMIL 用量为 32%，热压温度为 170℃，热压时间为 5.5min。

在优化工艺条件下进行 3 组验证试验，试验测试结果见表 5-8。从验证试验结果可知，实测值与预测值比较相近，吻合性较好，且四项指标偏差率的绝对值均小于 10%，说明采用响应面法建立的模型所确定的优化工艺条件准确、有效、可行。

表 5-8 优化工艺条件下 LMIL/WF 材料的验证试验结果

项目	MOR_1/MPa	MOE_1/MPa	IB_1/MPa	24h $TS_1/\%$
1	32.2	3228	0.67	17.9
2	34.6	3146	0.60	16.8
3	33.8	3096	0.64	19.2
平均值	33.5	3157	0.64	18.0
变异系数/%	3.6	2.1	5.5	6.7
预测值	36.28	3232.68	0.6958	16.75
偏差率/%	8.2	2.4	9.3	−7.1

5.1.2 复配改性木质素磺酸铵胶黏剂基无醛纤维板的热压工艺

5.1.2.1 试验材料与方法

（1）试验材料

同 4.3.1.1（1）。

（2）试验方法

以 HMIL/WF 材料为研究对象，采用 Design-Expert 8.0.6 软件中的 Box-Behnken Design 对试验方案进行设计和分析，进而优化两种环保型木质基纤维板的最佳制备工艺参数。在前期的试验基础上，以改性木质素磺酸铵用量、热压温度、热压时间为试验因素。其中，响应面试验设计的因素与水平见表 5-1，响应曲面法的试验方案设计见表 5-2。

（3）纤维板的制备及理化性能测试

同 4.3.1.1（4）。

5.1.2.2 结果与分析

根据响应面法试验设计方案制备各组 HMIL/WF 材料，其理化性能指标测试结果如表 5-9 所示。

表 5-9　HMIL/WF 纤维板的响应面法试验结果

运行次数	A_2 HMIL 用量/%	B_2 热压温度/℃	C_2 热压时间/min	MOR_2 /MPa	MOE_2 /MPa	IB_2 /MPa	24h TS_2 /%
1	30	160	7	34.2	4390	0.78	32.8
2	20	170	7	31.9	4240	1.10	24.5
3	20	170	3	23.7	2860	0.99	35.4
4	30	160	3	26.9	3534	0.64	32.2
5	20	180	5	27.5	3629	0.86	31.5
6	40	180	5	32.3	3877	0.77	25.7
7	30	180	3	31.4	3870	0.74	26.4
8	40	160	5	28.9	3810	0.53	34.5
9	30	170	5	35.2	4510	1.04	23.5
10	30	180	7	29.2	4110	0.75	30.8
11	30	170	5	34.6	4698	1.08	19.8
12	30	170	5	35.7	4450	11.15	21.8
13	40	170	7	29.3	4210	0.78	32.2
14	30	170	5	35.2	4380	1.02	21.8
15	40	170	3	30.6	4540	0.75	24.4
16	30	170	5	34.4	4498	1.18	22.2
17	20	160	5	26.7	2860	0.92	35.6

（1）工艺因子对 HMIL/WF 材料 MOR_2 的影响

通过软件对 MOR_2 的测试结果进行二次多项式回归拟合，经二次优化，剔除对模型影响不显著的因素，得到以 MOR_2 为目标函数的二次多元回归方程：

$$MOR_2 = 35.02 + 1.41A_2 + 1.50C_2 - 2.38A_2C_2 - 2.38B_2C_2 -$$
$$3.86A_2^2 - 2.31B_2^2 - 2.29C_2^2 \tag{5-5}$$

同时，为检验该模型的有效性，对 MOR_2 的二次回归模型进行方差分析，分析结果见表 5-10。

表 5-10　MOR_2 的响应面二次回归模型方差分析结果

方差来源	平方和	自由度	均方	F 值	P 值	显著性
模型	201.14	9	22.35	30.29	<0.0001	＊＊
A_2	15.96	1	15.96	21.63	0.0023	＊＊
B_2	1.71	1	1.71	2.32	0.1716	—
C_2	18.00	1	18.00	24.39	0.0017	＊＊
A_2B_2	1.69	1	1.69	2.29	0.1740	

续表

方差来源	平方和	自由度	均方	F 值	P 值	显著性
A_2C_2	22.56	1	22.56	30.58	0.0009	＊＊
B_2C_2	22.56	1	22.56	30.58	0.0009	＊＊
A_2^2	62.74	1	62.74	85.02	＜0.0001	＊＊
B_2^2	22.47	1	22.47	30.45	0.0009	＊＊
C_2^2	21.98	1	21.98	29.79	0.0009	＊＊
残差	5.17	7	0.74			
失拟	4.08	3	1.36	5.00	0.0771	—
纯误差	1.09	4	0.27			
总离差	206.30	16				

主要系数			
标准偏差	0.86	决定系数	0.9750
平均值	31.04	校正拟合度	0.9428
变异系数/%	2.77	信噪比	17.352

注：＊＊表示在 P＜0.01 水平下高度显著；＊表示在 P＜0.05 水平下显著；—表示在 P＞0.05 水平下不显著。

　　MOR_2 模型的 P 值小于 0.0001，说明 MOR_2 与建立的二次回归方程（5-5）的关系高度显著；失拟项 P 值为 0.0771，大于 0.05，表现为不显著，说明未知因素对试验结果干扰很小；决定系数为 0.9750，大于 0.8，与校正拟合度十分接近，表明该回归模型的拟合程度较高，实测值与预测值十分接近，可用于响应值的分析和预测；变异系数为 2.77%，小于 10%，用于评价每个平均偏离情况，说明模型的重复性较好；信噪比用来表现回归模型的预测程度，信噪比越高，说明回归模型可用于预测的程度越高，该模型的信噪比较高（17.352＞4），说明该模型可用于预测。

　　从表中显著性检验可知：A_2、C_2、A_2C_2、B_2C_2、A_2^2、B_2^2、C_2^2 为高度显著因素，而 B_2 和 A_2B_2 为不显著因素。试验因素对模型的影响顺序为：C_2＞A_2＞B_2。其中，因素 A_2 和 C_2 的交互作用和因素 B_2 和 C_2 的交互作用对响应值 MOR_2 影响很大。当设定因素 B_2 为 0 水平时，因素 A_2 和 C_2 的响应面和等高线如图 5-7 所示。在试验范围内，随着 HMIL 用量不断增大和热压时间的延长，MOR_2 呈先增大后降低的趋势。

　　当设定因素 A_2 为 0 水平时，因素 B_2 和 C_2 的响应面和等高线如图 5-8 所示。在试验范围内，随着热压温度的升高和热压时间的延长，MOR_2 呈先增大后缓慢降低的趋势，这与 LMIL/WF 纤维板的 MOR_1 趋势一致。

　　根据二次回归模型，在各因素的取值范围内得出最优工艺方案为：HMIL

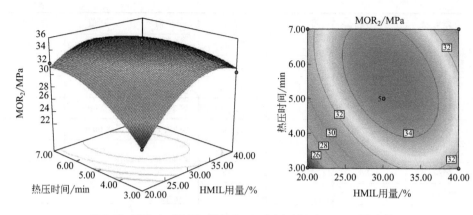

图 5-7 因素 A_2 HMIL 用量和 C_2 热压时间对 MOR$_2$ 影响的
响应面与等高线

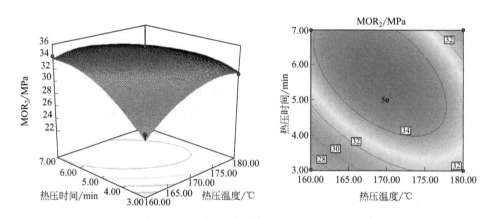

图 5-8 因素 B_2 热压温度和 C_2 热压时间对 MOR$_2$ 影响的
响应面与等高线

用量为 30.83%，热压温度为 169.52℃，热压时间为 5.62min，LMIL/WF 材料
的 MOR$_2$ 可达到最大值 35.30MPa。

（2）工艺因子对 HMIL/WF 材料 MOE$_2$ 的影响

通过软件对 MOE$_2$ 的测试结果进行二次多项式回归拟合，经二次优化，剔
除对模型影响不显著的因素，得到以 MOE$_2$ 为目标函数的二次多元回归方程：

$$MOE_2 = 3507.20 + 356.00A_2 + 268.25C_2 - 427.50A_2C_2 -$$
$$488.35A_2^2 - 474.85B_2^2 \tag{5-6}$$

同时，为检验该模型的有效性，对 MOE$_2$ 的二次回归模型进行方差分析，
分析结果见表 5-11。

表 5-11　MOE$_2$ 的响应面二次回归模型方差分析结果

方差来源	平方和	自由度	均方	F 值	P 值	显著性
模型	4.75×10^6	9	5.28×10^5	23/42	0.0002	＊＊
A_2	1.01×10^6	1	1.01×10^6	44.98	0.0003	＊＊
B_2	9.95×10^4	1	9.95×10^4	4.41	0.0738	—
C_2	5.76×10^5	1	5.76×10^5	25.54	0.0015	＊＊
A_2B_2	1.23×10^5	1	1.23×10^5	5.47	0.0520	—
A_2C_2	7.31×10^5	1	7.31×10^5	32.43	0.0007	＊＊
B_2C_2	9.49×10^4	1	9.49×10^4	4.21	0.794	—
A_2^2	1.00×10^6	1	1.00×10^6	44.54	0.0003	＊＊
B_2^2	9.49×10^5	1	9.49×10^5	42.11	0.0003	＊＊
C_2^2	1.34×10^4	1	1.34×10^4	0.59	0.4664	—
残差	1.58×10^5	7	2.25×10^4			
失拟	1.02×10^5	3	3.39×10^4	2.43	0.2057	—
纯误差	5.59×10^4	4	1.39×10^4			
总离差	4.91×10^6	16				

主要系数			
标准偏差	150.14	决定系数	0.9679
平均值	4027.41	校正拟合度	0.9265
变异系数/%	3.73	信噪比	13.948

注：＊＊表示在 $P<0.01$ 水平下高度显著；＊表示在 $P<0.05$ 水平下显著；—表示在 $P>0.05$ 水平下不显著。

MOE$_2$ 模型的 P 值为 0.0002，说明 MOE$_2$ 与建立的二次回归方程（5-6）的关系高度显著；失拟项 P 值为 0.2057，大于 0.05，表现为不显著，说明未知因素对试验结果干扰小；决定系数为 0.9679，大于 0.8，与校正拟合度比较接近，表明该回归模型的拟合程度较高，实测值与预测值十分接近，可用于响应值的分析和预测；变异系数为 3.73%，小于 10%，用于评价每个平均偏离情况，说明模型的重复性很好；信噪比用来表现回归模型的预测程度，信噪比越高，说明回归模型可用于预测的程度越高，该模型的信噪比较高（13.948＞4），说明该模型可用于预测。

从表中显著性检验可知：A_2、C_2、A_2C_2、A_2^2、B_2^2 为高度显著因素，而 B_2、B_2C_2、A_2B_2、C_2^2 为不显著因素。试验因素对模型的影响顺序为：$A_2>C_2>B_2$。其中，因素 A_2 与 C_2 的交互作用对响应值 MOE$_2$ 影响很大。当设定因素 B_2 为 0 水平时，因素 A_2 和 C_2 的响应面和等高线如图 5-9 所示。在试验范围内，随着 HMIL 用量的增加和热压时间不断延长，MOE_2 呈先增大后趋于平缓的趋势。

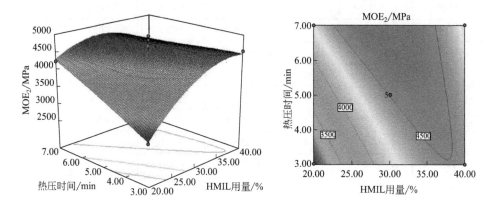

图 5-9　因素 A_2 HMIL 用量和 C_2 热压时间对 MOE_2 影响的
响应面与等高线

根据二次回归模型，在各因素的取值范围内得出最优工艺方案为：HMIL 用量为 29.33%，热压温度为 169.68℃，热压时间为 7min，HMIL/WF 材料的 MOE_2 可达到最大值 4722.2MPa。

（3）工艺因子对 HMIL/WF 材料 IB_2 的影响

通过软件对 IB_2 的测试结果进行二次多项式回归拟合，经二次优化，剔除对模型影响不显著的因素，得到以 IB_2 为目标函数的二次多元回归方程：

$$IB_2 = 1.09 - 0.13A_2 + 0.078A_2B_2 - 0.071A_2^2 0.25B_2^2 - 0.11C_2^2 \tag{5-7}$$

同时，为检验该模型的有效性，对 IB_2 的二次回归模型进行方差分析，分析结果见表 5-12。

表 5-12　IB_2 的响应面二次回归模型方差分析结果

方差来源	平方和	自由度	均方	F 值	P 值	显著性
模型	5.50×10^{-1}	9	6.10×10^{-2}	17.17	0.0006	＊＊
A_2	1.40×10^{-1}	1	1.40×10^{-1}	38.28	0.0005	＊＊
B_2	7.81×10^{-3}	1	7.81×10^{-3}	2.21	0.1806	—
C_2	1.10×10^{-2}	1	1.10×10^{-2}	2.98	0.1281	—
A_2B_2	2.30×10^{-2}	1	2.30×10^{-2}	6.37	0.0396	＊
A_2C_2	1.60×10^{-3}	1	1.60×10^{-3}	0.45	0.5225	—
B_2C_2	4.23×10^{-3}	1	4.23×10^{-3}	1.20	0.3103	—
A_2^2	2.10×10^{-2}	1	2.10×10^{-2}	6.05	0.0435	＊
B_2^2	2.60×10^{-1}	1	2.60×10^{-1}	73.76	＜0.0001	＊＊

续表

方差来源	平方和	自由度	均方	F 值	P 值	显著性
C_2^2	5.40×10^{-2}	1	5.40×10^{-2}	15.42	0.0057	＊＊
残差	2.50×10^{-2}	7	3.53×10^{-3}			
失拟	2.35×10^{-3}	3	7.75×10^{-4}	0.14	0.9320	—
纯误差	2.20×10^{-2}	4	5.60×10^{-3}			
总离差	5.70×10^{-1}	16				
主要系数						
标准偏差	0.059		决定系数		0.9567	
平均值	0.89		校正拟合度		0.9009	
变异系数/%	6.71		信噪比		12.231	

注：＊＊表示在 $P<0.01$ 水平下高度显著；＊表示在 $P<0.05$ 水平下显著；—表示在 $P>0.05$ 水平下不显著。

IB_2 模型的 P 值为 0.0006，说明 IB_2 与建立的二次回归方程（5-7）的关系高度显著；失拟项 P 值为 0.9320，大于 0.05，表现为不显著，说明未知因素对试验结果干扰小；决定系数为 0.9567，大于 0.8，与校正拟合度较为接近，表明该回归模型的拟合程度较高，实测值与预测值十分接近，可用于响应值的分析和预测；变异系数为 6.71%，小于 10%，用于评价每个平均偏离情况，说明模型的重复性很好；信噪比用来表现回归模型的预测程度，信噪比越高，说明回归模型可用于预测的程度越高，该模型的信噪比较高（12.231>4），说明该模型可用于预测。

从表中显著性检验可知：A_2、B_2^2、C_2^2 为高度显著因素，A_2B_2 和 A_2^2 为显著因素，而 B_2、C_2、A_2C_2、B_2C_2 为不显著因素。试验因素对模型的影响顺序为：$A_2>C_2>B_2$。其中，因素 A_2 与 B_2 的交互作用对响应值 IB_2 影响较大。当设定因素 C_2 为 0 水平时，因素 A_2 和 B_2 的响应面和等高线如图 5-10 所示。在试验范围内，随着 HMIL 用量不断增大和热压温度的升高，IB_2 呈先略增大后降低的趋势。

根据二次回归模型，在各因素的取值范围内得出最优工艺方案为：HMIL 用量为 20%，热压温度为 168.94℃，热压时间为 5.53min，HMIL/WF 材料的 IB_2 可达到最大值 1.16MPa。

（4）工艺因子对 HMIL/WF 材料 24h TS_2 的影响

通过软件对 24h TS_2 的测试结果进行二次多项式回归拟合，经二次优化，剔除对模型影响不显著的因素，得到以 24h TS_2 为目标函数的二次多元回归方程：

$$24h\ TS_2 = 21.82 - 2.59B_2 + 4.68A_2C_2 + 4.29A_2^2 + 5.71B_2^2 + 3.02C_2^2 \tag{5-8}$$

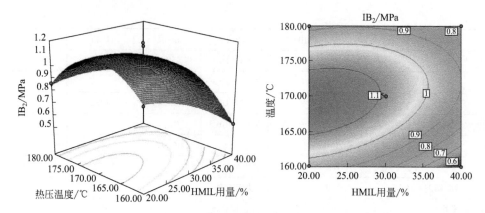

图 5-10　因素 A_2 HMIL 用量和 B_2 热压温度对 IB_2 影响的
响应面与等高线

同时，为检验该模型的有效性，对 24h TS_2 的二次回归模型进行方差分析，分析结果见表 5-13。

表 5-13　24h TS_2 的响应面二次回归模型方差分析结果

方差来源	平方和	自由度	均方	F 值	P 值	显著性
模型	444.08	9	49.34	17.17	0.0006	* *
A_2	13.00	1	13.00	4.52	0.0710	—
B_2	53.56	1	53.56	18.63	0.0035	* *
C_2	0.45	1	0.45	0.16	0.7037	—
$A_2 B_2$	5.52	1	5.52	1.92	0.2083	—
$A_2 C_2$	87.42	1	87.42	30.41	0.0009	* *
$B_2 C_2$	3.61	1	3.61	1.26	0.2994	—
A_2^2	77.49	1	77.49	26.96	0.0013	* *
B_2^2	137.52	1	137.52	47.84	0.0002	* *
C_2^2	38.27	1	38.27	13.32	0.0082	* *
残差	20.12	7	2.87			
失拟	13.07	3	4.36	2.47	0.2011	—
纯误差	7.05	4	1.76			
总离差	464.20	16				

主要系数			
标准偏差	1.94	决定系数	0.9710
平均值	27.34	校正拟合度	0.9337
变异系数/%	7.11	信噪比	13.020

注：* * 表示在 $P<0.01$ 水平下高度显著；* 表示在 $P<0.05$ 水平下显著；— 表示在 $P>0.05$ 水平下不显著。

24h TS_2 模型的 P 值为 0.0006，说明 24h TS_1 与建立的二次回归方程（5-8）的关系高度显著；失拟项 P 值为 0.2011，大于 0.05，表现为不显著，说明未知因素对试验结果干扰小；决定系数为 0.9710，大于 0.8，与校正拟合度比较接近，表明该回归模型的拟合程度较高，实测值与预测值十分接近，可用于响应值的分析和预测；变异系数为 7.11%，小于 10%，用于评价每个平均偏离情况，说明模型的重复性很好；信噪比用来表现回归模型的预测程度，信噪比越高，说明回归模型可用于预测的程度越高，该模型的信噪比较高（13.020＞4），说明该模型可用于预测。

从表中显著性检验可知：B_2、A_2C_2、A_2^2、B_2^2、C_2^2 为高度显著因素，而 A_2、C_2、A_2B_2、B_2C_2 为不显著因素。试验因素对模型的影响顺序为：B_2＞A_2＞C_2。其中，因素 A_2 与 C_2 的交互作用对响应值 24h TS_2 影响很大。

当设定因素 B_2 为 0 水平时，因素 A_2 和 C_2 的响应面和等高线如图 5-11 所示。在试验范围内，随着 HMIL 用量的增加和热压时间不断延长，24h TS_2 呈先减小后增大的趋势。

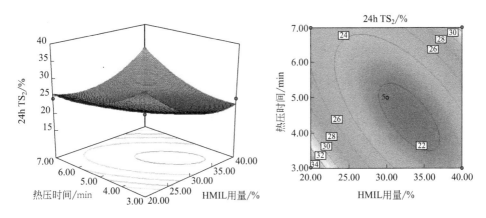

图 5-11　因素 A_2 HMIL 用量和 C_2 热压时间对 24h TS_2 影响的
响应面与等高线

根据二次回归模型，在各因素的取值范围内得出最优工艺方案为：HMIL 用量为 34.11%，热压温度为 173.03℃，热压时间为 4.19min，HMIL/WF 材料的 24h TS_2 可达到最小值 21.11%。

（5）HMIL/WF 材料工艺因子的综合优选

在各因子的试验范围内，设定 MOR_2、MOE_2 和 IB_2 处于最大值，24h TS_2 处于最小值，利用 Design-Expert 8.0.6 软件对 HMIL/WF 材料工艺因子进行响应面模型综合优化，所得优化结果为：HMIL 用量为 30.14%，热压温度为 170.98℃，热压时间为 5.43min。考虑到实际工艺过程中的可操作性，最终确定

HMIL/WF 材料的最优工艺参数为：HMIL 用量为 30%，热压温度为 170℃，热压时间为 5.5min。

在优化工艺条件下进行 3 组验证试验，试验测试结果见表 5-14。从验证试验结果可知，实测值与预测值比较相近，吻合性较好，且四项指标偏差率的绝对值均小于 10%，说明采用响应面法建立的模型所确定的优化工艺条件准确、有效、可行。

表 5-14 优化工艺条件下 HMIL/WF 材料的验证试验结果

项目	MOR_2/MPa	MOE_2/MPa	IB_2/MPa	24h TS_2/%
1	34.2	4183	0.98	22.6
2	35.1	4342	1.04	25.7
3	34.5	4217	0.97	23.2
平均值	34.6	4247	0.99	23.8
变异系数/%	1.3	2.0	3.8	6.9
预测值	35.22	4568.84	1.0908	21.83
偏差率/%	1.8	7.6	9.4	−8.4

5.1.3 纤维板的性能对比

对比不同改性方法的优化工艺条件下制得的纤维板理化性能结果见表 5-15，确定其适宜的应用范围。由表 5-15 可以看出：对比未改性木质素磺酸铵制备的 UMIL/WF 材料，无论是酶法改性还是复配改性制备的纤维板，其综合理化性能明显提高。除 24h TS 外，HMIL/WF 材料的理化性能均高于 LMIL/WF 材料。

表 5-15 不同改性方法工艺条件下纤维板的理化性能

类型		厚度 /mm	密度 /(g/cm³)	MOR /MPa	MOE /MPa	IB /MPa	24h TS /%
UMIL/WF 材料		5.2	0.85	10.4	1634	0.22	37.4
LMIL/WF 材料		5.2	0.79	33.5	3156	0.64	17.9
HMIL/WF 材料		5.2	0.83	34.6	4247	0.99	23.8
GB/T 11718—2009	家具型 MDF	≥3.5~6	0.65~0.88	28	2600	0.6	35
	承重型 MDF			34	3000	0.7	35

与 GB/T 11718—2009 进行比较，LMIL/WF 材料满足干燥条件下家具型 MDF 的要求，HMIL/WF 材料达到干燥条件下承重型 MDF 的要求。由于两种

纤维板的部分理化性能与国家标准要求较为接近，因此提高纤维板的整体理化性能还需要进一步深入的研究。

本小节分别以 LMIL/WF 材料和 HMIL/WF 材料为研究对象，通过响应面方法进行试验方案的设计和响应值回归模型建立，进而优化两种纤维板的工艺参数，得到以下结论：

① 通过软件对 LMIL/WF 材料和 HMIL/WF 材料的理化性能测试结果进行二次多项式回归拟合，经二次优化，剔除对模型影响不显著的因素，分别建立了以 MOR(MOR_1 和 MOR_2)、MOE(MOE_1 和 MOR_2)、IB(IB_1 和 IB_2)、24h TS（24h TS_1 和 24h TS_2）为响应值的回归模型，方差分析表明所建立的预测模型准确可靠，可用于预测响应值。

② 对于 LMIL/WF 材料，通过响应面法综合优化确定的最优工艺参数为：LMIL 用量为 32%，热压温度为 170℃，热压时间为 5.5min；对于 HMIL/WF 材料，通过响应面法综合优化确定的最优工艺参数为：HMIL 用量为 30%，热压温度为 170℃，热压时间为 5.5min。

5.2　木质素胶黏剂基无醛纤维板的成型机理

5.2.1　试验材料和方法

5.2.1.1　试验材料

以下列三种纤维板为研究对象，应用仪器分析技术开展纤维板的结合机理研究。

试样 1：未改性木质素磺酸铵-木纤维纤维板，简称 UMIL/WF 材料；

试样 2：酶法改性木质素磺酸铵，简称 LMIL/WF 材料；

试样 3：复配改性木质素磺酸铵，简称 HMIL/WF 材料。

5.2.1.2　接触角测定

采用德国 Dataphysics OCA20 视频光学接触角测量仪测量材料表面的初始接触角和接触角变化曲线，试样尺寸为 15mm×20mm×5.2mm，在制样过程中切记勿污染表面。测试液体为蒸馏水，采用一次性针头（针管外径 0.51mm，内径 0.25mm，长度 38mm）进行滴定，CCD 视频系统对初始接触角图像进行采集，计算机控制样品台定位，垂直位移精度 0.01mm，水平位移精度 0.005mm。

5.2.1.3 傅里叶红外光谱测定（FTIR）

利用 Magna-IR 560 E.S.P 型傅里叶变换红外光谱仪分析材料化学组分的变化，试样为纯纤维板及纤维板粉末，压片法制样，即与溴化钾混合研磨后压制成透明锭片。分辨率设置为 $4cm^{-1}$，扫描次数为 40 次。用 OMNIC E.S.P 软件进行基线校正，测定红外光谱谱带峰值。

5.2.1.4 结晶度测定（XRD）

利用 D/MAX 2200 型 X 射线衍射仪分析材料的晶型结构，依据 Segal 法计算材料的相对结晶度。试样尺寸为 $15mm \times 15mm \times 5.2mm$，测试采用铜靶，射线波长为 0.154nm，扫描角度范围为 $10° \sim 40°$，扫描速度为 4(°)/min，步距为 0.02°，管电压为 40kV，管电流为 30mA。测定过程中，当温度达到设定值时，保温 5min 后再测，确保晶区结晶度的稳定性。

5.2.1.5 动态热力学性能测定（DMA）

利用 DMA-242 型动态热机械分析仪分析材料的动态热力学性能，采用三点弯曲模式，试样尺寸为 $50mm \times 8mm \times 3.2mm$，升温速度 5℃/min，温度范围为 $20 \sim 250$℃，频率为 5Hz。

5.2.1.6 微观形貌特征分析（SEM）

利用 Quanta 200 型环境扫描电镜观察材料的微观形貌特征，测试采用高真空模式，工作电压为 12.5kV，束斑为 5.5。制样前，试件需烘干至绝干，先将导电胶带粘接在已标号样品台上，然后用小刀进行切割或剥离试验，并将适合大小样品黏到准备好的样品台，在真空喷镀仪中喷金，形成导电表面，取出后置于电镜样品室中进行不同放大倍数的形貌观察。

5.2.2 结果与分析

5.2.2.1 纤维板的理化性能分析

观察 UMIL/WF 材料、LMIL/WF 材料和 HMIL/WF 材料的外观质量可知，其均不存在鼓泡、分层、炭化和斑点等质量缺陷，但部分 UMIL/WF 材料的板边比较松软。总体来说，LMIL/WF 材料和 HMIL/WF 材料均符合优等品的外观质量标准，UMIL/WF 材料 35％符合优等品的外观质量标准，65％符合合格品的外观质量标准。

表 5-16 为 UMIL/WF 材料、LMIL/WF 材料和 HMIL/WF 材料的物理测试结果，各试样的长（宽）度均符合标准中限定的长（宽）度偏差范围，且 LMIL/WF 材料和 HMIL/WF 材料的长（宽）度相对于 UMIL/WF 材料的长（宽）度偏小，其可能的原因是 LMIL/WF 材料和 HMIL/WF 材料中化学键数量多于参照样；UMIL/WF 材料、LMIL/WF 材料和 HMIL/WF 材料的厚度均符合标准中限定的厚度偏差范围，且 LMIL/WF 材料和 HMIL/WF 材料相对于 UMIL/WF 材料的厚度偏小，其可能的原因是 24h 平衡处理过程中，内应力的释放破坏了 UMIL/WF 材料中部分氢键，同样预示 HMIL/WF 材料相对于 UMIL/WF 材料的化学键数量可能较多；试样和参照样的密度均符合标准中限定的密度偏差范围，且 LMIL/WF 材料试样的密度相对于参照样的密度偏小；UMIL/WF 材料、LMIL/WF 材料和 HMIL/WF 材料的含水率均符合标准中限定的含水率范围，且 LMIL/WF 材料和 HMIL/WF 材料的含水率相对于 UMIL/WF 材料偏小。

表 5-16　UMIL/WF 材料、LMIL/WF 材料和 HMIL/WF 材料的物理测试结果

类型	试样	平均值	方差	变异系数/%	最小值	最大值
长(宽)度	UMIL/WF	201.10mm	0.867	0.59	199.8mm	202.1mm
	LMIL/WF	200.57mm	0.844	0.57	199.3mm	201.5mm
	HMIL/WF	200.34mm	0.640	0.43	199.6mm	201.3mm
厚度	UMIL/WF	5.32mm	0.078	1.95	5.21mm	5.41mm
	LMIL/WF	5.07mm	0.028	1.27	5.00mm	5.12mm
	HMIL/WF	5.17mm	0.042	1.16	5.11mm	5.23mm
密度	UMIL/WF	0.820g/cm³	0.011	1.85	0.803g/cm³	0.832g/cm³
	LMIL/WF	0.802g/cm³	0.009	1.51	0.789g/cm³	0.813g/cm³
	HMIL/WF	0.820g/cm³	0.012	2.05	0.802g/cm³	0.835g/cm³
含水率	UMIL/WF	6.48%	0.168	3.51	6.23%	6.67%
	LMIL/WF	6.28%	0.0978	2.30	6.14%	6.43%
	HMIL/WF	6.13%	0.0822	1.79	6.01%	6.22%

表 5-17 为 UMIL/WF 材料、LMIL/WF 材料和 HMIL/WF 材料的物理力学测试结果，UMIL/WF 材料的静曲强度在 10.2～11.4MPa 范围内波动，平均值为 10.85MPa；LMIL/WF 材料的静曲强度在 32.8～35.4MPa 范围内波动，平均值为 33.80MPa；HMIL/WF 材料的静曲强度在 34.6～35.9MPa 范围内波动，平均值为 35.23MPa。三种材料的测试结果变异系数小于 6%。LMIL/WF 材料和 HMIL/WF 材料的静曲强度明显高于 UMIL/WF 材料，且 UMIL/WF 材料的

静曲强度低于 GB/T 11718—2009 中的最低要求，可能的原因是 UMIL/WF 材料中未改性的木质素与木纤维分子间及分子内键合点位相对较少，其强度的主要承载者可能是氢键或化学键，其还需要通过其他检测方法进一步验证。UMIL/WF 材料的弹性模量在 1536～1845MPa 范围内波动，平均值为 1671.7MPa；LMIL/WF 材料的弹性模量测试结果在 3156～3345MPa 范围内波动，平均值为 3239.0MPa；HMIL/WF 材料的弹性模量在 4110～4356MPa 范围内波动，平均值为 4237.7MPa。LMIL/WF 材料和 HMIL/WF 材料的测试结果变异系数小于 3%，而 UMIL/WF 材料的变异系数小于 10%。LMIL/WF 材料和 HMIL/WF 材料的弹性模量明显高于 UMIL/WF 材料，且 UMIL/WF 材料的弹性模量低于 GB/T 11718—2009 中的最低要求，其可能的原因同上。UMIL/WF 材料的内结合强度平均值为 0.209MPa，测试结果在 0.188～0.22MPa 范围内波动；LMIL/WF 材料的内结合强度平均值为 0.690MPa，测试结果在 0.670～0.72MPa 范围内波动；HMIL/WF 材料的内结合强度平均值为 0.947MPa，测试结果在 0.870～1.02MPa 范围内波动。三种材料的变异系数小于 9%。LMIL/WF 材料和 HMIL/WF 材料的内结合强度近乎 UMIL/WF 材料内结合强度的 3 倍以上，且参照样的内结合强度低于 GB/T 11718—2009 中的最低要求。UMIL/WF 材料的 24h 吸水厚度膨胀率平均值为 37.43%，测试结果在 36.4%～38.5%范围内波动，变异系数小于 3%；LMIL/WF 材料的 24h 吸水厚度膨胀率平均值为 17.93%，测试结果在 17.3%～18.6%范围内波动，变异系数小于 4%；HMIL/WF 材料的 24h 吸水厚度膨胀率平均值为 23.83%，测试结果在 22.3%～25.4%范围内波动，变异系数小于 7%。UMIL/WF 材料的 24h 吸水厚度膨胀率是 LMIL/WF 材料的 2 倍多，且参照样的 24h 吸水厚度膨胀率远低于 GB/T 11718—2009 中的最低要求，其可以说明的是 UMIL/WF 材料中存在大量的氢键和少量的化学键，在浸渍过程中，纤维的吸胀作用会破坏氢键，加速水分子的进入，但 LMIL/WF 材料和 HMIL/WF 材料并没有松散，说明其内部还存在一定量的化学键维持其基本形态。

表 5-17 UMIL/WF 材料、LMIL/WF 材料和 HMIL/WF 材料的物理力学测试结果

指标	试样	平均值	方差	变异系数/%	最小值	最大值
静曲强度	UMIL/WF	10.85MPa	0.433	5.77	10.2MPa	11.4MPa
	LMIL/WF	33.80MPa	1.067	4.14	32.8MPa	35.4MPa
	HMIL/WF	35.23MPa	0.444	1.85	34.6MPa	35.9MPa
弹性模量	UMIL/WF	1671.7MPa	115.5	9.45	1536MPa	1845MPa
	LMIL/WF	3239.0MPa	70.7	2.98	3156MPa	3345MPa
	HMIL/WF	4237.7MPa	85.1	2.91	4110MPa	4356MPa

续表

指标	试样	平均值	方差	变异系数/%	最小值	最大值
内结合强度	UMIL/WF	0.209MPa	0.0138	8.61	0.188MPa	0.22MPa
	LMIL/WF	0.690MPa	0.0200	3.83	0.670MPa	0.72MPa
	HMIL/WF	0.947MPa	0.0511	7.93	0.870MPa	1.02MPa
24h 吸水厚度膨胀率	UMIL/WF	37.43%	0.711	2.81	36.4%	38.5%
	LMIL/WF	17.93%	0.444	3.63	17.3%	18.6%
	HMIL/WF	23.83%	1.044	6.50	22.3%	25.4%

5.2.2.2 纤维板的接触角分析

图 5-12 和图 5-13 分别表征了 UMIL/WF 材料、LMIL/WF 材料和 HMIL/WF 材料的初始接触角和接触角在 5min 内的动态变化情况。从图 5-12 来看，UMIL/WF 材料初始接触角（77.71°）明显小于 LMIL/WF 材料（97.76°）和 HMIL/WF 材料（114.19°）的初始接触角。

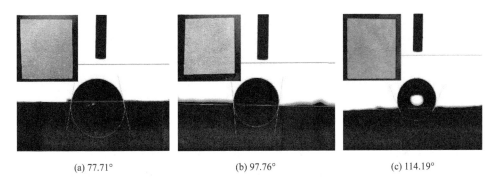

(a) 77.71°　　　　　　　(b) 97.76°　　　　　　　(c) 114.19°

图 5-12　UMIL/WF 材料（a）、LMIL/WF 材料（b）和 HMIL/WF 材料（c）的
初始接触角动态变化情况

图 5-13 中的 UMIL/WF 材料的接触角前 58s 的变化情况基本呈二次方曲线，在 59s 和 71s 处有两次急速下降，分别为 5.3°和 7°。在 80s 时下降到 8.85°，即减少了 74.85°，随后变化趋于平缓；LMIL/WF 材料在前 50s 缓慢下降，约为 7.28°，之后呈抛物线下降后趋于平缓；HMIL/WF 材料的接触角变化基本呈线性下降，在 283s 处有个急速下降，约 6°，在 300s 时下降到 45.53°，即减少了 70.07°。由此可以看出，随着时间的延长，UMIL/WF 材料与 LMIL/WF 材料和 HMIL/WF 材料的差距呈递增式增长。虽然 HMIL/WF 材料的初始接触角大于 LMIL/WF 材料接触角，但不同的接触角变化曲线表面，HMIL/WF 材料表面吸水速率明显高于 LMIL/WF 材料，这与之前测试的 24h TS 结果一致。其中，

LMIL/WF 材料接触角的分段式变化表明纤维板内部交联方式的差异性，前期线性下降，可能原因是在热压过程中，水蒸气由内部向外部移动，导致 LMIL/WF 材料表面形成的氢键数量增多，第二阶段缓慢减小可能是由于化学键的数量已有所增加，但仍存在一定的氢键，可以阻碍水分子的进入，但从图 5-13 上还不能够清楚地判断不同时间段下 UMIL/WF 材料与 LMIL/WF 材料和 HMIL/WF 材料的水分子的浸润深度，这方面还有待进一步深入探讨。

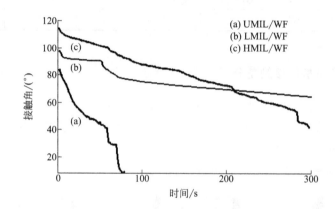

图 5-13 UMIL/WF 材料、LMIL/WF 材料和 HMIL/WF 材料的
接触角在 5min 内的动态变化曲线

5.2.2.3 纤维板的 FTIR 分析

图 5-14 为纯木纤维板（PWF）和 UMIL/WF、LMIL/WF、HMIL/WF 三种纤维板的红外光谱图，借此研究 UMIL、LMIL 和 HMIL 在纤维板中主要官能团的变化。

对比图 5-14 中各谱线可见，对比 PWF，三种材料在 $3400cm^{-1}$ 处的羟基吸收峰强度明显减弱，说明木质素磺酸铵与木纤维在高温、高湿的热压条件下，未改性木质素磺酸铵和复配改性木质素磺酸铵中的羟基都能够与木纤维表面的羟基发生氢键结合，LMIL/WF 材料中羟基减少最为明显，其次是 HMIL/WF 材料。由于未改性木质素磺酸铵分子量的多分散性和自身活性较低，使其与木纤维中的羟基不能彼此充分接近形成足够的氢键结合，导致 UMIL/WF 材料中仍存在部分羟基。而 HMIL/WF 材料羟基的吸收峰强度明显低于 UMIL/WF 材料，主要原因在于木质素磺酸铵中的羟基被 H_2O_2 氧化，同时，PEI 具有较强的反应活性，能够与纤维素或者改性木质素磺酸铵中的羟基反应并交联聚合，使形成氢键的概率增加，故 HMIL/WF 材料中羟基明显低于 UMIL/WF 材料。

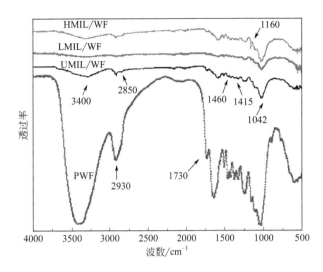

图 5-14　PWF、UMIL/WF、LMIL/WF 和 HMIL/WF 的红外光谱图

1730cm^{-1} 处为共轭羰基伸缩振动峰，这是因为在热压过程中，木材中的部分半纤维素水解成单糖，其中戊糖在高温和酸性条件下脱水生成糠醛。而图 5-14中，HMIL/WF 材料在此处吸收峰强度明显减弱，相对 UMIL/WF 材料和 LMIL/W 材料1160cm^{-1} 处 HMIL/WF 共轭酯基振动峰和1075～1020cm^{-1} 处醚键对称伸缩振动峰有所增强，主要原因是，OMIL 中的酚羟基含量增加，分子量变小，木质素磺酸铵的反应活性提高，更易与木材中的木质素和水解产物糠醛等缩合，发生酯化或醚化反应。在 LMIL/WF 材料中，漆酶-香草醛体系作用下，能催化氧化木质素磺酸铵中的酚羟基，形成酚氧游离基和水，发生耦合反应生成具有高分子量、无定形的脱氢聚合物产物。同时，770～817cm^{-1} 处氨基（—NH$_2$）伸缩振动峰明显减弱，1415～1506cm^{-1} 处代表 PEI 及木质素的各种峰也有所减弱，说明 PEI 与 OMIL 之间可以通过化学键结合形成三维网状高分子物质，更加有利于材料间内结合强度的提高。

5.2.2.4　纤维板的 XRD 分析

木纤维的结晶度是决定材料强度及力学性能的主要因素，利用 XRD 可以分析木纤维和木质材料的晶型及结晶度变化情况。图 5-15 为 PWF、UMIL/WF 材料、LMIL/WF 材料、HMIL/WF 材料的 X 射线衍射谱图。

如图 5-15 所示，三种纤维板的衍射峰位置基本保持一致，主要在 18.5°及 24.8°处出现两个衍射峰，分别对应 101 晶面及 002 晶面，属于纤维素 I 型，说明木质纤维素晶体自身的晶型结构没有因为热压过程中的水热环境发生改变，

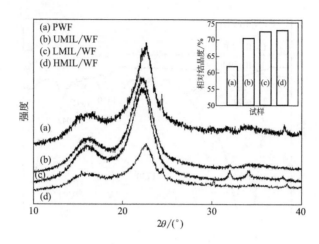

图 5-15　不同材料的 XRD 衍射图谱及相对结晶度

仍然保留了天然纤维素的单斜晶结构。

　　相对结晶度可以定量反映被测物质结晶程度的大小。通过相对结晶度的计算可知，UMIL/WF 材料为 70.50%，LMIL/WF 材料为 72.50%，HMIL/WF 材料为 73.51%，较 PWF（62.24%）的结晶度均高出 14% 以上，其中 HMIL/WF 材料的相对结晶度较 LMIL/WF 材料提高了 1.4%。说明在适宜的热压条件下，对比纯木纤维板，无论是 LMIL 还是 HMIL 加入，试样的结晶度都有显著提高，其主要原因是：高温、高压及长时间的水热状态下，纤维素分子链的一些无定形区部分发生水解，使纤维素分子链缩短，降低了纤维素的聚合度，其相对结晶度增大。此外，由于半纤维素和木素被部分机械脱离或降解而结晶化，纤维素结晶区表面微纤丝以及非结晶区微纤丝的羟基裸露出来，彼此之间形成氢键而使非结晶区的微纤丝向结晶区靠拢并取向排列，进而纤维素的相对结晶度增大。

　　同时，改性后木质素磺酸铵中的酚羟基和醛基等活性基团在 PEI 交联剂作用下能起到更好的交联固化作用，这都使得在热压过程中分子间形成氢键或共价键的概率增加，进而纤维板的结晶度提高，有利于材料的尺寸稳定性及物理力学性能的提高。这与其物理力学性能测试所得结果一致。

5.2.2.5　纤维板的 DMA 分析

　　动态热机械分析是表征材料力学性能的试验方法之一，测定材料在周期交变应力作用下形变时的模量与阻尼，包括储能模量材料的动态模量、损耗模量以及损耗因子，其中储能模量又称弹性模量，主要反映材料黏弹性中的弹性，损耗模

量 E'' 又称黏性模量，则反映材料的黏性成分。储能模量越大，表示材料刚度越大，越不容易变形。损耗模量越大，表示材料韧性越大，材料的抗冲击强度越大。损耗模量与储能模量的比值被定义为损耗因子 $\tan\delta$。习惯上采用储能模量和损耗因子来表示动态热力学性能。

纤维板的动态热力学性能测试结果如图 5-16 所示。由图可知，两种纤维板的 E' 随温度升高都呈现出先缓慢减少，在温度达到约 175℃ 后急剧下降，同时 HMIL/WF 材料的储能模量均高于 LMIL/WF 材料和 UMIL/WF 材料。

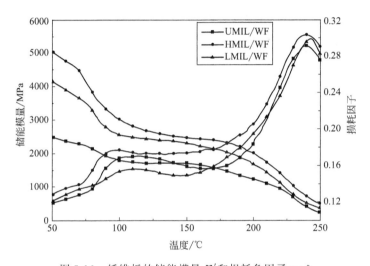

图 5-16　纤维板的储能模量 E' 和损耗角因子 $\tan\delta$

在 50~250℃ 的温度范围内，相同温度条件下 HMIL/WF 材料的储能模量分别高出 LMIL/WF 材料 19.34%~31.62%，UMIL/WF 材料 103%~116%。说明 HMIL/WF 材料较 UMIL/WF 材料和 LMIL/WF 材料具有较高的刚度，抵抗变形的能力较强。同时，除了 235~250℃ 温度范围内二者的损耗因子较相近外，在其他温度范围内，HMIL/WF 材料的损耗因子也均高于 LMIL/WF 材料和 UMIL/WF 材料，其中，LMIL/WF 材料存在 82.34~166.34℃ 和 212.16~238.56℃ 两个温度段，其损耗因子低于 UMIL/WF 材料。由损耗因子的定义可知，HMIL/WF 纤维板有较高的损耗模量，纤维板同样具有较好的韧性，而 LMIL/WF 材料有较高的损耗模量但韧性一般，这与纤维板的理化性能测试结果一致。

同时，损耗因子 $\tan\delta$ 随温度升高出现的峰值表示了纤维板耐热性能，HMIL/WF 材料和 LMIL/WF 材料的主转变峰稍向低温移动，峰值所处温度 241℃ 比 UMIL/WF 材料降低了 6℃，说明复配改性木质素磺酸铵对纤维板的耐热性影响不大。

5.2.2.6 纤维板的 SEM 分析

图 5-17 为不同放大倍数下 UMIL/WF 材料剥离面的环境扫描电镜图。木纤维经过热压成板，其之间的交织、胶联情况在很大程度上决定了材料的物理和力学性能。从图 5-17 所示 UMIL/WF 材料的剥离面可明显看到木纤维经热压已经压扁，但基本上保持原有形态，纤维之间存在明显的空隙。

(a)   (b)

图 5-17　不同放大倍数下 UMIL/WF 材料剥离面的环境扫描电镜图

图 5-18 和图 5-19 分别为不同放大倍数下 LMIL/WF 材料和 HMIL/WF 材料剥离面的环境扫描电镜图。相比 UMIL/WF 材料，无论是 LMIL 还是 HMIL 都能够在木纤维上以及木纤维之间分布较为均匀，纤维之间纵横交织紧密，没有出现大面积的孔洞和纤维结团现象，且大部分的结合面已分辨不清。

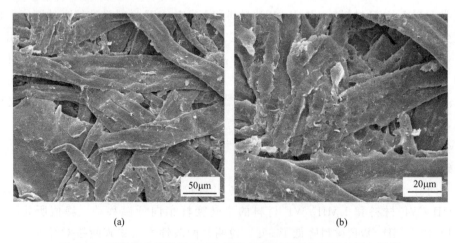

(a)   (b)

图 5-18　不同放大倍数下 LMIL/WF 材料剥离面的环境扫描电镜图

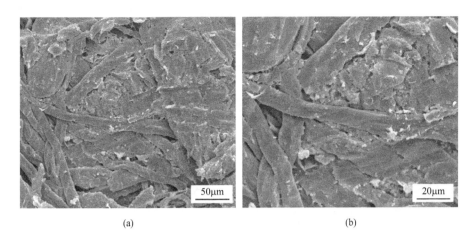

(a)　　　　　　　　　　　　　　　　(b)

图 5-19　不同放大倍数下 HMIL/WF 材料剥离面的环境扫描电镜图

图 5-20 为不同放大倍数下 UMIL/WF 材料横断面的环境扫描电镜图。从图 5-20 中可明显观察到，UMIL/WF 材料的断裂大部分发生在纤维层面，纤维从材料断面断裂或拔出，纤维形态较为完整，表面比较光滑，说明其与未改性木质素磺酸铵之间的黏结力较差，这与 UMIL/WF 材料内结合性能偏低结果一致。

(a)　　　　　　　　　　　　　　　　(b)

图 5-20　不同放大倍数下 UMIL/WF 材料横断面的环境扫描电镜图

图 5-21 和图 5-22 分别为不同放大倍数下 LMIL/WF 材料和 HMIL/WF 材料横断面的环境扫描电镜图。如图所示，HMIL/WF 材料的断裂处为纤维自身撕裂，大部分木纤维的细胞腔被压实，木纤维之间结合较为紧密，基本上无明显的细胞腔或细胞间隙，不但增加了纤维间的结合面积，减少细胞腔空隙，有

195

助于减弱材料的吸水性能,放大图像进一步发现,两种纤维板存在的孔隙基本无法分辨是始于细胞腔还是细胞壁,而且在材料界面中能观察到粗糙的"胶层",能够明显看出有撕裂的痕迹,说明改性木质素磺酸铵与木纤维黏结性能良好。因此,在宏观上,LMIL/WF 材料和 HMIL/WF 材料表现出优良的耐水性和内结合性能。

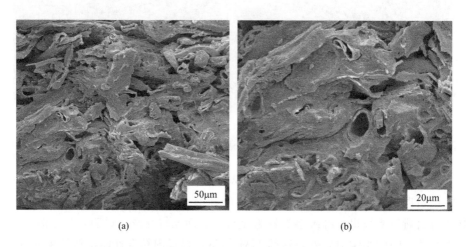

(a)   (b)

图 5-21　不同放大倍数下 LMIL/WF 材料横断面的环境扫描电镜图

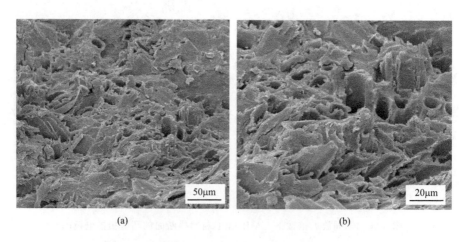

(a)   (b)

图 5-22　不同放大倍数下 HMIL/WF 材料横断面的环境扫描电镜图

在本小节中,以木纤维和未改性木质素磺酸铵制备的 UMIL/WF 材料,木纤维和酶法改性木质素磺酸铵制备的 LMIL/WF 材料,以及木纤维和复配改性木质素磺酸铵制备的 HMIL/WF 材料为研究对象,从纤维板表面接触变化、化学官能团变化、聚集态结构、热力学性能以及微观形貌特征等方面对 LMIL/WF 材料和 HMIL/WF 材料的结合性能及其结合机理进行研究，得出以下结论：

① 制得的三种纤维板基本不存在质量缺陷，能达到国标 GB/T 11718—2009 中优等品的外观质量标准和性能要求；

② 由初始接触角和接触角变化曲线可知，UMIL/WF 材料初始接触角明显小于 LMIL/WF 材料和 HMIL/WF 材料的初始接触角，随着时间的延长，UMIL/WF 材料与 LMIL/WF 材料和 HMIL/WF 材料的差距呈递增式增长。

③ 由 FTIR 分析可知，在热压条件下，木纤维与改性木质素磺酸铵之间能够发生化学结合，主要以耦合反应和缩聚反应为主，其中复配改性木质素能够与木纤维在热压过程中形成良好的化学键，从而使材料的界面相容性得到改善。

④ 由 XRD 分析可知，纤维板中木质纤维素自身依然保留着天然纤维素的单斜晶结构，通过添加改性木质素磺酸铵，纤维板的相对结晶度从 67.2%（UMIL/WF）升高到 73.51%（优化工艺条件下的 HMIL/WF）。

⑤ 由 DMA 分析可知，与 UMIL/WF 材料相比，LMIL/WF 材料和 HMIL/WF 材料的热力学性能得到提高。其中，HMIL/WF 材料比 LMIL/WF 材料的略低，两者之前的损耗因子相差不大，改性木质素磺酸铵的加入对 LMIL/WF 材料和 HMIL/WF 材料的耐热性影响较小。

⑥ 由 SEM 分析可知，与 UMIL/WF 材料相比，施加改性木质素磺酸铵的纤维板内表面形貌特征为：界面较为粗糙；LMIL/WF 材料和 HMIL/WF 材料的横断面形貌特征均属韧性材料特征，其断裂面与主拉伸方向成倾斜角度，交织致密，界面黏结性能良好。

总体来说，改性木质素磺酸铵的添加使与木纤维之间通过化学反应交联结合，提高了纤维板的界面相容性；酶法改性木质素磺酸铵和复配法改性木质素磺酸铵的表面活性促进材料组分成核结晶，提高了纤维板的相对结晶度，有利于改性木质素磺酸铵制备纤维板的理化性能得到改善。

参考文献

［1］ 孙其宁．利用褐腐木材制备无醛胶黏剂的研究．北京：中国林业科学研究院，2009．

［2］ 胡建鹏，郭文君，孙晓婷，等．氧化条件对改性木质素制备环保型纤维板性能的影响．东北林业大学学报，2012，40：55-8．

［3］ 王丰俊，王建中，郝俊，等．响应面法优化超声波辅助提取桑叶多糖的工艺研究．北京林业大学学

报，2007（5）：142-146.

[4]　陈文帅，于海鹏，刘一星，等．木质纤维素纳米纤丝制备及形态特征分析．高分子学报，2010
　　　（11）：1320-1326.

[5]　金春德．无胶人造板制造工艺的研究．哈尔滨：东北林业大学，2002.

[6]　王静，范力仁，徐素梅，等．MgO/不饱和聚酯树脂复合材料的制备与性能．复合材料学报，2011，
　　　28（6）：65-70.

[7]　袁媛．基于改性木质素的环保型木质材料研制及其生命周期评价．哈尔滨：东北林业大学，2014.

6

壳聚糖基无醛胶黏剂

6.1 壳聚糖

70%的地表环境被海洋所覆盖，海洋生态圈几乎代表了世界上一半的生物多样性。作为地球上最大的尚未深度探索的领域，海洋有机物为世界提供了不计其数的小分子和大分子复合物，其中主要的有机物可以分为三类，即多糖、蛋白质和脂肪类物质。在这些数不胜数的由海洋提供的多糖类物质中，由于其是世界上含量仅次于纤维素的天然高分子材料，同时提取工艺简单，甲壳素脱颖而出。甲壳素以有序的巨原纤维出现在自然界中，是各种海洋无脊椎动物外骨骼的主要结构成分，每年可以从甲壳类动物、软体动物、昆虫、真菌和其他相关有机生命中提取出的甲壳素有上千亿吨。

甲壳素是一种线性多糖，由 β-(1,4) 糖苷键连接 N-乙酰基-D-葡萄糖胺单元组成，它被认为是世界上存在的产率最高的可生物降解性天然物质之一。在结构上，人们发现根据其晶型结构不同，甲壳素可以分成三种类型：α-甲壳素，相当于一个由平行和反平行链板交替组成的紧密压实的正交细胞；β-甲壳素，多糖链平行排列，但链间的分子间作用力远小于 α-甲壳素；γ-甲壳素则以两个平行链板和一个反平行链板结构构成，天然甲壳素属于 α-甲壳素类型。

目前，通常采用化学方法从海洋甲壳类生物加工废弃物中提取甲壳素。最常见甲壳素的提取过程包括三个主要步骤（图 6-1）：首先在原材料中加入碱性溶液以去除蛋白成分，然后再加入酸性溶液进行矿物质脱除，最后再加入碱性溶液进行脱色处理，得到最终的甲壳素产品。

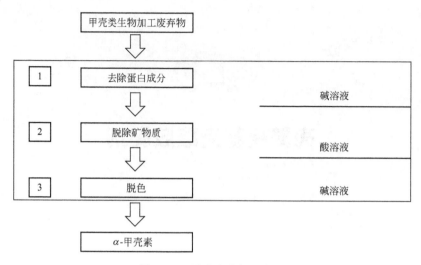

图 6-1　α-甲壳素的提取步骤

　　尽管甲壳素含量丰富，并具有一些特殊的功能性，如生物相容性、生物活性、生物降解性、高机械强度，然而它低的溶解能力限制了其推广应用。这使得甲壳素不能很好地发挥作用，因此研究人员将注意力转移到它的主要衍生物——壳聚糖上。甲壳素可以通过酶处理或化学处理的方法转化成壳聚糖，不过，由于其低成本和大批量生产中的适用性，化学转化法得到了更多的应用。化学脱乙酰法通常在 80℃ 以上用高温和氢氧化物对甲壳素进行处理，在高浓度氢氧化钠（50%～60%）和高温（130～150℃）共同作用下，脱乙酰反应在 2h 内迅速发生。然而，反应条件越剧烈，得到的壳聚糖分子量就越低，因此，必须在脱乙酰化反应和壳聚糖的最终性能之间寻找一个平衡。

　　壳聚糖是一种经甲壳素碱性脱乙酰得到的无规共聚物，由 D-葡萄糖胺和 N-乙酰-D-葡萄糖胺单元经 β-(1,4) 糖苷键相连组成（图 6-2）。D-葡萄糖胺单元占二者之和的比例称为脱乙酰度。当壳聚糖的脱乙酰度达到 50% 左右时，它在酸性介质中溶解。由于壳聚糖在酸性介质中可溶，这就说明壳聚糖在使用过程中要涉及酸性溶液。所使用的酸性溶液不同，壳聚糖与酸形成的复合物不同，从而形

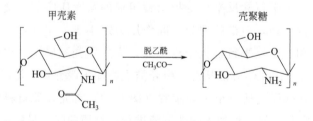

图 6-2　甲壳素生成壳聚糖的反应式

成一种结合了壳聚糖与所用酸功能的络合物。已有许多文献对此进行了相关报道，其中一些最常见的如表 6-1 所示。

表 6-1 壳聚糖与酸形成的络合物

酸性介质	络合物	特性
乙酸	—	抗菌剂
叶酸	壳聚糖-叶酸盐	靶向配体
没食子酸	壳聚糖-没食子酸盐	抗氧化剂和抗菌剂
绿原酸	—	抗氧化剂及酶和脂质过氧化抑制剂
乳酸	壳聚糖-乳酸盐	低细胞毒性、高生物相容性和亲水性以及极高的抗细菌特性
阿魏酸	—	抗氧化剂和抗菌剂

当壳聚糖溶解在酸性介质中时，壳聚糖分子链上的氨基基团会发生质子化，从而壳聚糖大分子具有了阳离子特性，使它能够与不同类型的分子进行化学反应，这使壳聚糖成为了唯一的一种阳离子型海洋多糖，正是这种阳离子特性使得壳聚糖具有一定的抗菌作用，因为阳离子会与微生物呈电负性的细胞膜相互作用，从而使微生物丧失生物活性。

由于其优良的抗菌和抗氧化性能，壳聚糖在生物医学领域得到了广泛的推广使用。此外对铁、铜、镉和镁等，壳聚糖还具有独特的选择性螯合功能，基于这一功能也可以将壳聚糖应用到其他的技术领域，如薄膜、纳米纤维、凝胶、胶黏剂和膏等。最近不可溶性的壳聚糖粉末也进入了研究人员的视野当中。目前壳聚糖已经在包括生物医学、美容、造纸、废水处理、农业和药物等行业在内的多个工业领域得到了广泛应用。

6.1.1 壳聚糖在生物医学领域的应用

壳聚糖具有良好的生物相容性和可控的生物降解性，这使得它的降解产物无毒，并且不会产生炎症反应，因此壳聚糖在生物医学方面得到了广泛的应用。此外，由于壳聚糖独特的聚阳离子特性、无毒性、抗微生物特性和生物吸收特性，其在药学领域也有着广阔的应用，如可控药物传输、伤口包扎、组织工程、血液抗凝剂、骨骼再生和抗微生物药剂等方面。

依靠植入装置或口服片剂的药物控制释放相比于第一代被动靶向系统有着多种优点，例如增强疗效、减少或消除副作用、维持药物平缓释放等。壳聚糖具有一些独特的性质，例如原位产生凝胶，黏膜黏附性，亲水性和渗透增强性，使得它适合用于药物输送功能，有利于促进多种药物控制释放的发展。

伤口愈合是一个复杂、动态的，用新生组织代替失活和失踪的细胞结构和组织层的过程，在伤口愈合过程中应极力避免伤口感染，而壳聚糖固有的抗菌活性和其他优点，例如止痛和止血等，使得壳聚糖成为了一种优良的伤口包扎材料。将壳聚糖与一些金属（或金属氧化物），如 ZnO、TiO_2 和 Ag 等，进行复合可以有效地提高壳聚糖材料的抗微生物特性。Beher 等研究了不同 TiO_2 掺入量对壳聚糖/TiO_2 复合膜功能完整性和 L929 成纤维细胞的增殖、存活和死亡等行为的影响。结果发现 TiO_2 的加入显著提高了复合膜的机械强度和对金黄色葡萄球菌的抗菌活性，说明壳聚糖/TiO_2 复合膜可以作为一种潜在的伤口敷合材料。

组织工程是利用仿生材料，通过对生物微环境的控制来修复受损组织或器官的工程。为了提高基于壳聚糖材料的性能，拓宽壳聚糖的应用范围，可以将壳聚糖与其他天然或合成材料进行共混或形成共聚物，这将为壳聚糖基材料在组织工程领域的应用打开大门，使壳聚糖加工成包括 3D 冻干支架、凝胶和薄膜在内的多种组织工程材料。此外，也可以进一步加入对细胞功能和组织再生有作用的药物来刺激组织再生的过程。Casimiro 等人通过采用铸造和 γ-辐照这两种方法制备了用于组织再生的壳聚糖-PVA 基体材料。除理化表征外，研究人员还使用高加索胎儿包皮纤维母细胞株进行生物体外测定以评价壳聚糖基材料对细胞黏附和生存能力的影响。结果表明，所有通过溶液冷冻干燥获得的基体表面都可以与细胞形成黏附。虽然在同质化过程中对聚合物溶液进行发泡，紧接着进行冷冻干燥和辐照似乎是最有前途的支架材料制备过程，但仍需要进一步修改形貌以提高纤维原细胞在支架生长的细胞亲和性。不过此研究仍然表明辐照技术的多功能性，例如修饰高分子材料以使其能够应用在特殊的领域，例如皮肤再生医学。

6.1.2 壳聚糖在废水处理方面的应用

由于壳聚糖末端氨基含量极高，并且它对有机和无机污染物展现了高效的吸附性，再加上壳聚糖的惰性、安全无毒、生物相容、可降解、成本低、环保和自然界中含量高等特性，使得壳聚糖成为污水处理行业极具前景的、得到广泛研究的多糖。考虑到上述壳聚糖的性质，并且吸附是一种有效地去除工业废水中染料、异味、有机污染物和无机重金属离子的技术，因此研究人员制备了壳聚糖基水凝胶进行一些染料的吸收和释放研究。Boardman 等人的研究表明壳聚糖水凝胶可以很好地去除废水中的染料［如橙 3（DO3）、分散蓝 3（DB3）和活性黑5（RB5）］。此外，壳聚糖水凝胶在乙醇洗涤后能够完全释放出这些染料，这意味着壳聚糖水凝胶可以循环使用。

Rahmi 等人首先用油棕榈空果束制备得到纤维素颗粒，然后又在通过溶液浇铸法制备的壳聚糖基可降解膜中加入了制备的纤维素颗粒，并评价了纤维素颗粒对复合膜力学性能及吸附能力的影响。他们认为纤维素和壳聚糖之间形成的氢键使纤维素对复合膜起着增强的作用。事实上，10%的纤维素颗粒量提高64%的复合膜拉伸强度，并发现在pH值为6时对Cd^{2+}的吸附容量最高。此外，用HNO_3对复合膜进行脱附处理后，发现复合膜对Cd^{2+}仍然表现出了优良的吸附性，尽管吸附作用比原生膜稍有降低。这些结果表明，壳聚糖/纤维素复合膜适合作为从废水中去除Cd^{2+}的低成本吸附剂。

壳聚糖也被用来作众多金属催化剂的坚实载体，以组织金属纳米粒子的聚集、控制其成型并改善它们的分散稳定性。Azzam等研究了壳聚糖/金属纳米粒子/黏土复合材料对水溶液Cu^{2+}的吸附行为并分析了pH值对纳米复合材料吸附能力的影响。结果表明，纳米银的加入提高了对水溶液中铜离子的去除，并发现吸附Cu^{2+}的实验最适pH值为7。因此，可以认为壳聚糖基复合材料是一种有效的从水溶液中去除铜离子的吸附剂。

硝基芳香族化合物在工业中具有重要的功能，但它们却是一种有毒的材料，并且是一种主要水污染物。为此，de Souza等人开发了一种负载了铜纳米颗粒的壳聚糖/PVA复合材料，这种材料在还原硝基芳香族化合物方面有着较高的催化活性，并有着极高的吸附能力（172%），它循环使用6次后仍可以高效地将硝基苯还原成苯胺。Alshehri等人研发了用于还原对硝基苯酚的银纳米粒子/多壁碳纳米管-壳聚糖纳米复合材料，银纳米粒子和多壁碳纳米管的加入赋予了可回收戊二醛交联壳聚糖复合材料优异的将对硝基苯酚还原成对氨基苯酚的催化活性。催化剂的再循环实验表明，尽管经过5次循环后纳米粒子/纳米管-壳聚糖复合材料的得率有轻微的降低，但复合材料仍然可以从混合物中轻易地分离出来，说明它具有良好的回收再利用性，适合在实际中推广应用。

6.1.3　壳聚糖在农业中的应用

为解决农业生产中存在的问题（生物多样性破坏、自然和农业系统危害和公共卫生问题等），必须开发环境友好型农药和技术，以减少传统农药的使用，确保植物健康生长和农业的可持续发展。天然产物壳聚糖可以很好地替代传统农药，以降低传统农药对人体健康和环境的危害。一氧化氮（NO）在植物的生长发育过程中起着重要的作用，然而，直接用NO对植物进行处理在技术上很难实现，对此，可以将NO供体封装在纳米材料中以防止NO供体的降解，控制其释放。Oliveira等通过离子凝胶方法成功地将NO供体封装在了壳聚糖纳米材料中并对比了封装和未封装的NO供体在盐分对玉米生长和生理的退化效应方面的影响。首先将玉米种子播种在充满洗砂的塑料盆中，再将封装了NO的纳米粒子加入洗砂中，实验开始六天后开始取样以检测样品叶子中亚硝基硫醇的含量。结果表明，未进行封装的NO供体对防止盐诱导效应不太有效。事实上，在防止盐分方面，$100\mu mol/L$未封装的NO供体与$50\mu mol/L$封装的NO供体起到了相同的作用。此结果证实纳米封装在增加NO活性以阻止盐分对玉米的退化方面有着积极的作用。在另一项研究中，dos Santo等人首先将壳聚糖/黏土浸入氢氧化钠溶液中，然后经过洗涤，再将形成的壳聚糖/黏土微球加入硝酸钾溶液中，制得了含钾的壳聚糖/蒙脱土微球材料；之后将含钾的壳聚糖/蒙脱土微球材料放入一充满土壤的7.5L容器中，研究了60天内钾肥从微球中释放到土壤中的规律。结果显示，前三天钾肥释放很快（取决于最初的蒙脱土浓度），随后钾肥的浓度降到了一个恒定值。此研究证实了为特殊农作物系统量身定做控释肥料的可能性。

考虑到有些食物中营养元素的缺乏，Deshpande等人首先将壳聚糖与三磷酸钠进行交联，然后通过离子凝胶法研发了作为微量元素运输载体的锌-壳聚糖纳米复合材料。在小麦开花期间，将小麦移植到一充满砂土的聚氯乙烯管中，然后将刚制备的含有锌-壳聚糖纳米复合材料的悬浊液喷洒到小麦叶面上，这使得在小麦的生长过程中锌保留在了叶面组织上。实验结果表明，微量元素的释放速率不仅得到了降低，损失和污染也得到了有效地阻止。此研究证实，锌-壳聚糖纳米复合材料可以作为小麦生产微量营养素的载体。

6.1.4 壳聚糖在食品保护方面的应用

活性食品包装一般是将活性材料与膜或涂料等传统包装材料进行复合，以增强传统包装材料的功能性（抗微生物、抗氧化等）。活性包装是目前最活跃的用于保存食品，保证食品安全性和感官特性的技术。通过与产品和环境的积极响应，活性包装可以为食品提供比传统包装更好的保护。Leceta等人以丙三醇为增塑剂制备了壳聚糖/冰醋酸溶液（质量比为1∶1），在均一的混合物形成后，通过喷洒和浸泡两种方式将混合溶液涂在小胡萝卜表面，并研究了通过喷洒和浸泡两种方式涂布的壳聚糖基涂饰对气调包装小胡萝卜质量的影响。结果表明，利用壳聚糖包装有利于防止小胡萝卜表面白化，能够在15天内的冷库保存过程中提供更好的颜色和纹理保持度。并且，壳聚糖在实现小胡萝卜长久保鲜的同时也保持了小胡萝卜的口感。因此，将壳聚糖涂饰和气调包装结合起来可以视为一种有效地延长这种小胡萝卜保质期的方法。然而虽然在气调包装条件下氧气含量很低，但残余的氧气仍然会加速微生物氧化和化学变质。为此，Şahin等人在壳聚糖涂料中加入了铁基氧清除剂，然后将此涂料在气调包装条件下涂在了蒜肠切片上并保存观察三个月。结果发现虽然壳聚糖涂层可以有效地抑制微生物的生长，但铁基氧清除剂的加入增强了蒜肠切片的颜色保持特性。

基于壳聚糖的膜材料也被用作食品活性包装。Talón 等人制备了富含百里香提取物和单宁酸的壳聚糖和豌豆淀粉膜，结果表明，单宁酸/壳聚糖膜材料的抗氧化活性高于百里香提取物/壳聚糖膜材料，百里香提取物/壳聚糖膜材料的拉伸响应要更好一些。

6.1.5 壳聚糖在化妆品行业的应用

在众多的来源于海洋的抗菌天然化合物中，壳聚糖在化妆品和药妆品行业中得到了广泛的应用。Morsy 等人提出在壳聚糖基体中加入羟基磷灰石陶瓷制备多功能性防晒霜，制备的防晒霜具有良好的光学特性，对 254nm 处的紫外线吸收性强；同时该防晒霜对金黄色葡萄球菌（*Staphylococcus aureus*）、佛里德兰德式杆菌（*Klebsiella pneumoniae*）和绿脓假单胞菌（*Pseudomonas aeruginosa*）等有一定的抗菌活性，并能很好地抑制多重耐药菌的生长。因此，羟基磷灰石-壳聚糖凝胶是一种有着光明前景的抗菌防晒霜或修复受感染皮肤的有机防晒霜产品的高效添加剂。在另一项研究中，Wongkom 和 Jimtaisong 从紫外辐射对皮肤癌的影响、晒伤和光致老化等角度出发，使用从菠萝（*Ananas comosus*）皮中提取的羧甲基纤维素和羧甲基壳聚糖为主要原材料，以稻米中提取的阿魏酸为增强材料交联剂，亲水性 TiO_2 和苯基苯并咪唑磺酸（质量比为 2∶1）为防晒剂，制备了亲水性防晒霜，制备的生物质复合材料是一种很好的防晒剂，可以通过调整不同原料间的比例变化达到不同的防晒系数。

壳聚糖还被用作化妆品中活性成分的外胶囊。Chaouat 等人通过简单的水中离子缔合反应制备了以壳聚糖/乳糖酸为壳体材料，亚麻油酸为液体疏水性芯体材料的稳定微球，并评价了该微球对苯乙基间苯二酚（作疏水增白剂或脱色剂）的封装能力，结果表明该微球非常适合作为封装苯乙基间苯二酚的材料。也有人研究壳聚糖膜与其他活性材料的复合，例如玻璃酸。Libio 等人制备了壳聚糖膜和壳聚糖/甘油复合膜，然后以最佳物理完整性和与皮肤的生物相容性为指标，评价了膜材料用于皮肤去角质时的最佳成分，评价过后，研究人员以猪皮为模板研究了壳聚糖膜的释放行为，结果表明虽然玻璃酸与壳聚糖发生了反应，导致膜的水合作用有所降低，但仍可以观察到皮肤水化程度的显著提升。

目前，为组织高度挥发性香料的挥发，一些研究人员开始进行将香料封装进壳聚糖纳米粒子的研究。Xiao 等将夜来香封装进壳聚糖纳米粒子中作为化妆品应用，除了评估纳米粒子的缓释行为之外，研究人员也评价了它对金黄色葡萄球菌（*Staphylococcus aureus*）、大肠杆菌（*Escherichia coli*）和枯草芽孢杆菌

(*Bacillus subtilis*) 的抗菌活性，结果表明，该纳米颗粒具有良好的抗菌活性，对枯草芽孢杆菌的抗菌效果尤其出色，说明该纳米粒子不仅可以作为香料的载体，还能有效地防治细菌感染，因此在作为药物缓释载体方面具有光明的应用前景。

6.1.6　壳聚糖在造纸行业的应用

壳聚糖在造纸行业中也得到了广泛应用，用于改善造纸工艺、提高纸张性能。事实上，壳聚糖的分子结构与纤维素类似，因此它可以增强纸张的强度。除此之外，壳聚糖还可以提高纸张的抗菌性能。Khwaldia 等人开发了用于提高纸张防水性能和力学强度的酪蛋白/壳聚糖双层涂料，涂了该双层涂料的纸张防水性能和力学强度明显要高于涂了酪蛋白单层涂料的纸张。此外，涂饰了酪蛋白/壳聚糖双层涂料的纸张外观、柔韧性和黏附力都有着不错的表现。以上结果说明研发的双层涂料非常适合用于造纸包装材料。

韩国传统的纸张，Hanji，常被用来作为食品的包装材料，但其较差的防护能力、力学性能和抗菌性能限制了它的使用。考虑到壳聚糖作为纸张涂料，纳米银作为有效抗菌药物的优势，Raghavendra 等人研究了壳聚糖/纳米银溶液涂饰对纸张功能性的影响。首先研究人员制备了不同浓度的壳聚糖溶液，然后通过浸泡涂饰法将壳聚糖溶液涂布在纸张上，结果表明壳聚糖涂布显著提高了纸张的抗拉强度、防爆性能、防水性能、抗氧化性能、疏油性能和抗菌活性，并且研究人员发现可以有效改善纸张上述性能并显著提高纸张抗菌活性的壳聚糖溶液的最低浓度是 10％。考虑到纤维质纸张应用于包装食品、药品和医疗保健品时需要有卓越的抗菌性能，Tang 等人研发了壳聚糖/二氧化钛纳米复合涂料以提高纤维质纸张抗菌活性和力学性能，结果表明涂饰了壳聚糖/二氧化钛纳米复合涂料的纸张抗菌活性和力学性能大大提高，含有 10％浓度二氧化钛纳米颗粒的涂料赋予了纸张在抗拉强度、抗剪强度、亮度、不透明度、透气性和抗菌活性等方面最优的性能。

6.1.7　壳聚糖在纺织行业的应用

随着工业的发展，生物相容性好和环境友好型的纺织品引起了人们的注意，而抗菌性纺织品正是生物相容型和环境友好型纺织行业中的重要领域，这使得壳聚糖成为人们研究最多的织品后处理材料。Revathi 和 Thambidurai 以戊二醛和柠檬酸为交联剂制备了印楝（*Azadirachta indica*）-壳聚糖复合材料以提高壳聚糖在棉织品中的性能（印楝种子具有抗细菌和抗真菌活性），抗菌测试结果表明该涂料有效地抑制了细菌病原体（*Streptococcus pyogenes* 和 *Klebsiella aerogenes*）的生长，说明涂有该涂料的棉纺品适于用作医疗纺织品。其他一些草本提取物，例如耳叶决明（*Senna auriculata*）和印度牛膝（*Achyranthes aspera*）也可以和壳聚糖结合以制备纳米复合材料。Chandrasekar 等人以壳聚糖和上述草本提取物为原料制备了用于医疗棉产品的涂料，首先研究人员将壳聚糖和草本提取物在压力下通过轧染机，然后再在一定温度下干燥，接着根据 AATCC-124 标准（织物经多次家庭洗涤后的外观平整度），研究人员通过测试经 10 次洗涤后涂有上述涂料棉织物的抗菌活性评价了该植物的洗涤耐久性。结果表明涂饰提高了该织物对大肠杆菌（*Escherichia coli*）和金黄色葡萄球菌（*Staphylococcus aureus*）的抗菌活性，进而证明了该织物出色的耐久性（在经过 10 次工业洗涤后还保持了很高的抗菌活性）。上述结果表明这种可以重复使用的壳聚糖涂饰棉织品在医疗织品领域将有着出色的应用。

壳聚糖也被用作纺织工业中的芳香剂。Yang 等人首先通过喷雾干燥法制备了香草醛/壳聚糖微胶囊，然后以柠檬酸为交联剂通过共价键连接的方式将微球接枝到棉织物上。由于微球尺寸非常小，因此微球可以进入织物纤维的缝隙中并通过交联反应接枝到织物表面。洗涤耐久性试验结果表明经 14 次洗涤后香草醛仍能保持在 9% 左右。

6.1.8 壳聚糖作为胶黏剂的应用

壳聚糖在酸性环境中的电荷密度很高，可以与被粘物产生强烈的黏合作用，因此壳聚糖适合作为胶黏剂使用。研究人员认为壳聚糖有作为一种性能优良的木材胶黏剂的潜力，并已经开始研制不同配方的壳聚糖基木材胶黏剂。Mati-Baouche 等人评估了壳聚糖作为胶黏剂制备隔热刨花板的可能性，结果表明，当壳聚糖胶黏剂添加量为 4.3%、向日葵颗粒大于 3mm 时，所得刨花板的断裂应力最大，为 2MPa。

虽然壳聚糖单独使用也可以作为木材用胶黏剂，但目前壳聚糖成本较高，单独使用壳聚糖作胶黏剂的木质材料胶合强度也有一定的上限。而壳聚糖独特的结构赋予了其一定的黏弹性，并使它能够与一些生物质高分子材料发生特殊的反应，这在其他一些改性高分子中难以见到。在酸性溶液中，壳聚糖会电离出 NH_3^+，变成阳离子聚合物，因此壳聚糖会与电负性高分子形成聚电解质复合物。此外壳聚糖的 NH_2 基团能够与其他高分子的—CHO 基团和—COOH 基团发生共价反应。例如，壳聚糖能够与氧化淀粉发生反应，却不能与淀粉本身反应。壳聚糖与其他高分子材料间的反应一般可以通过氢键、电子间相互作用或疏水作用来实现。因此研究人员通常考虑以壳聚糖和其他一些高分子材料一起作为原料来制备环保型胶黏剂，以期降低壳聚糖基胶黏剂的成本，同时提高它的性能。

　　壳聚糖本身是一种线型高分子，而常见的木材用胶黏剂，例如脲醛树脂、酚醛树脂和三聚氰胺-甲醛树脂，都是体型高分子，在对木材进行胶接时会发生固化交联反应，从而起到了强大的胶合作用。但壳聚糖本身并不会发生交联，因此一些研究人员尝试将壳聚糖与其他材料交联起来以生成体型高分子。常见的用于交联壳聚糖的交联剂有戊二醛、丙二醛和京尼平等。

　　此外，在壳聚糖中添加其他一些塑性高分子材料可以改善壳聚糖胶黏剂的脆性，调节它的固化时间，在一定程度上提高它的强度，降低壳聚糖基胶黏剂的成本。Ibrahim 等人使用漆酶改性木质素与壳聚糖反应制备出安全、廉价的胶黏剂树脂，并对其粘接性能进行了测试，结果发现该胶黏剂的强度高于壳聚糖单独作胶黏剂时的强度，与木质素-大豆蛋白-聚乙烯亚胺胶黏剂的强度类似。Peshkova 和 Li 首先使用漆酶改性酚醛树脂与壳聚糖反应制备了不同配方的胶黏剂，并认为该胶黏剂的胶合机理与贻贝蛋白胶类似，之后使用该胶黏剂将两片木单板黏合在了一起并测试了胶黏强度，结果表明胶黏强度与酚醛树脂的羟基数量和胶黏剂的初黏度没有关系。Umemura 和 Kawai 以葡萄糖和壳聚糖为原料通过二者间的美拉德反应制备了木材胶黏剂，结果表明葡萄糖的添加量不同，胶黏剂的质量、颜色、自由氨基、不溶物和热性质都有所不同，当壳聚糖分子量较低时，葡萄糖的添加会显著增强胶黏剂的干强度和湿强度。Patel 等人测试了使用壳聚糖基胶黏剂胶接木块的压缩剪切强度，结果表明性能最佳的胶黏剂中含有 6％的壳聚糖、1％的丙三醇和 5mmol/L 的脱水柠檬酸三钠；还利用罗丹明作染色剂，观测了壳聚糖基胶黏剂浸入木材的深度，分析了壳聚糖基胶黏剂和木材间的结合情况。Alireza 等人出于成本和环保以及提高纸张干强度的考虑，制备了加入壳聚糖和阳离子淀粉的甘蔗纸张，结果表明加入的壳聚糖和阳离子淀粉起到了甘蔗纸张表面保护膜的作用。Umemura 等人首先将魔芋葡甘聚糖和壳聚糖混合在一起制备了胶合板用胶黏剂，发现魔芋葡甘聚糖和壳聚糖是依靠氢键作用结合在了一起，之后又通过先冷压（0.98MPa）再热压（130℃）制备了胶合板。结果表明，当壳聚糖：魔芋葡甘聚糖为 8∶8 和 10∶8 时，胶合强度最高，达到了 2.13MPa；胶合板的干胶合强度会随着壳聚糖含量的增高而增高，并且要高于使用壳聚糖或者魔芋葡甘聚糖单独作为胶黏剂时胶合板的胶合强度，也要高于使用脲醛树脂和酪素胶黏剂的胶合板。

6.2 戊二醛交联壳聚糖胶黏剂

近年来，纤维板行业中使用的醛类胶黏剂已经引起了广泛的关注。因此，科研工作者着手研发不含甲醛的环保型胶黏剂，然而，常见的环保型纤维板用胶黏剂或者生产成本高昂，或者制备工艺复杂，或者胶合性能较弱，这些都限制了此类环保型胶黏剂在纤维板行业的进一步推广使用。因此开发一种简便易得的环保、低成本、高强度的纤维板用胶黏剂具有极大的实际意义。

作为一种天然、可再生、可降解的材料，壳聚糖受到了世界范围的广泛关注。壳聚糖在自然界中含量丰富，是由自然界中含量仅次于纤维素的多糖——甲壳素脱乙酰得到的。与传统的氨基树脂胶黏剂类似，壳聚糖的分子链上也有很多自由氨基，这使得壳聚糖具有一定的胶合能力；将壳聚糖与亲水性材料混合可以减轻该亲水性材料的亲水性，赋予该混合材料以疏水性能，还可以提高该复合材料的机械强度；壳聚糖还具有一定的防腐性能，可以有效地防止木材受到水分和真菌的侵蚀。因此壳聚糖非常适合作为一种多功能型纤维板用胶黏剂。

但是，传统的氨基树脂胶黏剂在起胶黏作用时都会固化成三维的体型结构，而壳聚糖是一种线型高分子，因此在外力作用下壳聚糖非常容易发生变形，并且线性壳聚糖分子的耐久性也不好。此外，与传统的氨基树脂胶黏剂相比，壳聚糖的价格昂贵，虽然在前文中得到的优化后的壳聚糖胶黏剂添加量只有 4%，比传统的氨基树脂胶黏剂添加量都要低，但生产出来的纤维板价格仍要比以氨基树脂为胶黏剂的纤维板高。以上的不利因素都严重限制了壳聚糖在纤维板行业的推广应用。

使用戊二醛作交联剂对壳聚糖进行化学交联可以使壳聚糖从线型结构转化为体型结构，从而改善壳聚糖的性能。基于此，在本节研究中，采用戊二醛对壳聚糖进行化学交联以制备戊二醛交联壳聚糖胶黏剂，并以此胶黏剂制备纤维板，深入揭示基于戊二醛交联壳聚糖胶黏剂制备的纤维板力学及尺寸稳定性能，优化戊二醛交联壳聚糖胶黏剂的合成工艺；通过 FTIR、XRD 以及 TG-DTG 等现代仪器分析技术对戊二醛交联壳聚糖胶黏剂化学特性及热稳定性进行分析表征，阐明戊二醛交联壳聚糖胶黏剂的化学结构及合成机理。本节的研究目的在于合成戊二醛交联壳聚糖胶黏剂，优化其合成工艺，探明其合成机理，为基于壳聚糖的胶黏剂在纤维板行业的应用打下基础，为后续基于壳聚糖胶黏剂制备纤维板的研究奠定理论基础。

6.2.1 试验材料与方法

6.2.1.1 试验材料

木纤维是由针叶材木纤维和阔叶材木纤维组成的杂木纤维，通过纤维热磨工艺得到，它含有46.70%的纤维素、29.17%的半纤维素和22.39%的木质素，购于大兴安岭恒友家具有限公司，其初始含水率为18%，使用前烘干至含水率为6%左右。壳聚糖（CAS号为9012-76-4）粉末购于上海迅凯化工科技有限公司，其脱乙酰度大于95%，黏度为100~200mPa·s，分子量为100000~150000。冰醋酸（CAS号为64-19-7，分析纯）购于哈尔滨凯美斯技术有限公司。蒸馏水为实验室自制。戊二醛［CHO(CH$_2$)$_3$CHO，50%，CAS号为111-30-8］购于天津瑞金特化学品有限公司。所有的实验试剂都是买来即用，没有再经进一步纯化。

6.2.1.2 胶黏剂与纤维板制备

戊二醛交联壳聚糖胶黏剂的制备步骤如下：首先将1g壳聚糖粉末和24.5mL蒸馏水加入一四颈圆底烧瓶中，在室温下搅拌直至壳聚糖均匀分散在蒸馏水中。之后再将提前配好的冰醋酸溶液（0.67g冰醋酸，24.5mL蒸馏水）倒入该烧瓶中并在室温下混合搅拌直至形成均一稳定的壳聚糖溶液。与此同时，以24.5mL蒸馏水为溶剂，适量的戊二醛为溶质配制一定量的戊二醛溶液（在戊二醛交联壳聚糖胶黏剂中，壳聚糖溶液是主剂，戊二醛溶液是交联固化剂）。

纤维板的制备（采用传统的平板热压法制备）步骤如下：首先将木纤维放入高速混料机（SHR-10A，张家港市通沙塑料机械有限公司）中，之后，将戊二醛溶液倒入壳聚糖溶液之中，并立即搅拌一小段时间直至二者混合均匀，混合物中戊二醛与壳聚糖的质量比依次为0、0.125、0.25、0.75和1.25。之后迅速将混合体系倒入木纤维（壳聚糖与木纤维的质量比为1.22∶100）中，高速混合搅拌（750r/min)5min。之后再将其手工铺装成250mm×250mm的正方形板坯，再将板坯放于预压机（50t试验预压机：功率3kW，哈尔滨东大人造板机械制造有限公司）中进行预压（1MPa，1min）。最后将预压后的板坯取出放入热压机（100t试验预压机：功率18kW，哈尔滨东大人造板机械制造有限公司）中进行热压，经过前期预实验，采用如图6-3所示的热压曲线，热压温度为170℃，板坯含水率为60%。

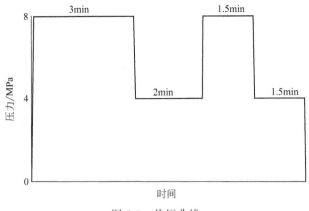

图 6-3　热压曲线

6.2.1.3　测试与表征

依据国家标准 GB/T 17657—2013《人造板及饰面人造板理化性能试验方法》中的规定测试所压制纤维板的内结合强度（IB）、静曲强度（MOR）、弹性模量（MOE）和 24h 吸水厚度膨胀率（24h TS）四项力学及防水指标，其中，内结合强度和 24h 吸水厚度膨胀率的测试重复 8 次，静曲强度和弹性模量的测试重复 12 次。

采用 Nicolet 生产的 Magna-IR560 E.S.P 型傅里叶变换红外光谱仪（FTIR）分析壳聚糖和戊二醛交联壳聚糖的化学官能团。试样采用 KBr 压片法，扫描范围为 $650\sim4000cm^{-1}$，扫描次数为 32 次，分辨率为 $4cm^{-1}$。

采用 NET-ZSCH 生产的 NET-ZSCH TGA209 型热重分析仪（TG-DTG）分析壳聚糖和戊二醛交联壳聚糖的热稳定性。测试在氮气氛围中进行，测试温度范围为 $40\sim800℃$，升温速率为 $10℃/min$。

采用 Rigaku 生产的 D/max 2200 型 X 射线衍射仪（XRD）分析壳聚糖和戊二醛交联壳聚糖聚集态结构。X 射线源为 Cu Kα，工作电压是 40kV，管电流为 30mA，扫描角度范围为 $5°\sim40°$，扫描速率为 $4(°)/min$。

6.2.2　戊二醛交联壳聚糖胶黏剂的交联机理

6.2.2.1　戊二醛交联壳聚糖胶黏剂的 FTIR 分析

采用 FTIR 图谱（图 6-4）分析研究了戊二醛与壳聚糖之间的化学反应。在壳聚糖的 FTIR 图谱中，$3354cm^{-1}$ 处是羟基（—OH）的伸缩振动峰，$3280cm^{-1}$ 处是氨基（—NH$_2$）的伸缩振动峰，$2929cm^{-1}$ 和 $2866cm^{-1}$ 处分别是亚甲基（CH_2）的非对称伸缩振动峰和对称伸缩振动峰，$1549cm^{-1}$处是酰胺Ⅱ带（C—N）的伸缩振动峰，$1253cm^{-1}$处是酰胺Ⅲ带（N—H）的伸缩振动峰，$1155cm^{-1}$处是醚键（C—O—C）的弯曲振动峰，$895cm^{-1}$处是β-1,4-糖苷键的特征峰。与壳聚糖的FTIR图谱相比，戊二醛交联壳聚糖的FTIR图谱有很多不同的地方。

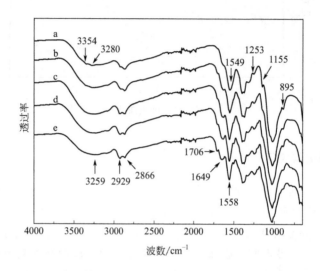

图 6-4　壳聚糖与戊二醛交联壳聚糖胶黏剂的 FTIR 图谱
a—壳聚糖；b～e—戊二醛：壳聚糖分别为 0.125、0.25、0.75、1.25

在壳聚糖的FTIR图谱中，$3354cm^{-1}$和$3280cm^{-1}$处是两个独立的峰，分别对应着羟基和氨基，然而在戊二醛交联壳聚糖胶黏剂的FTIR图谱中，原本这两处相互独立的峰却于$3259cm^{-1}$处融合成了一个宽峰，这说明，壳聚糖的氨基与戊二醛发生了反应。此外，在戊二醛交联壳聚糖胶黏剂的FTIR图谱中于$1706cm^{-1}$和$1649cm^{-1}$两处出现了两个新峰，此两处峰在壳聚糖的FTIR图谱中并没有出现，它们分别对应的是C═O和C═N，这是因为戊二醛的加入并且戊二醛的羰基和壳聚糖的氨基发生了缩合反应。从图6-4中可以看出，随着戊二醛交联壳聚糖胶黏剂中戊二醛与壳聚糖质量比的增加，$1706cm^{-1}$和$1649cm^{-1}$两处峰的强度也在增加，类似的现象可以在$2929cm^{-1}$处CH_2的非对称伸缩振动特征峰中的变化中看到。事实上，在壳聚糖的FTIR图谱中，最强烈的CH_2伸缩振动峰出现在低波数处，即$2866cm^{-1}$处。然而，随着戊二醛交联壳聚糖胶黏剂中戊二醛与壳聚糖质量比的增加，$2929cm^{-1}$处非对称伸缩振动峰的强度一直在增加，$2929cm^{-1}$处的峰对应的是临近羰基的亚甲基（CH_2）非伸缩振动峰，这个峰强度的增加部分原因是戊二醛分子间的交联所引起的链长的增加，还有一个原因是戊二醛的非均一醛醇缩合所致。与$2929cm^{-1}$处峰的变化趋势相反的是，随着戊二醛交联壳聚糖胶黏剂中戊二醛与壳聚糖质量比的增加，$1155cm^{-1}$ 和 $895cm^{-1}$ 两处的峰强度在下降，这可能是因为这两处峰被戊二醛交联壳聚糖结构遮挡了所致。此外，随着戊二醛交联壳聚糖胶黏剂中戊二醛与壳聚糖质量比的增加，原位于壳聚糖的 FTIR 图谱中 $1549cm^{-1}$ 处的峰，在戊二醛交联壳聚糖胶黏剂的 FTIR 图谱中却逐渐移向了高波数处，最终在戊二醛与壳聚糖的质量比为 1.25 的戊二醛交联壳聚糖胶黏剂的 FTIR 图谱中移至 $1558cm^{-1}$ 处，而此处的峰对应的是由戊二醛醛醇缩合所形成的 C＝C 键和壳聚糖中酰胺 II 带 C—N 键的重合峰，在戊二醛与壳聚糖的质量比为 0.125 的戊二醛交联壳聚糖胶黏剂的 FTIR 图谱中，此处峰的位置非常接近 $1549cm^{-1}$；$2929cm^{-1}$ 处峰的强度与壳聚糖的 FTIR 图谱相比也几乎没有增加，这可能是因为当戊二醛与壳聚糖的质量比为 0.125 时，戊二醛没有发生醛醇缩合反应。

6.2.2.2　戊二醛交联壳聚糖胶黏剂的 TG-DTG 分析

壳聚糖和戊二醛交联壳聚糖胶黏剂的 TG-DTG 曲线如图 6-5 所示。从图 6-5 中可以看出，第一次热失重阶段基本在温度为 40～150℃ 的范围内，在这个范围内的失重基本上是水分的失去。从壳聚糖的 DTG 曲线中可以看出，壳聚糖在温度为 61.90℃ 时失水最快，而戊二醛与壳聚糖的质量比为 0.125 的戊二醛交联壳聚糖胶黏剂在温度为 76.52℃ 时失水最快，这说明经过轻度的戊二醛交联后，壳聚糖的失水温度会有所增加。当戊二醛交联壳聚糖胶黏剂中戊二醛与壳聚糖的质量比较低时，戊二醛溶液的浓度也比较低，此时戊二醛的醛醇缩合基本上不会发生，即主要是戊二醛单体与壳聚糖发生了交联反应，因此，可以说戊二醛单体交联可以提高壳聚糖保持水分的能力。然而，当戊二醛交联壳聚糖胶黏剂中戊二醛与壳聚糖的质量比进一步增加至 0.25 时，DTG 曲线中戊二醛交联壳聚糖胶黏剂的最大失水峰又移向了低温度处，移至 64.63℃。当戊二醛交联壳聚糖胶黏剂中戊二醛的含量充足时，戊二醛会首先发生自聚合，然后才和壳聚糖发生交联反应，然而戊二醛的自聚合产物与壳聚糖交联会降低壳聚糖保持水分的能力。壳聚糖分子链上的氨基与羟基都可以与水分子结合，但氨基与水分子的结合占主导地位，然而水分子与壳聚糖分子链上羟基的结合要强于与氨基的结合。在戊二醛和壳聚糖质量比分别为 0.25、0.75 和 1.25 的戊二醛交联壳聚糖胶黏剂的 DTG 曲线中，随着戊二醛和壳聚糖质量比的上升，最大失水峰逐渐向高温区移去，这是因为经戊二醛交联后，原来壳聚糖分子链上的一些氨基（—NH_2）转换成了亚胺（—N＝C—），导致原来能够与水分子结合的氨基数量减少，因此，原本一些可以与氨基结合的水分子现在与羟基结合，从而导致失水温度的升高。此外，如表 6-2 所示，随着戊二醛含量的增加，戊二醛交联壳聚糖胶黏剂失去水分的量也在增加，说明戊二醛含量的增加会导致戊二醛交联壳聚糖胶黏剂亲水性的增加，这是因为壳聚糖分子链中羟基与水的结合能力要强于氨基。此结果揭示了纤维板 24h 吸水厚度膨胀率变化的原因。

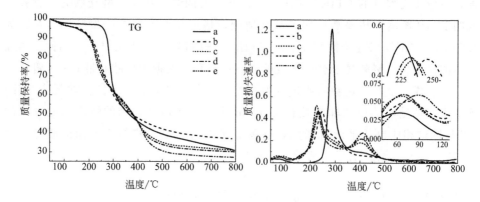

图 6-5　壳聚糖与戊二醛交联壳聚糖胶黏剂的 TG-DTG 曲线

a—壳聚糖；b～e—戊二醛：壳聚糖分别

为 0.125、0.25、0.75、1.25

表 6-2　壳聚糖与戊二醛交联壳聚糖胶黏剂的 TG-DTG 分析结果

样品	第一阶段		第二阶段		第三阶段		800℃后残留质量/%
	温度/℃	质量损失/%	温度/℃	质量损失/%	温度/℃	质量损失/%	
a	61.90	2.60	285.59	66.27	—	—	31.13
b	76.52	3.76	244.94	59.25	—	—	36.99
c	64.63	3.95	234.19	42.71	405.65	22.18	31.11
d	69.58	4.02	231.43	40.48	405.77	25.21	30.31
e	88.22	4.31	225.23	37.97	412.25	30.29	27.43

注：a 为壳聚糖，b～e 为戊二醛：壳聚糖分别为 0.125、0.25、0.75、1.25 的戊二醛交联壳聚糖。

壳聚糖的主要失重峰在第二阶段，即 250～350℃ 范围内。此阶段的失重主要是因为壳聚糖分子内氢键和分子链的断裂。在戊二醛交联壳聚糖胶黏剂中，随着戊二醛和壳聚糖质量比的增加，主要失重峰逐渐移向低温处（150～320℃），说明戊二醛交联壳聚糖胶黏剂的热稳定性在下降，这可能是因为戊二醛与壳聚糖交联后，壳聚糖分子内和分子间的氢键数量减少所致。同时，随着戊二醛和壳聚糖质量比的增加，戊二醛交联壳聚糖胶黏剂在此阶段内失去的质量也在增加（表6-2），这是因为戊二醛和壳聚糖质量比的增加导致交联程度的提高。

戊二醛与壳聚糖质量比为 0.25、0.75 和 1.25 的戊二醛交联壳聚糖胶黏剂的 DTG 曲线在 320～500℃ 范围内出现了第三个失重峰，然而当戊二醛与壳聚糖的质量比为 0.125 时，戊二醛交联壳聚糖胶黏剂却并未在此范围内出现失重峰。此范围内的失重峰对应的是戊二醛交联壳聚糖胶黏剂中由于醛醇缩合形成的自聚合戊二醛的热分解。并且，随着戊二醛与壳聚糖质量比的增加，戊二醛交联壳聚糖胶黏剂在此阶段失去的重量也在增加，这是因为戊二醛与壳聚糖质量比的增加导致戊二醛交联壳聚糖胶黏剂的结构更加无序化。然而，戊二醛与壳聚糖质量比为0.125的戊二醛交联壳聚糖胶黏剂的DTG曲线在285.59℃处出现了一个微弱的峰，在壳聚糖的DTG曲线中，285.59℃处附近是壳聚糖的最大失重峰，这说明在戊二醛与壳聚糖质量比为0.125的戊二醛交联壳聚糖胶黏剂中尚有部分未被戊二醛交联的壳聚糖，这也侧面反映了戊二醛含量的不足。

800℃后，壳聚糖残留的质量要比戊二醛与壳聚糖质量比为0.125的戊二醛交联壳聚糖胶黏剂残留的质量低，但是要高于戊二醛与壳聚糖质量比为0.25、0.75和1.25的戊二醛交联壳聚糖胶黏剂（表6-2）。此外，当戊二醛与壳聚糖的质量比从0.25升至1.25时，戊二醛交联壳聚糖胶黏剂在800℃过后的残留质量逐渐下降。以上结果说明轻微的与戊二醛单体的交联可以提高壳聚糖的高温热稳定性，但与自聚合的戊二醛交联会降低壳聚糖的高温热稳定性。

总之，从以上结果可以看出，戊二醛交联壳聚糖胶黏剂的热稳定性和保水能力受戊二醛与壳聚糖质量比的影响很大，轻微的与戊二醛单体的交联可以赋予戊二醛交联壳聚糖胶黏剂特殊的热稳定性和保水能力。

6.2.2.3　戊二醛交联壳聚糖胶黏剂的 XRD 分析

壳聚糖和戊二醛交联壳聚糖胶黏剂的 XRD 图如图 6-6 所示。在壳聚糖的

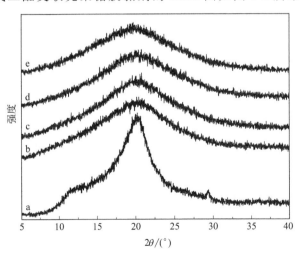

图 6-6　壳聚糖与戊二醛交联壳聚糖胶黏剂的 XRD 图

a—壳聚糖；b～e—戊二醛与壳聚糖的质量比分别

为 0.125、0.25、0.75、1.25

XRD图中,在 $2\theta = 10.9°$ 和 $20.1°$ 处有两个峰,这与前人的研究结果相一致。戊二醛交联壳聚糖胶黏剂在 $2\theta = 20°$ 附近也有一个峰,但峰的强度较弱,峰的宽度也较宽,这是因为戊二醛交联将有序的链状壳聚糖分子转变成了无序的体型结构,这也与前人的研究结果相一致。上述结果表明,在经戊二醛交联后,原来壳聚糖规则的线型结构转变成了三维的体型结构,说明成功地合成了能够交联固化的胶黏剂。

综合 FTIR 分析结果、TG-DTG 分析结果、XRD 分析结果以及前人的研究,可以总结出戊二醛交联壳聚糖胶黏剂的结构和合成步骤。即当戊二醛量充足时,戊二醛分子首先会通过醛醇缩合形成戊二醛自聚物,之后戊二醛自聚物再和壳聚糖反应生成戊二醛交联壳聚糖胶黏剂;当戊二醛量不足时,戊二醛的自聚反应不会发生,戊二醛单体会直接和壳聚糖分子反应生成戊二醛交联壳聚糖胶黏剂。壳聚糖、戊二醛与二者的反应产物见图 6-7。

6.2.3 戊二醛交联壳聚糖胶黏剂的胶合性能

戊二醛与壳聚糖的质量比对纤维板力学及尺寸稳定性的影响如图 6-8 所示。纤维板内结合强度、弹性模量和静曲强度随戊二醛与壳聚糖质量比增大的变化趋势可以分成两个阶段。第一阶段对应的戊二醛与壳聚糖质量比范围为从 0 到 0.25,在此阶段中,随着戊二醛与壳聚糖质量比的增加,纤维板的内结合强度、弹性模量和静曲强度也在增加,说明戊二醛交联壳聚糖胶黏剂可以提高纤维板的胶合强度,因此戊二醛交联壳聚糖胶黏剂非常适合作为纤维板用胶黏剂。

第二阶段对应的是戊二醛与壳聚糖的质量比从 0.25 到 1.25 的范围内,在这一阶段中,纤维板的胶合强度随着戊二醛与壳聚糖的质量比的上升而下降,这可以从纤维板的内结合强度、弹性模量和静曲强度的变化趋势中看出来。这个结果说明过高的戊二醛与壳聚糖的质量比并不利于纤维板胶合强度的进一步提高,原因可能是因为戊二醛交联壳聚糖胶黏剂中戊二醛含量过高时会对胶黏剂不利。如第七章所述,壳聚糖胶黏剂与木纤维之间主要依靠壳聚糖的氨基与木纤维的羧基和羟基之间的酰胺键和氢键连接,而戊二醛交联壳聚糖是依靠戊二醛醛基和壳聚糖氨基之间的反应完成的。因此,当戊二醛交联壳聚糖胶黏剂中戊二醛过量时,壳聚糖分子链上的自由氨基数量就会大大减少,从而导致能够与木纤维形成的有效连接减少。此外,过量的戊二醛也会导致戊二醛交联壳聚糖胶黏剂的提前固化,即在完全将木纤维黏合在一起之前胶黏剂已固化。所以,戊二醛与壳聚糖的质量比过高时纤维板的胶合强度会下降。

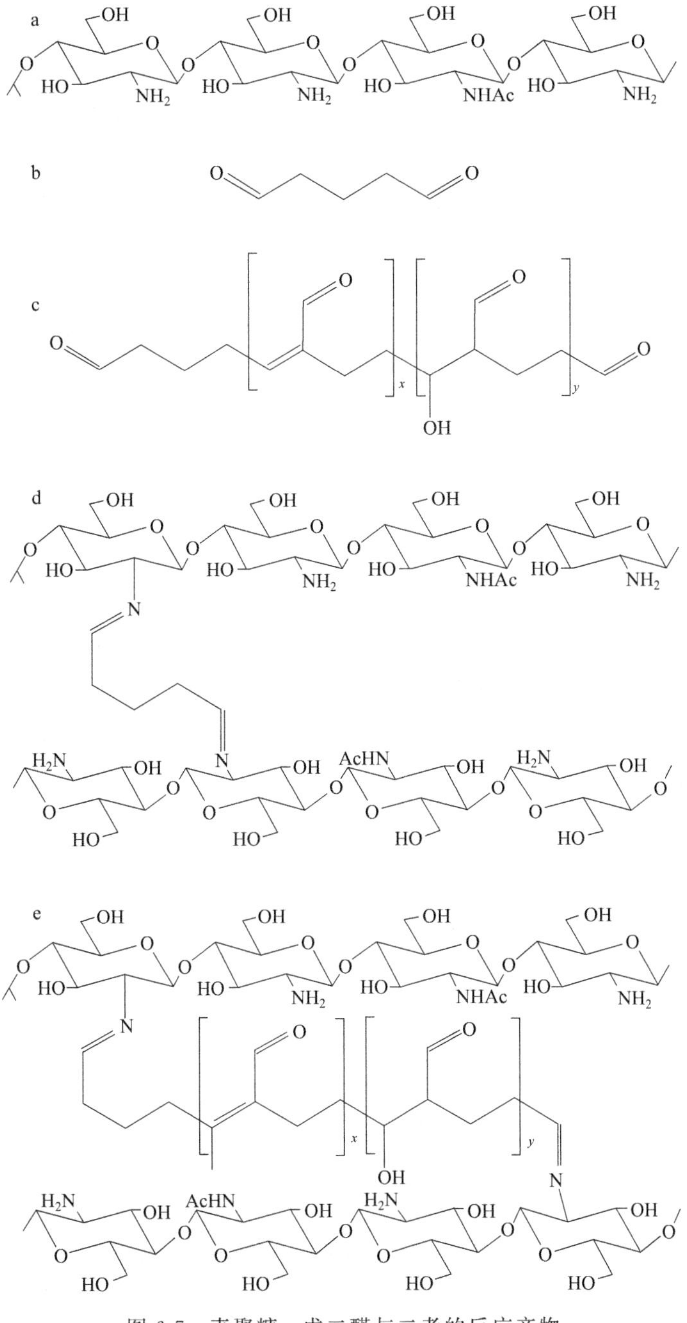

图 6-7 壳聚糖、戊二醛与二者的反应产物

a—壳聚糖；b—戊二醛单体；c—戊二醛自聚物；d—戊二醛单体交联壳聚糖；

e—戊二醛自聚物交联壳聚糖

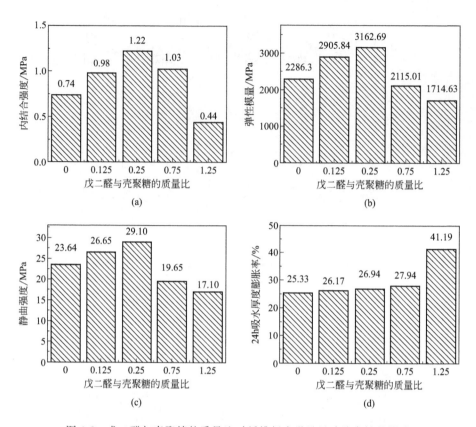

图 6-8 戊二醛与壳聚糖的质量比对纤维板力学及尺寸稳定性的影响

从图 6-8(d) 中可以看出，随着戊二醛与壳聚糖质量比的上升，纤维板的 24h 吸水厚度膨胀率也一直在上升，意味着它的尺寸稳定性在下降。当戊二醛与壳聚糖的质量比在 0~0.75 之间时，纤维板的 24h 吸水厚度膨胀率上升幅度还不大，而当戊二醛与壳聚糖的质量比是 1.25 时，纤维板的 24h 吸水厚度膨胀率有了显著的升高，说明戊二醛交联壳聚糖胶黏剂中戊二醛含量的增多对纤维板尺寸稳定性会有不利的影响。高脱乙酰度的壳聚糖本身有着极佳的疏水性，它可以防止水分进入其分子链之间；当壳聚糖与戊二醛发生交联反应时，壳聚糖原来的结构遭到破坏，这导致了其防水性能的下降，进而造成纤维板 24h 吸水后膨胀率的下降。同时当戊二醛交联壳聚糖胶黏剂中戊二醛含量过高时，戊二醛交联壳聚糖胶黏剂也会提前固化，从而影响其对木纤维的黏合，这也会造成纤维板尺寸稳定性的下降。

当戊二醛与壳聚糖的质量比为 0.25 时纤维板的力学性能达到了最佳，而当胶黏剂中不含有戊二醛时纤维板的尺寸稳定性达到最佳，最优的内结合强度、弹性模量、静曲强度和 24h 吸水厚度膨胀率分别为 1.22MPa、3162.96MPa、29.10MPa 和 26.94％。经过全面对比可以发现，当戊二醛与壳聚糖的质量比为 0.25 时纤维板的性能最佳，此时虽然其 24h 吸水厚度膨胀率与戊二醛与壳聚糖的质量比为 0 时相比有所增加，但增加幅度并不明显。因此，此结果证明戊二醛交联壳聚糖胶黏剂非常适合用于制备纤维板。

6.3　壳聚糖共混木质素胶黏剂

近些年来，我国的林木资源短缺问题引起了人们的广泛关注，专家学者发展了多种实现林木资源高效利用的策略，其中之一就是利用林木采伐剩余物生产纤维板。然而在纤维板制造过程中往往需要用到大量的含醛类的胶黏剂，例如脲醛树脂胶黏剂、酚醛树脂胶黏剂和三聚氰胺甲醛树脂胶黏剂等，使用了这些胶黏剂的纤维板会释放游离甲醛，而甲醛正是危害人类健康的杀手之一。并且生产这些胶黏剂的原材料——石油资源，也面临着日益枯竭的问题。因此，为了从根本上解决上述问题，必须发展基于天然可再生资源的纤维板用环保型胶黏剂。

如前文所述，壳聚糖是一种非常适合作为多功能型纤维板用胶黏剂的天然、可再生、可降解的材料。然而，与传统的氨基树脂胶黏剂相比，壳聚糖的价格昂贵，虽然在第 7 章中得到的优化后的壳聚糖胶黏剂添加量只有 4％，比传统的氨基树脂胶黏剂添加量都要低，但生产出来的纤维板价格仍要比以氨基树脂为胶黏剂的纤维板高，严重限制了壳聚糖在纤维板行业的推广应用。

用其他种类的天然、可再生材料代替部分胶黏剂中的部分壳聚糖可以在一定程度上降低该胶黏剂的价格。木质素是地球上分布最广泛的天然、可再生材料之一，它是一种基于苯丙烷衍生物的无定形高分子材料。目前，工业中的木质素大多是作为制浆造纸行业的废弃物，少部分也被作为燃料直接烧掉，不仅造成了很大的浪费，也造成了巨大的污染。实现工业木质素的高效应用将会很大程度上解决木质素造成的污染和浪费问题。木质素的化学结构复杂，主要由对羟苯基结构单元、紫丁香基结构单元和愈疮木基结构单元聚合而成。作为一种价格低廉、天然、可再生的含有大量酚羟基的生物高分子，木质素有着极佳的作为胶黏剂使用的潜力。然而，与使用传统的胶黏剂相比，单独使用木质素作胶黏剂生产出的纤维板质量较差。因此，人们通常将木质素改性，或将其与其他胶黏剂混在一起使用。

已有研究人员开展了关于壳聚糖/木质素复合材料的研究。基于此，在本节研究中，采用工业造纸废弃物木质素磺酸钠与壳聚糖进行共混以制备壳聚糖/木质素胶黏剂，并以此胶黏剂制备纤维板，深入揭示基于壳聚糖/木质素胶黏剂制备纤维板的力学及尺寸稳定性能，优化壳聚糖/木质素胶黏剂的合成工艺；通过FTIR、XRD 以及 TG-DTG 等现代仪器分析技术对壳聚糖/木质素胶黏剂化学特性及热稳定性进行分析表征，阐明壳聚糖/木质素胶黏剂的化学结构及合成机理。本节的研究目的在于合成壳聚糖/木质素胶黏剂，优化其合成工艺，探明其合成机理，为基于壳聚糖的胶黏剂在纤维板行业的应用打下基础，为后续基于壳聚糖胶黏剂制备纤维板的研究奠定理论基础。

6.3.1 试验材料与方法

6.3.1.1 试验材料

木质素磺酸钠（CAS 号为 8061-51-6），其磺化程度为 1.42mmol/g，购于武汉华东化学有限公司。其他试验材料如木纤维、壳聚糖、冰醋酸、蒸馏水同 6.2.1.1。所有的实验试剂都是买来即用，没有再经进一步纯化。

6.3.1.2 胶黏剂与纤维板制备

按以下步骤制备壳聚糖/木质素胶黏剂：首先分别称量适量的壳聚糖粉末和木质素磺酸钠粉末，将称量好的壳聚糖粉末与木质素磺酸钠粉末放在一烧杯中混合均匀，然后加入适量的蒸馏水，快速搅拌使木质素磺酸钠完全溶解而壳聚糖粉末均匀分散在木质素磺酸钠的溶液中；然后将适量的冰醋酸倒入一含有一定量蒸馏水的烧杯中，配制成冰醋酸溶液；最后将配制好的冰醋酸溶液倒入盛有壳聚糖和木质素磺酸钠溶液的烧杯中，快速搅拌直至壳聚糖完全溶解，形成均一的棕褐色黏稠液体，得到的液体即为壳聚糖/木质素胶黏剂。以上所有操作均在室温下进行，壳聚糖/木质素胶黏剂中木质素磺酸钠和壳聚糖质量比分别为 1:0、3:1、2:1、1:1、1:2、1:3 和 0:1，冰醋酸和壳聚糖的质量比为 2:3，壳聚糖与蒸馏水的质量比约为 3%。

按以下步骤压制纤维板：首先将木纤维放入高速混料机（SHR-10A，张家港市通沙塑料机械有限公司）中，然后将准备好的壳聚糖/木质素胶黏剂倒入其中，高速混合搅拌（750r/min）5min。然后将混好的木纤维/胶黏剂混合物取出，置于室内调质。之后再将其手工铺装成 250mm×250mm 的正方形板坯，再将板坯放于预压机（50t 试验预压机：功率 3kW，哈尔滨东大人造板机械制造有限公司）中进行预压（1MPa，1min）。最后将预压后的板坯取出放入热压机（100t 试验预压机：功率 18kW，哈尔滨东大人造板机械制造有限公司）中进行热压，经过前期预实验，采用如图 6-3 所示的热压曲线，热压温度为 170℃。所压制的纤维板中胶黏剂添加量为 4%。

6.3.1.3 测试与表征

胶黏剂及纤维板的测试与表征方法与 6.2.1.3 相同。在本次实验中，当胶黏剂中木质素磺酸钠与壳聚糖的质量比为 0:1 时，纤维板的制备参数及工艺与第七章中酸化壳聚糖胶黏剂添加量为 4% 的纤维板完全一致，因此，本章中关于此纤维板的力学及尺寸稳定性数据与第七章中酸化壳聚糖胶黏剂添加量为 4% 的纤维板相同。

6.3.2 壳聚糖共混木质素胶黏剂的共混机理

6.3.2.1 壳聚糖/木质素胶黏剂的 FTIR 分析

图 6-9 是壳聚糖、木质素磺酸钠和壳聚糖/木质素胶黏剂的 FTIR 图谱。如图 6-9 所示，在壳聚糖的 FTIR 图谱中，位于 $3354cm^{-1}$ 处的是羟基（—OH）的伸缩振动峰，位于 $3291cm^{-1}$ 处的是氨基（—NH$_2$）的伸缩振动峰，位于 $2929cm^{-1}$ 与 $2866cm^{-1}$ 处的分别是亚甲基（CH$_2$）的非对称伸缩振动峰和对称伸缩振动峰，位于 $1549cm^{-1}$ 处的是酰胺 II 带（C—N）的伸缩振动峰，$1253cm^{-1}$ 处是酰胺 III 带（N—H）的伸缩振动峰，$1155cm^{-1}$ 处是醚键（C—O—C）的弯曲振动峰，$895cm^{-1}$ 处是 β-1,4-糖苷键的特征峰。在木质素磺酸钠的 FTIR 图谱中，位于 $3259cm^{-1}$ 处的是羟基的伸缩振动峰，位于 $2967cm^{-1}$ 和 $2931cm^{-1}$ 处的是 CH 的特征峰，位于 $1585cm^{-1}$ 和 $1413cm^{-1}$ 处的是芳香环骨架（C—C）的伸缩

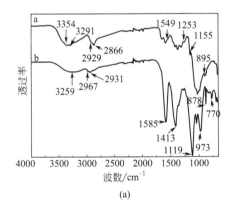

(a)

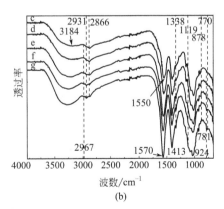

(b)

图 6-9 壳聚糖、木质素磺酸钠和壳聚糖/木质素胶黏剂的 FTIR 图谱

a—壳聚糖；b—木质素磺酸钠；c~g—壳聚糖与木质素磺酸钠的质量比分别为 3:1、2:1、1:1、1:2、1:3

振动峰，位于 $1119cm^{-1}$、$878cm^{-1}$ 和 $770cm^{-1}$ 处的是木质素磺酸钠中愈疮木基单元（CH）的弯曲振动峰，位于 $973cm^{-1}$ 处的是芳香环（HC＝CH）的面外弯曲振动峰。与壳聚糖和木质素磺酸钠的 FTIR 图谱相比，壳聚糖/木质素胶黏剂的 FTIR 图谱有很多不同的地方。

在壳聚糖的 FTIR 图谱中，$3354cm^{-1}$ 处和 $3291cm^{-1}$ 处分别对应着羟基和 s 氨基的特征峰，在木质素磺酸钠的 FTIR 图谱中，$3259cm^{-1}$ 处对应着羟基的特征峰，而在壳聚糖/木质素胶黏剂的 FTIR 图谱中，上述羟基和氨基的特征峰融合成了一个峰，并且随着胶黏剂中壳聚糖含量的增多，该峰逐渐向低波数处移去，即发生了红移，最终在壳聚糖与木质素磺酸钠质量比为 3∶1 的 FTIR 图谱中移到了 $3184cm^{-1}$ 处，这是因为木质素磺酸钠的羟基与壳聚糖的氨基和羟基之间产生了氢键，并且，随着壳聚糖的增多，产生的氢键数量也在增多。随着壳聚糖/木质素胶黏剂中壳聚糖成分的增多，$2967cm^{-1}$ 和 $2931cm^{-1}$ 处峰的强度也在逐渐减弱，$2866cm^{-1}$ 处峰的强度却在逐渐变强。同时，随着壳聚糖/木质素胶黏剂中壳聚糖成分的增多，木质素磺酸钠中 $1585cm^{-1}$ 处对应于苯环骨架伸缩振动的特征峰逐渐移向低波数处，最终移至 $1550cm^{-1}$ 处，这是因为与壳聚糖中的峰重叠所致。并且，随着壳聚糖/木质素胶黏剂中壳聚糖成分的增多，木质素磺酸钠中 $1413cm^{-1}$ 处对应于苯环骨架伸缩振动的特征峰强度逐渐减弱，木质素磺酸钠中位于 $1119cm^{-1}$、$878cm^{-1}$ 和 $770cm^{-1}$ 处对应于苯环愈疮木基单元弯曲振动的特征峰也大幅减弱，这可能是因为愈疮木基单元与壳聚糖发生了化学反应所致。在壳聚糖/木质素胶黏剂的 FTIR 图谱中，位于 $924cm^{-1}$ 处出现了新峰，这在壳聚糖与木质素磺酸钠的 FTIR 图谱中都没有观察到，此处对应的是酰胺键（CO—NH）的特征峰，说明木质素中的羰基可能与壳聚糖中的氨基发生了化学反应，生成了酰胺键。在壳聚糖/木质素胶黏剂的 FTIR 图谱中位于 $1338cm^{-1}$ 和 $781cm^{-1}$ 处也出现了新峰，这两处峰分别对应的是磺酰胺 S＝O 和磺酰胺 S—N—S 的特征峰，说明木质素磺酸钠的磺酸基团可能和壳聚糖的氨基基团发生了反应。随着壳聚糖/木质素胶黏剂中壳聚糖成分的增多，$1338cm^{-1}$ 处磺酰胺 S＝O 的特征峰，$781cm^{-1}$ 磺酰胺 S—N—S 的特征峰和 $924cm^{-1}$ 处 CO—NH 的特征峰都在减弱，在壳聚糖与木质素磺酸钠质量比为 3∶1 的壳聚糖/木质素胶黏剂中已很难分辨出到这些峰，原因可能是随着木质素磺酸钠成分的减少，能够与壳聚糖中氨基发生反应的磺酸基团和羰基基团的数量也在减少，因此在壳聚糖与木质素磺酸钠质量比为 3∶1 的壳聚糖/木质素胶黏剂中生成的酰胺键和磺酰胺连接都已非常少。

壳聚糖是二维线型结构高分子，木质素磺酸钠是三维体型结构高分子，由于木质素磺酸钠中的羰基基团与磺酸基团与壳聚糖中的氨基基团发生反应形成了连接，因此可以推测合成了三维体型结构的壳聚糖/木质素胶黏剂高分子。

6.3.2.2 壳聚糖/木质素胶黏剂的 TG-DTG 分析

壳聚糖、木质素磺酸钠和壳聚糖/木质素胶黏剂的 TG-DTG 曲线如图 6-10 所示，TG-DTG 分析结果如表 6-3 所示。从图 6-10 中可以看出，第一次热失重阶段基本在温度为 40～100℃ 的范围内，在这个范围内的失重基本上是水分的失去。

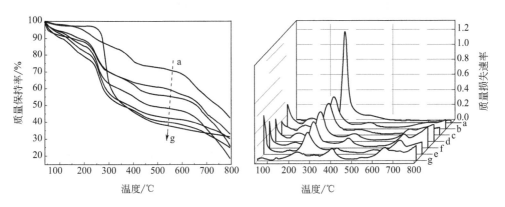

图 6-10 壳聚糖、木质素磺酸钠和壳聚糖/木质素胶黏剂的 TG-DTG 曲线
a—木质素磺酸钠；b~f—木质素磺酸钠与壳聚糖的质量比分别为
3∶1、2∶1、1∶1、1∶2、1∶3；g—壳聚糖

表 6-3 壳聚糖、木质素磺酸钠和壳聚糖/木质素胶黏剂的 TG-DTG 分析结果

样品	阶段 A 温度/℃	阶段 A 质量损失/%	阶段 B 温度/℃	阶段 B 质量损失/%	阶段 C 温度/℃	阶段 C 质量损失/%	800℃后残留质量/%
a	128	0.70	228	8.16	392	16.73	42.62
b	162	2.77	247	21.69	386	11.35	33.22
c	158	4.67	248	23.02	413	10.46	25.67
d	149	8.37	252	26.09	413	10.25	18.33
e	154	10.84	259	27.49	414	9.45	30.55
f	152	12.07	261	28.65	435	9.31	24.73
g	286	66.27	—	—	—	—	31.13

注：a 为木质素磺酸钠，b~f 为木质素磺酸钠与壳聚糖的质量比分别为 3∶1、2∶1、1∶1、1∶2、1∶3，g 为壳聚糖。

在木质素磺酸钠的 TG-DTG 曲线中，在 100～150℃ 范围内的失重主要是因为木质素磺酸钠分子侧链上脂肪羟基基团、羧基基团和 C—C 键受热断裂分解，产生了水分和二氧化碳；在 228℃ 处的失重峰对应于酚类化合物（苯环、羟基和烷基等）的热降解；在 392℃ 处的失重峰对应于磺酸基团热降解；600℃ 以上的失重峰对应的是分解反应、浓缩反应和酚类化合物的二次热裂解。壳聚糖的 TG-DTG 曲线比较简单，除了在 100℃ 之前有一水分的失重峰外，只有一处位于 286℃ 处的主失重峰，对应的是壳聚糖分子内氢键和分子链的断裂。

在壳聚糖/木质素胶黏剂的 TG-DTG 曲线中，100℃ 以下是水分的失重峰。在木质素磺酸钠的 TG-DTG 曲线中，在 100～150℃ 范围内的失重对应的是木质素磺酸钠侧链上脂肪羟基基团、羰基基团和 C—C 键的受热断裂分解，在壳聚糖的 TG-DTG 曲线中，在 100～150℃ 范围内壳聚糖缓慢失重，无明显的失重峰出现；而在壳聚糖/木质素胶黏剂的 TG-DTG 曲线中，随着胶黏剂中壳聚糖成分的增多，在 100～150℃ 范围内失去的质量也在增大，并且该失重峰对应的温度都要高于木质素磺酸钠，原因可能是木质素磺酸钠侧链中的羧基与壳聚糖反应生成的酰胺键影响了壳聚糖和木质素磺酸钠在此温度范围内的热降解行为，也可能是木质素磺酸钠的侧链在热降解过程中生成的物质与壳聚糖发生了反应，使得部分壳聚糖在此温度范围内发生了热降解。在壳聚糖/木质素胶黏剂的 TG-DTG 曲线中，在 240℃ 左右出现了一个失重峰，这可能是因为木质素磺酸钠中 228℃ 处的失重峰和壳聚糖中 286℃ 处的失重峰重叠所致；随着胶黏剂中壳聚糖成分的增多，壳聚糖/木质素胶黏剂在 240℃ 左右失去的质量也在变大，并且该失重峰逐渐向高温处（280℃）移去。值得注意的是，在 286℃ 处的失重峰是壳聚糖的主失重峰，壳聚糖在此阶段内失去了 66.27% 的质量，对于壳聚糖/木质素胶黏剂来说，虽然随着壳聚糖成分的增多，壳聚糖/木质素胶黏剂在此阶段失去的质量在增加，但即使是壳聚糖与木质素磺酸钠质量比为 3：1 的壳聚糖/木质素胶黏剂，它在此阶段内失去的质量也仅仅为 28.65%，远远低于壳聚糖的 66.27%，壳聚糖在此阶段的失重主要是因为壳聚糖分子内氢键和分子链的断裂，因此，可能是木质素磺酸钠减少了壳聚糖分子内的氢键数量，从而导致壳聚糖在此阶段失去的质量减少；也可能是壳聚糖/木质素胶黏剂在 100～150℃ 范围内的失重增加，导致其在此阶段的失重减少。在木质素磺酸钠的 TG-DTG 曲线中，在 392℃ 处的峰对应的是木质素磺酸钠中磺酸基团的热降解失重，而在壳聚糖/木质素胶黏剂的 TG-DTG 曲线中，随着胶黏剂中壳聚糖成分的增多，该失重峰先向低温处移去，然后又向高温处移去，并且在此失重峰中失去的质量在逐渐减少，原因可能是胶黏剂中木质素磺酸钠的磺酸基团与壳聚糖中的氨基生成了磺酰胺，当胶黏剂中壳聚糖含量少时，反应生成的磺酰胺基团数量多，其热稳定性要比磺酸基团低，所以失重峰先向低温处移去；随着壳聚糖的进一步增多，胶黏剂中木质素磺酸钠含量逐渐降低，能够与氨基反应的磺酸基团数量也在减少，并且，大量的壳聚糖阻碍了热量进一步传入磺酸基团，导致失重峰逐渐移向高温处。在木质素磺酸钠和壳聚糖与木质素磺酸钠质量比为 1∶3 的壳聚糖/木质素胶黏剂的 TG-DTG 曲线中，在温度为 540～570℃的范围内有一个微弱的失重峰，随着胶黏剂中壳聚糖含量的进一步增多，此峰最终消失，这可能是因为随着胶黏剂中壳聚糖的增多，木质素磺酸钠成分在逐渐减少，所以此处峰的强度逐渐减弱，以致最终不能够在图谱中反映出来所致。

综上所述，壳聚糖/木质素胶黏剂的 TG-DTG 曲线并不是壳聚糖的 TG-DTG 曲线和木质素磺酸钠的 TG-DTG 曲线的简单叠加，部分原因可能是壳聚糖和木质素磺酸钠发生了反应，影响了各自的热失重行为。当胶黏剂中壳聚糖与木质素磺酸钠的质量比不同时，壳聚糖/木质素胶黏剂的热失重行为也不同。

6.3.2.3 壳聚糖/木质素胶黏剂的 XRD 分析

壳聚糖、木质素磺酸钠和壳聚糖/木质素胶黏剂的 XRD 图如图 6-11 所示。在壳聚糖的 XRD 图中，在 $2\theta=10.9°$ 和 $20.1°$ 处有两个峰，这与前人的研究结果相一致。在木质素磺酸钠的 XRD 图中，在 $2\theta=23.1°$、$25.9°$、$27.2°$、$28.2°$、$31.5°$、$32.5°$ 和 $33.6°$ 处分别出现了峰，并且在 $2\theta=31.5°$ 处的峰尤其尖锐，与前人的研究结果相符合。

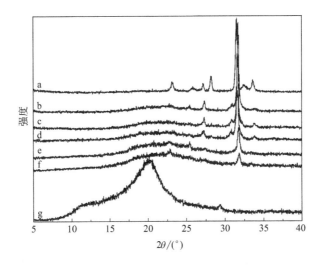

图 6-11 壳聚糖、木质素磺酸钠和壳聚糖/木质素胶黏剂的 XRD 图
a—木质素磺酸钠；b～f—木质素磺酸钠与壳聚糖的质量比分别为
3∶1、2∶1、1∶1、1∶2、1∶3；g—壳聚糖

在壳聚糖/木质素胶黏剂的 XRD 图谱中，随着胶黏剂中壳聚糖成分的增多，在 $2\theta=22.5°$ 处出现了一个新的宽峰。在壳聚糖/木质素胶黏剂溶液中，当壳聚

糖溶解后，壳聚糖分子内的氢键会被打破，原本因分子内氢键而形成的晶体结构也会瓦解；壳聚糖和木质素磺酸钠之间的复凝聚作用和化学反应也会影响壳聚糖晶型结构。因此，原壳聚糖的 XRD 图谱中位于 $2\theta = 10.9°$ 和 $20.1°$ 处的两个峰会消失，并在 $2\theta = 22.5°$ 处出现一个宽峰。此外，随着胶黏剂中壳聚糖含量的增多，原木质素磺酸钠的 XRD 图谱中位于 $2\theta = 23.1°$、$25.9°$、$27.2°$、$28.2°$、$31.5°$、$32.5°$ 和 $33.6°$ 处的峰强度在逐渐减弱，部分峰甚至最后消失不见，这是由于壳聚糖无序结构的特征峰和木质素磺酸钠特征峰的重叠效应所致。

综合 FTIR、TG-DTG、XRD 分析结果以及前人的研究，可以总结出壳聚糖/木质素胶黏剂的结构（图 6-12）和合成步骤。木质素磺酸钠是一种三维体型结构的高分子，壳聚糖是一种线型高分子，木质素磺酸钠的磺酸基团和羧基基团与壳聚糖的氨基基团发生了反应，分别生成了磺酰胺键和酰胺键连接，并且木质素磺酸钠和壳聚糖之间也形成了氢键，依靠它们之间的这些连接，壳聚糖由原来的线型结构变成了壳聚糖/木质素胶黏剂的三维体型结构，它的胶合性能变得更强。此外，木质素磺酸钠中的愈疮木基单元可能也参与了反应。

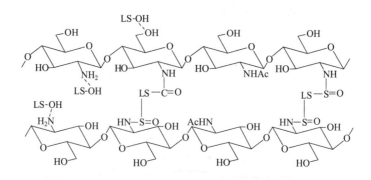

图 6-12　壳聚糖/木质素胶黏剂的结构

6.3.3　壳聚糖共混木质素胶黏剂的胶合性能

壳聚糖与木质素磺酸钠的质量比对纤维板力学及尺寸稳定性的影响如图 6-13 所示。从图 6-13 中可以看出，当壳聚糖与木质素磺酸钠的质量比为 1∶0 和 0∶1，即分别采用纯壳聚糖作胶黏剂和采用纯木质素磺酸钠作胶黏剂时，纤维板的内结合强度、弹性模量、静曲强度和 24h 吸水厚度膨胀率分别为 1.21MPa、3631.1MPa、41.96MPa、12.73% 和 0.32MPa、996.95MPa、10.14MPa、40.88%，可以看出采用纯壳聚糖作胶黏剂的纤维板性能要比采用纯木质素磺酸钠作胶黏剂的纤维板好得多，说明壳聚糖比木质素磺酸钠更适合作为纤维板用胶黏剂。当胶黏剂中既有壳聚糖又有木质素磺酸钠时，纤维板的内结合强度、弹性模量和静曲强度随着胶黏剂中木质素磺酸钠的增多而下降，24h吸水厚度膨胀率则随着木质素磺酸钠的增多而变大，说明纤维板的性能随着壳聚糖/木质素胶黏剂中木质素磺酸钠成分的增多而降低，这也反映出壳聚糖比木质素更适合作为纤维板用胶黏剂。

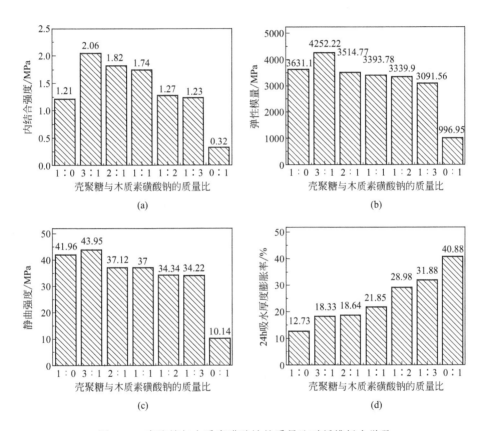

图 6-13　壳聚糖与木质素磺酸钠的质量比对纤维板力学及尺寸稳定性的影响

　　然而，当壳聚糖/木质素胶黏剂中壳聚糖与木质素磺酸钠的质量比从 1∶0 降低至 3∶1 时，纤维板的内结合强度、弹性模量和静曲强度则有所升高，说明用适量的木质素磺酸钠取代部分壳聚糖反而会使纤维板的力学强度升高；当用更多的木质素磺酸钠取代壳聚糖，即随着胶黏剂中壳聚糖与木质素磺酸钠质量比的进一步降低，纤维板的力学性能却没有继续升高，反而却出现了下降；然而，即使胶黏剂中壳聚糖与木质素磺酸钠质量比下降到了 1∶3，纤维板的力学性能与采用纯壳聚糖胶黏剂的纤维板相比也相差不大，也仍然满足国家标准（GB/T 11718—2009《中密度纤维板》）中关于干燥状态下使用的普通型中密度纤维板（MDF-GP REG）的规定（内结合强度≥0.6MPa，弹性模量≥2600MPa，静曲强度≥26.0MPa，24h吸水厚度膨胀率≤35.0%），直到胶黏剂中完全没有壳聚糖成分，纤维板的力学性能才出现了断崖式的下降，说明木质素磺酸钠本身并不是特别适合作为纤维板用胶黏剂。以上事实充分说明用适量的木质素磺酸钠取代部分的壳聚糖作胶黏剂可以制备出力学性能更佳的纤维板，虽然木质素磺酸钠本身作胶黏剂的效果并不好，原因可能是木质素磺酸钠与壳聚糖发生了某种反应，有利于纤维板力学性能的提高。

然而与采用纯壳聚糖胶黏剂的纤维板相比，胶黏剂中壳聚糖与木质素磺酸钠质量比为3∶1的纤维板24h吸水厚度膨胀率有所上升，说明其尺寸稳定性却有所下降，这与纤维板力学性能的变化趋势并不一致，原因可能是木质素磺酸钠是亲水性高分子，用木质素磺酸钠取代部分壳聚糖会增加胶黏剂的亲水性，降低其防水性能。

综合来看，当壳聚糖/木质素胶黏剂中壳聚糖与木质素磺酸钠的质量比为3∶1时，纤维板的性能达到最佳，此时纤维板的内结合强度、弹性模量、静曲强度和24h吸水厚度膨胀率分别为2.06MPa、4252.22MPa、43.95MPa和18.33%，满足国家标准（GB/T 11718—2009《中密度纤维板》）中关于干燥状态下使用的普通型中密度纤维板（MDF-GP REG）的规定，说明用适量的木质素磺酸钠代替壳聚糖制备胶黏剂可以制造出性能卓越的环保型纤维板，同时也能够适当地降低纤维板的成本。

6.4　戊二醛交联壳聚糖共混木质素胶黏剂

随着我国经济的快速发展，人们对木质材料的需求也日益增长，但是我国是个森林资源匮乏的国家，人们日益增长的对木材的需求和我国木材资源短缺的矛盾成为了横亘在人们面前的一道难题。然而，我国的森林采伐剩余物总量巨大，不过大多数的森里采伐剩余物却被直接遗弃或者烧掉。使用森林采伐剩余物生产纤维板是缓解木材资源供求矛盾、保护天然森林的一条有效途径。然而市场上常见的纤维板绝大多数都使用含有甲醛的胶黏剂（脲醛树脂胶黏剂、酚醛树脂胶黏剂和三聚氰胺甲醛树脂胶黏剂），甲醛已被国际癌症研究中心（ICRA）列为A1级致癌物质，高浓度的甲醛会引发耳癌、鼻癌和喉癌等一系列癌症。因此，传统纤维板的游离甲醛释放问题阻碍了纤维板的应用。此外，生产含有甲醛胶黏剂的原料来自石油工业，而石油资源的消耗也成了限制含有甲醛胶黏剂发展的一个因素。为了从根本上解决上述问题，必须大力开发来源于天然可再生资源的绿色环保型纤维板用胶黏剂。

如前文所述，壳聚糖在自然界中含量丰富、天然可再生，是一种非常适合作为多功能性纤维板用的胶黏剂材料。然而，与传统的氨基树脂胶黏剂相比，目前生产壳聚糖的成本较高，导致壳聚糖的价格昂贵。此外，传统的氨基树脂胶黏剂在起胶黏作用时都会固化成三维的体型结构，而壳聚糖是一种线性高分子，因此在外力作用下壳聚糖非常容易发生变形，并且线性壳聚糖分子的耐久性也不好。上述因素都限制了壳聚糖作为纤维板用胶黏剂的推广与应用。

而将壳聚糖交联固化成三维体型结构或者在壳聚糖胶黏剂中混合掺入其他适合作为胶黏剂使用的天然材料可能能够解决上述问题。鉴于此，在前文中分别使用戊二醛交联壳聚糖的方法和壳聚糖共混木质素磺酸钠的方法成功地合成了戊二醛交联壳聚糖胶黏剂和壳聚糖/木质素胶黏剂，并使用这两种胶黏剂压制了纤维板，结果表明这两种纤维板的性能都能够满足国家标准，并且这两种纤维板都实现了用更少的壳聚糖达到更优性能的目标，从而减少了纤维板中壳聚糖的含量，成功降低了纤维板的成本。

如上所述，用戊二醛交联壳聚糖或者在壳聚糖中掺入木质素磺酸钠都可以提高壳聚糖胶黏剂的性能、降低壳聚糖的用量，那么，首先在壳聚糖中掺入木质素磺酸钠，再用戊二醛去交联壳聚糖/木质素混合体系，能否合成性能更强、壳聚糖含量更低的胶黏剂呢？基于这个疑问，在本节研究中，采用工业造纸废弃物木质素磺酸钠与壳聚糖进行共混以制备壳聚糖/木质素混合体系，再向混合体系中加入戊二醛溶液制备戊二醛交联壳聚糖/木质素胶黏剂，并以此胶黏剂制备纤维板，通过与以壳聚糖为胶黏剂制备的纤维板进行对比，深入揭示基于戊二醛交联壳聚糖/木质素制备的纤维板力学及尺寸稳定性能，优化戊二醛交联壳聚糖/木质素胶黏剂的合成工艺。通过 FTIR、XRD 以及 TG-DTG 等现代仪器分析技术对戊二醛交联壳聚糖/木质素胶黏剂化学特性及热稳定性进行分析表征，阐明戊二醛交联壳聚糖/木质素胶黏剂的化学结构及合成机理。本节的研究目的在于合成戊二醛交联壳聚糖/木质素胶黏剂，优化其合成工艺，探明其合成机理，为基于壳聚糖的胶黏剂在纤维板行业的应用打下基础，为后续基于壳聚糖胶黏剂制备纤维板的研究奠定理论基础。

6.4.1 试验材料与方法

6.4.1.1 试验材料

同 6.2.1.1 与 6.3.1.1。

6.4.1.2 胶黏剂与纤维板制备

戊二醛交联壳聚糖/木质素胶黏剂的合成步骤如下：首先，称取适量的壳聚糖粉末和木质素磺酸钠粉末，并将这两种粉末放在一烧杯中混合均匀；然后，向混合均匀的壳聚糖粉末与木质素磺酸钠粉末的混合物中倒入一定量的蒸馏水，于室温下快速搅拌直至木质素磺酸钠粉末完全溶解而壳聚糖粉末均匀分散在木质素磺酸钠的溶液中；之后，将适量的冰醋酸倒入一含有一定量蒸馏水的烧杯中，配制成冰醋酸溶液；最后将配制好的冰醋酸溶液倒入盛有壳聚糖和木质素磺酸钠溶液的烧杯中，快速搅拌直至壳聚糖完全溶解，形成均一的棕褐色黏稠液体，放置备用，得到的液体即为戊二醛交联壳聚糖/木质素胶黏剂的主剂。与此同时，以一定量蒸馏水为溶剂，适量的戊二醛为溶质配制一定量的戊二醛溶液，得到的戊二醛溶液作为戊二醛交联壳聚糖/木质素胶黏剂的交联固化剂。以上所有操作均在室温下进行。

纤维板的制备步骤如下：首先将木纤维放入高速混料机（SHR-10A，张家港市通沙塑料机械有限公司）中，与此同时，将准备好的戊二醛溶液倒入壳聚糖与木质素磺酸钠的混合体系中并立刻进行一小段时间的快速搅拌直至混合均匀。然后，立即将混合体系倒入木纤维中（壳聚糖与木质素磺酸钠之和与木纤维的质量比为 2.44∶100），高速混合搅拌（750r/min）5min。之后，将混合搅拌过的木纤维与胶黏剂的混合体系取出并将其手工铺装成 250mm×250mm 的正方形板坯，再将板坯放于预压机（50t 试验预压机：功率 3kW，哈尔滨东大人造板机械制造有限公司）中进行预压（1MPa，1min）。最后将预压后的板坯取出放入热压机（100t 试验预压机：功率 18kW，哈尔滨东大人造板机械制造有限公司）中进行热压，经过前期预实验，采用如图 6-3 所示的热压曲线，热压温度为 170℃，板坯含水率为 60%。

6.4.1.3 测试与表征

胶黏剂与纤维板的测试与表征方法同 6.2.1.3。

6.4.1.4 试验设计

影响戊二醛交联壳聚糖/木质素胶黏剂胶合性能的工艺参数较多，6.2 和 6.3 节试验分析结果及前期的实验研究表明，涉及的影响因素主要包括戊二醛与壳聚糖的质量比和木质素磺酸钠与壳聚糖的质量比。因此，本次试验以戊二醛与壳聚糖的质量比（0、0.25、0.5、0.75 和 1）和木质素磺酸钠与壳聚糖的质量比（0、

1∶3、1∶2、1∶1、2∶1和3∶1）作为考察因素进行研究。

　　首先，利用单因素试验依次研究这两大因素对纤维板力学及尺寸稳定性能的影响，从而初步确定适宜的工艺参数范围；与此同时，借助现代分析仪器分析这两大因素对胶黏剂化学结构及性质的影响，阐明戊二醛交联壳聚糖/木质素胶黏剂的合成机制。在此基础上，采用两因素全面试验设计进行全面试验，将试验数据进行方差分析，探讨戊二醛与壳聚糖的质量比、木质素磺酸钠与壳聚糖的质量比以及这两个因素之间的相互作用对纤维板力学及尺寸稳定性能的影响，优化得出最优的戊二醛交联壳聚糖/木质素胶黏剂的合成工艺条件。

6.4.2　戊二醛交联壳聚糖共混木质素胶黏剂的反应机理

6.4.2.1　戊二醛与壳聚糖质量配比对胶黏剂性质的影响

（1）戊二醛交联壳聚糖/木质素胶黏剂的 FTIR 分析

图 6-14 是不同戊二醛与壳聚糖质量比的戊二醛交联壳聚糖/木质素胶黏剂的 FTIR 图谱。在 6.3 节壳聚糖木质素胶黏剂的 FTIR 图谱中，壳聚糖和木质素磺酸钠发生反应后壳聚糖氨基和羟基的特征峰与木质素磺酸钠羟基的特征峰融合成了一个峰并发生红移，向低波数处移去，说明壳聚糖的氨基、羟基与木质素磺酸钠的羟基之间产生了氢键，当壳聚糖与木质素磺酸钠的质量比为 1∶1 时，该峰的位置在 $3199cm^{-1}$ 处；而向壳聚糖共混木质素磺酸钠中加入戊二醛后，随着戊二醛含量的增多，该峰的位置又逐渐移回高波数处，最终在戊二醛与壳聚糖的质量比为 1 的戊二醛交联壳聚糖胶黏剂的 FTIR 图谱中移到了 $3212cm^{-1}$ 处，说明随着加入的戊二醛增多，壳聚糖与木质素磺酸钠之间产生的氢键数目在减少，这是因为戊二醛与壳聚糖的氨基发生了反应，使得能够与木质素磺酸钠产生氢键的自由氨基数量减少。在 6.3 节壳聚糖木质素胶黏剂的 FTIR 图谱中位于 $1712cm^{-1}$ 处和 $1660cm^{-1}$ 处并没有峰，而在戊二醛交联壳聚糖/木质素胶黏剂的 FTIR 图谱中于 $1712cm^{-1}$ 处和 $1660cm^{-1}$ 处分别出现了 C=O 伸缩振动峰和 C=N 伸缩振动峰，并且这两处峰的强度随着戊二醛与壳聚糖质量比的增加而增强。位于 $1712cm^{-1}$ 处 C=O 的伸缩振动峰是因为加入的戊二醛中含有 C=O 键，位于 $1660cm^{-1}$ 处的 C=N 伸缩振动峰是因为戊二醛的醛基与壳聚糖的氨基发生了反应生成了 C=N 键。随着戊二醛交联壳聚糖/木质素胶黏剂中戊二醛含量的增加，位于 $2929cm^{-1}$ 处 CH_2 的非对称伸缩振动峰的强度也在变强，与位于 $2866cm^{-1}$ 处 CH_2 的对称伸缩振动峰不同的

是，位于 2929cm^{-1} 处 CH$_2$ 的非对称伸缩振动峰临近羰基，因此，位于 2929cm^{-1} 处 CH$_2$ 的非对称伸缩振动峰的强度变强说明了戊二醛分子内交联和醛醇缩合引起的分子链的延长。位于 1152cm^{-1}、1070cm^{-1} 和 895cm^{-1} 处的峰都是 C—O—C 的特征峰，随着戊二醛交联壳聚糖/木质素胶黏剂中戊二醛含量的增加，这三处峰的强度都在逐渐减弱，这可能是因为这三处峰被戊二醛交联壳聚糖结构遮挡了所致。在 6.3 节壳聚糖/木质素胶黏剂的 FTIR 图谱中，位于 1338cm^{-1} 处的峰是木质素磺酸钠的磺酸基团和壳聚糖的氨基基团反应生成的磺酰胺的特征峰（S=O），位于 781cm^{-1} 处的峰也是磺酰胺的特征峰（S—N—S），随着戊二醛交联壳聚糖/木质素胶黏剂中戊二醛含量的增加，这两处峰的强度几乎没有变化，说明戊二醛的加入并未影响壳聚糖的氨基与木质素磺酸钠的磺酸基团之间的反应。然而，随着戊二醛交联壳聚糖/木质素胶黏剂中戊二醛含量的增加，位于 924cm^{-1} 处峰的强度却在变弱，此峰是木质素磺酸钠与壳聚糖反应生成的酰胺键（CO—NH）的特征峰，说明戊二醛影响了木质素磺酸钠与壳聚糖生成酰胺键的反应。

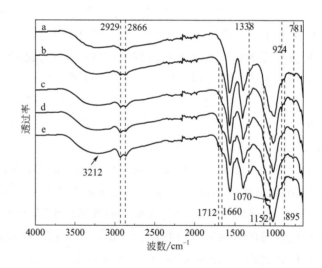

图 6-14　戊二醛交联壳聚糖/木质素胶黏剂的 FTIR 图谱

a～e—戊二醛与壳聚糖的质量比分别

为 0、0.25、0.5、0.75、1

（2）戊二醛交联壳聚糖/木质素胶黏剂的 TG-DTG 分析

图 6-15 是不同戊二醛与壳聚糖质量比的戊二醛交联壳聚糖/木质素胶黏剂的 TG 和 DTG 图谱，表 6-4 是 TG-DTG 分析结果。如图 6-15 所示，在不同戊二醛与壳聚糖质量比的戊二醛交联壳聚糖/木质素胶黏剂的 DTG 图谱中，100℃之前

的失重峰是水分的失重峰。当戊二醛与壳聚糖的质量比为 0 时，在戊二醛交联壳聚糖/木质素胶黏剂的 DTG 图谱中在 125℃ 处有一失重峰，而当戊二醛与壳聚糖的质量比不为 0 时，在戊二醛交联壳聚糖/木质素胶黏剂的 DTG 图谱中在此温度附近却没有失重峰，结合 6.3 节壳聚糖/木质素胶黏剂的 TG-DTG 分析结果及前文戊二醛交联壳聚糖/木质素胶黏剂的 FTIR 分析结果，原因可能是戊二醛的加入影响了木质素磺酸钠侧链上的羧酸基团与壳聚糖氨基之间生成酰胺键的反应，也可能是戊二醛的加入影响了木质素磺酸钠侧链热降解产物与壳聚糖之间的反应。

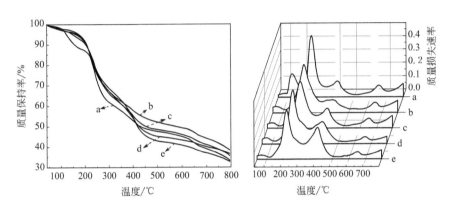

图 6-15　戊二醛交联壳聚糖/木质素胶黏剂的 TG-DTG 曲线
a～e—戊二醛与壳聚糖的质量比分别为 0、0.25、0.5、0.75、1

表 6-4　戊二醛交联壳聚糖/木质素胶黏剂的 TG-DTG 分析结果

样品	阶段 A		阶段 B		阶段 C		阶段 D		800℃后残留质量/%
	温度/℃	质量损失/%	温度/℃	质量损失/%	温度/℃	质量损失/%	温度/℃	质量损失/%	
a	79	1.51	125	10.67	242	29.07	400	11.35	33.23
b	60	3.43	228	33.02	408	13.04	660	6.21	35.63
c	66	3.07	240	34.70	404	14.08	657	6.97	38.30
d	64	3.21	228	33.33	406	19.06	665	4.64	36.57
e	65	2.31	223	31.54	410	23.76	653	5.16	32.69

注：a～e 为戊二醛与壳聚糖的质量比分别为 0、0.25、0.5、0.75、1 的戊二醛交联壳聚糖/木质素胶黏剂。

戊二醛与壳聚糖的质量比为 0 的戊二醛交联壳聚糖/木质素胶黏剂的 DTG 图谱在 242℃ 附近有最大失重峰，此峰是木质素磺酸钠中 228℃ 处的失重峰和壳聚糖中 280℃ 处的失重峰的重叠峰，由 6.2 节中戊二醛交联壳聚糖胶黏剂的 TG-DTG 分析结果可知，戊二醛交联壳聚糖会引起壳聚糖的最大失重峰从高温区域向低温区域移动，因此，在戊二醛与壳聚糖的质量比大于 0 的戊二醛交联壳聚糖/木质素胶黏剂的 DTG 图谱中最大失重峰移到了 230℃ 附近。此外，由前文中戊二醛交联壳聚糖胶黏剂的 TG-DTG 分析结果可知，戊二醛交联壳聚糖会造成壳聚糖在 230℃ 处失去的质量逐渐降低，然而由表 6-4 可以看出，戊二醛与壳聚糖质量比大于 0 的戊二醛交联壳聚糖/木质素胶黏剂在 230℃ 失去的质量反而要高于戊二醛与壳聚糖质量比等于 0 的戊二醛交联壳聚糖/木质素胶黏剂，由 6.3 节中壳聚糖/木质素胶黏剂的 TG-DTG 分析结果可知，木质素磺酸钠在 228℃ 处左右的失重峰对应于酚类化合物（苯环、羟基和烷基等）的热降解，因此，可能是因为加入的戊二醛与木质素磺酸钠中的酚类化合物发生了反应，影响了酚类化合物在此阶段的热降解行为，从而造成戊二醛与壳聚糖质量比大于 0 的戊二醛交联壳聚糖/木质素胶黏剂在 230℃ 失去的质量反而要高于戊二醛与壳聚糖质量比等于 0 的戊二醛交联壳聚糖/木质素胶黏剂。

在戊二醛交联壳聚糖/木质素胶黏剂的 DTG 图谱中位于 400℃ 附近有一失重峰，结合 6.2 节中戊二醛交联壳聚糖胶黏剂的 TG-DTG 分析结果和前文中壳聚糖/木质素胶黏剂的 TG-DTG 分析结果可知，此峰是由于戊二醛醛醇缩合形成的自聚合戊二醛的热分解峰与胶黏剂中磺酸基团与磺酰胺基团的热降解失重峰的重叠峰；随着戊二醛与壳聚糖质量比的增加，戊二醛交联壳聚糖/木质素胶黏剂在此阶段失去的重量也在增加，这是因为戊二醛与壳聚糖质量比的增加导致戊二醛的自聚集程度更高。当温度大于 600℃ 时，戊二醛交联壳聚糖/木质素胶黏剂的热失重行为与木质素磺酸钠类似。

800℃ 过后，戊二醛与壳聚糖的质量比为 0 的戊二醛交联壳聚糖/木质素胶黏剂的残留质量为 33.23%，而随着胶黏剂中戊二醛含量的增加，800℃ 之后残留的质量呈现先增加后减少的趋势，说明在壳聚糖/木质素胶黏剂中加入少量的戊二醛有利于胶黏剂的高温热稳定性，而过量的戊二醛则会对胶黏剂的热稳定性产生不利影响。

（3）戊二醛交联壳聚糖/木质素胶黏剂的 XRD 分析

不同戊二醛与壳聚糖质量比的戊二醛交联壳聚糖/木质素胶黏剂的 XRD 图谱如图 6-16 所示。从图中可以看出，不同戊二醛与壳聚糖质量比的戊二醛交联壳聚糖/木质素胶黏剂的 XRD 图谱极为类似，不过仍然有一些细微的差别。由 6.3 节壳聚糖/木质素胶黏剂的 XRD 分析结果可以看出，在不含戊二醛的壳聚糖/木质素胶黏剂的 XRD 图谱中位于 $2\theta = 22.5°$ 处有一宽峰；而与不含戊二醛的壳聚糖/木质素胶黏剂相比，在含有戊二醛的戊二醛交联壳聚糖/木质素胶黏剂的 XRD 图谱中，位于 $2\theta = 22.5°$ 处出现了一个微弱的新峰，可能是由于戊二醛与木质素磺酸钠发生了某种未知的反应，影响了木质素磺酸钠的晶型结构所致；同时 $2\theta = 22.5°$ 处宽峰的位置也不同程度向低衍射角处偏移，由 6.2 节中戊二醛交联壳聚糖胶黏剂的 XRD 图谱分析结果可知，戊二醛交联壳聚糖后会在 $2\theta = 20°$ 附近形成一宽峰，因此戊二醛交联壳聚糖导致了宽峰位置向低衍射角处偏移。在密闭环境中炭化处理木材会使降解产物形成从而导致木材发生化学变化，同时也使得反应器的压力增加。半纤维素上乙酰基在热解时产生的乙酸加速了细胞壁上多糖成分的降解。在开放系统中这些产物就可以挥发掉。如果生材在密闭环境中处理，这样就会导致高压蒸汽的产生，反之就会逸出。有些循环系统中，在未通入处理介质之前就先将挥发性产物和水以及易分解产物（如乙酸）处理掉。

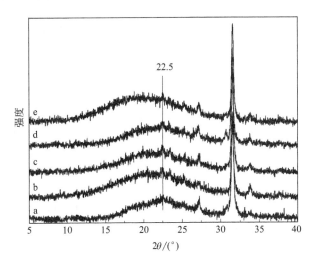

图 6-16　戊二醛交联壳聚糖/木质素胶黏剂的 XRD 图谱
a～e—戊二醛与壳聚糖的质量比分别为 0、0.25、0.5、0.75、1

6.4.2.2　壳聚糖与木质素磺酸钠的质量比对胶黏剂性质的影响

（1）戊二醛交联壳聚糖/木质素胶黏剂的 FTIR 分析

图 6-17 是不同木质素磺酸钠与壳聚糖质量比的戊二醛交联壳聚糖/木质素胶黏剂的 FTIR 图谱，其中 a 是木质素磺酸铵与壳聚糖质量比为 0 时的戊二醛交联壳聚糖/木质素胶黏剂的 FTIR 图谱，即 a 是戊二醛与壳聚糖质量比为 0.5 时的戊二醛交联壳聚糖的 FTIR 图谱，结合 6.2 节中戊二醛交联壳聚糖胶黏剂的 FTIR 图谱分析结果，可以判断出在 FTIR 图谱 a 中，位于 $3214cm^{-1}$ 处的是戊

二醛交联壳聚糖后原壳聚糖中独立的氨基特征峰和羟基特征峰融合成的一个宽峰，位于 2931cm⁻¹ 与 2866cm⁻¹ 处的是 CH 的伸缩振动峰，位于 1708cm⁻¹ 处的是 C═O 的伸缩振动峰，位于 1652cm⁻¹ 处的是戊二醛的醛基与壳聚糖的氨基发生反应生成的 C═N 键的伸缩振动峰，位于 1552cm⁻¹ 处的是戊二醛醛醇缩合形成的 C═C 键和壳聚糖中酰胺 II 带 （C—N） 的重合峰，位于 1255cm⁻¹ 处的是壳聚糖中酰胺 III 带 （NH） 的弯曲振动峰，位于 892cm⁻¹ 处的是 β-1,4-糖苷键的特征峰。

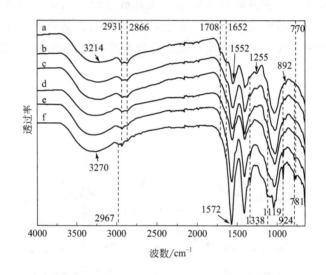

图 6-17　戊二醛交联壳聚糖/木质素胶黏剂的 FTIR 图谱
a～f—木质素磺酸钠与壳聚糖的质量比分别
为 0、1∶3、1∶2、1∶1、2∶1、3∶1

当戊二醛交联壳聚糖/木质素胶黏剂中木质素磺酸铵与壳聚糖的质量比从 0 开始逐渐上升时，FTIR 图谱中位于 2967cm⁻¹ 处出现了一个新峰，对应的是木质素磺酸钠中 CH 的伸缩振动，同时位于 2931cm⁻¹ 处 CH 的伸缩振动峰在逐渐增强，位于 2866cm⁻¹ 处 CH 的伸缩振动峰在逐渐减弱，这与 6.3 节壳聚糖/木质素胶黏剂 FTIR 图谱的变化情况相一致。当戊二醛交联壳聚糖/木质素胶黏剂中木质素磺酸钠与壳聚糖的质量比为 0 时，FTIR 图谱中位于 1552cm⁻¹ 处的是戊二醛醛醇缩合形成的 C═C 键和壳聚糖中酰胺 II 带 （C—N） 的重合峰，随着戊二醛交联壳聚糖/木质素胶黏剂中木质素磺酸钠与壳聚糖的质量比的上升，该峰逐渐移向高波数处，最终位于木质素磺酸钠与壳聚糖质量比为 3∶1 的戊二醛交联壳聚糖/木质素胶黏剂 FTIR 图谱的 1572cm⁻¹ 处，这是因为与木质素磺酸钠中苯环骨架的伸缩振动峰重叠所致。

从图 6-17 中可以看出，部分峰强度及位置的变化是戊二醛交联壳聚糖/木质素胶黏剂中木质素磺酸钠成分增多直接引起的，还有些峰强度及位置的改变是由逐渐增多的木质素磺酸钠与壳聚糖或者戊二醛发生反应间接导致的。当戊二醛交联壳聚糖/木质素胶黏剂中木质素磺酸钠与壳聚糖的质量比为 0 时，FTIR 图谱中位于 3214cm^{-1} 有一宽峰，随着戊二醛交联壳聚糖/木质素胶黏剂中木质素磺酸钠与壳聚糖质量比的逐渐上升，该峰逐渐向高波数处移去，最终位于木质素磺酸钠与壳聚糖的质量比为 3∶1 的戊二醛交联壳聚糖/木质素胶黏剂 FTIR 图谱中的 3270cm^{-1} 处，当戊二醛交联壳聚糖/木质素胶黏剂中木质素磺酸钠与壳聚糖的质量比为 0 时，胶黏剂中的壳聚糖成分很多，尽管戊二醛交联造成壳聚糖中的自由氨基数量有所减少，但胶黏剂中还有很多的羟基和自由氨基，它们之间形成较多的氢键，随着戊二醛交联壳聚糖/木质素胶黏剂中木质素磺酸钠成分的逐渐增多，壳聚糖成分在逐渐减少，而木质素磺酸钠中羟基的数目却有限，因此，当木质素磺酸钠与壳聚糖的质量比逐渐升高时，胶黏剂中形成的氢键数目在渐渐减少，造成该峰逐渐移向高波数处。随着戊二醛交联壳聚糖/木质素胶黏剂中木质素磺酸钠与壳聚糖质量比的上升，FTIR 图谱中位于 1338cm^{-1}、924cm^{-1} 和 781cm^{-1} 处的峰强度在逐渐增强，这三处对应的分别是磺酰胺（S=O）、酰胺（CO—NH）和磺酰胺（S—N—S）的特征峰，说明随着木质素磺酸钠与壳聚糖质量比的升高，木质素磺酸钠与壳聚糖发生反应生成的磺酰胺键和酰胺键也在增多。由 6.3 节中壳聚糖/木质素胶黏剂的 FTIR 图谱分析结果可知，壳聚糖/木质素胶黏剂中木质素磺酸钠的愈疮木基单元可能与壳聚糖发生了反应，而在戊二醛交联壳聚糖/木质素胶黏剂的 FTIR 图谱中，当木质素磺酸钠与壳聚糖的质量比小于 3∶1 时，位于 1119cm^{-1}、878cm^{-1} 和 770cm^{-1} 处并未出现愈疮木基单元（CH）的弯曲振动峰，直到木质素磺酸钠与壳聚糖的质量比上升到 3∶1 时，戊二醛交联壳聚糖/木质素胶黏剂的 FTIR 图谱中位于 1119cm^{-1} 和 770cm^{-1} 处才出现了明显的峰，说明在戊二醛交联壳聚糖/木质素胶黏剂中木质素磺酸钠的愈疮木基单元也和壳聚糖发生了反应，当木质素磺酸钠的量充足时才有未参与反应的愈疮木基单元特征峰显露出来。

（2）戊二醛交联壳聚糖/木质素胶黏剂的 TG-DTG 分析

不同木质素磺酸钠与壳聚糖质量比的戊二醛交联壳聚糖/木质素胶黏剂的 TG-DTG 曲线如图 6-18 所示，TG-DTG 分析结果如表 6-5 所示。从图和表中可以看出，戊二醛交联壳聚糖/木质素胶黏剂的第一次热失重阶段基本在温度 40～100℃范围内，对应的是水分的失去。

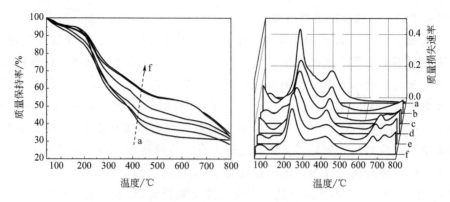

图 6-18 戊二醛交联壳聚糖/木质素胶黏剂的 TG-DTG 图谱

a~f—木质素磺酸钠与壳聚糖的质量比分别

为 0、1∶3、1∶2、1∶1、2∶1、3∶1

表 6-5 戊二醛交联壳聚糖/木质素胶黏剂的 TG-DTG 分析结果

样品	阶段 A		阶段 B		阶段 C		阶段 D		800℃后残留质量 /%
	温度/℃	质量损失/%	温度/℃	质量损失/%	温度/℃	质量损失/%	温度/℃	质量损失/%	
a	69.02	4.02	233.07	40.92	405.85	24.35	—	—	30.71
b	42.4	6.06	247.63	39.35	412.22	20.28	—	—	28.3
c	66.46	4.3	250.6	38.05	411.84	17.23	722.07	5.68	31.64
d	42.77	6.27	245.05	31.77	404.3	16.02	696.18	4.55	32.82
e	55.14	3.9	235.87	26.01	413.72	15.88	678.48	8.99	34.44
f	65.7	4.38	238.79	25.42	417.57	13.19	673.7	8.04	33.42

注：a~f 为木质素磺酸钠与壳聚糖的质量比分别为 0、1∶3、1∶2、1∶1、2∶1、3∶1 的戊二醛交联壳聚糖/木质素胶黏剂。

第二个热失重阶段发生在 230~260℃ 范围内，木质素磺酸钠在 230~260℃ 范围内的失重峰对应于酚类化合物（苯环、羟基和烷基等）的热降解，戊二醛交联壳聚糖在 230~260℃ 范围内存在失重峰是因为戊二醛交联壳聚糖后，壳聚糖分子内和分子间的氢键数量减少，从而导致壳聚糖的主失重峰向低温区移动。因此，戊二醛交联壳聚糖/木质素胶黏剂在此阶段内的失重峰对应的是木质素磺酸钠与戊二醛交联壳聚糖在此阶段内失重峰的重叠峰。此外戊二醛与木质素磺酸钠之间的反应也可能影响戊二醛交联壳聚糖/木质素胶黏剂在此阶段内的热降解行为。由 6.2 和 6.3 节中戊二醛交联壳聚糖与木质素磺酸钠的 TG-DTG 分析结果可得，戊二醛交联壳聚糖在此阶段内失去的质量要大于木质素磺酸钠，因此，对于戊二醛交联壳聚糖/木质素胶黏剂来说，随着胶黏剂中木质素磺酸钠与壳聚糖质量比的上升，胶黏剂在此阶段内失去的质量在逐渐降低。

第三个失重阶段发生在 400～420℃ 范围内，木质素磺酸钠在 400～420℃ 范围内的失重峰对应于磺酸钠基团的热降解，戊二醛交联壳聚糖在 400～420℃ 范围的失重峰对应于戊二醛醛醇缩合形成的自聚合戊二醛的热降解，因此，戊二醛交联壳聚糖/木质素胶黏剂在此阶段内的热失重峰是木质素磺酸钠和戊二醛交联壳聚糖在此阶段内失重峰的重叠峰，此外木质素磺酸钠的磺酸基团与壳聚糖的氨基基团之间发生的反应也会对戊二醛交联壳聚糖/木质素胶黏剂在此阶段的热失重行为造成影响。由 6.2 和 6.3 节中戊二醛交联壳聚糖与木质素磺酸钠的 TG-DTG 分析结果可得，戊二醛交联壳聚糖在此阶段内失去的质量要大于木质素磺酸钠，因此，对于戊二醛交联壳聚糖/木质素胶黏剂来说，随着胶黏剂中木质素磺酸钠与壳聚糖质量比的上升，胶黏剂在此阶段内失去的质量在逐渐降低。

当温度大于 600℃ 时，在木质素磺酸钠与壳聚糖质量比为 0 的戊二醛交联壳聚糖/木质素胶黏剂的 DTG 曲线中不再有失重峰，而随着戊二醛交联壳聚糖/木质素胶黏剂中木质素磺酸钠与壳聚糖质量比的逐渐增加，当温度大于 600℃ 时在胶黏剂的 DTG 曲线中逐渐出现了失重峰，失重峰的位置基本与前文中木质素磺酸钠在 600℃ 以上失重峰的位置相对应。

800℃ 过后，从表 6-5 中可以看出，当戊二醛交联壳聚糖/木质素胶黏剂中木质素磺酸钠与壳聚糖的质量比大于 0 时，随着胶黏剂中木质素磺酸钠成分的增加，800℃ 之后残留的质量大致上呈增加的趋势，说明戊二醛交联壳聚糖/木质素胶黏剂中木质素磺酸钠组分有利于胶黏剂的高温热稳定性。

（3）戊二醛交联壳聚糖/木质素胶黏剂的 XRD 分析

图 6-19 是不同木质素磺酸钠与壳聚糖质量比的戊二醛交联壳聚糖/木质素胶黏剂的 XRD 图谱。从图中可以看出，在木质素磺酸钠与壳聚糖的质量比为 0 的戊二醛交联壳聚糖/木质素胶黏剂（即戊二醛交联壳聚糖胶黏剂）的 XRD 图谱中，位于 $2\theta=20°$ 附近有一宽峰，从 6.2 节戊二醛交联壳聚糖胶黏剂的 XRD 图谱分析结果中可知，戊二醛交联会将有序的链状壳聚糖分子转变成了无序的体型结构，因此会在 $2\theta=20°$ 附近形成一无定形宽峰。而随着戊二醛交联壳聚糖/木质素胶黏剂中木质素磺酸钠与壳聚糖质量比的增加，位于 $2\theta=20°$ 附近的宽峰逐渐移向高衍射角度处，并且该宽峰的强度在逐渐变弱，最终在木质素磺酸钠与壳聚糖质量比为 3∶1 的戊二醛交联壳聚糖/木质素胶黏剂的 XRD 图谱中移到了 $2\theta=22.5°$ 处；此外，随着胶黏剂中木质素磺酸钠成分的增多，在 $2\theta=22.5°$ 处逐渐出现了一个微弱的尖峰，可能是由于戊二醛与木质素磺酸钠发生了某种未知的反应，影响了木质素磺酸钠的晶型结构所致。

综合分析戊二醛与壳聚糖的质量比对戊二醛交联壳聚糖/木质素胶黏剂的影

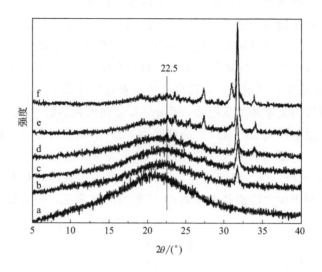

图 6-19　戊二醛交联壳聚糖/木质素胶黏剂的 XRD 图谱

a～f—木质素磺酸钠与壳聚糖的质量比分别

为 0、1∶3、1∶2、1∶1、2∶1、3∶1

响以及木质素磺酸钠与壳聚糖的质量比对戊二醛交联壳聚糖/木质素胶黏剂影响，结合前人的研究结果，可以大致推断出戊二醛交联壳聚糖/木质素胶黏剂的结构及合成步骤。壳聚糖、壳聚糖/木质素、戊二醛以及它们的反应产物结构式见图 6-20。当未向壳聚糖与木质素磺酸钠的共混体系中加入戊二醛溶液时，壳聚糖的氨基基团首先与木质素磺酸的磺酸基团和羧酸基团发生了反应，分别生成了磺酰胺键和酰胺键，并且木质素磺酸钠和壳聚糖之间也能够产生复凝聚作用与氢键；当向壳聚糖与木质素磺酸钠的共混体系中加入戊二醛溶液后，自聚集的戊二醛分子醛基会与壳聚糖的氨基发生反应生成 C $=$ N 连接，同时影响木质素磺酸钠与壳聚糖之间的酰胺键。此外，戊二醛与木质素磺酸钠的酚类化合物之间、壳聚糖与木质素磺酸钠的愈疮木基单元之间也可能发生了未知的反应。

6.4.3　戊二醛交联壳聚糖共混木质素胶黏剂的胶合性能

6.4.3.1　戊二醛与壳聚糖质量配比对纤维板性能的影响

戊二醛与壳聚糖的质量比以及木质素磺酸钠与壳聚糖的质量比对胶黏剂以及纤维板的性质有着直接的影响，本小节探讨的是戊二醛与壳聚糖的质量比对胶黏剂以及纤维板性质的影响，木质素磺酸钠与壳聚糖的质量比固定为 1∶1。

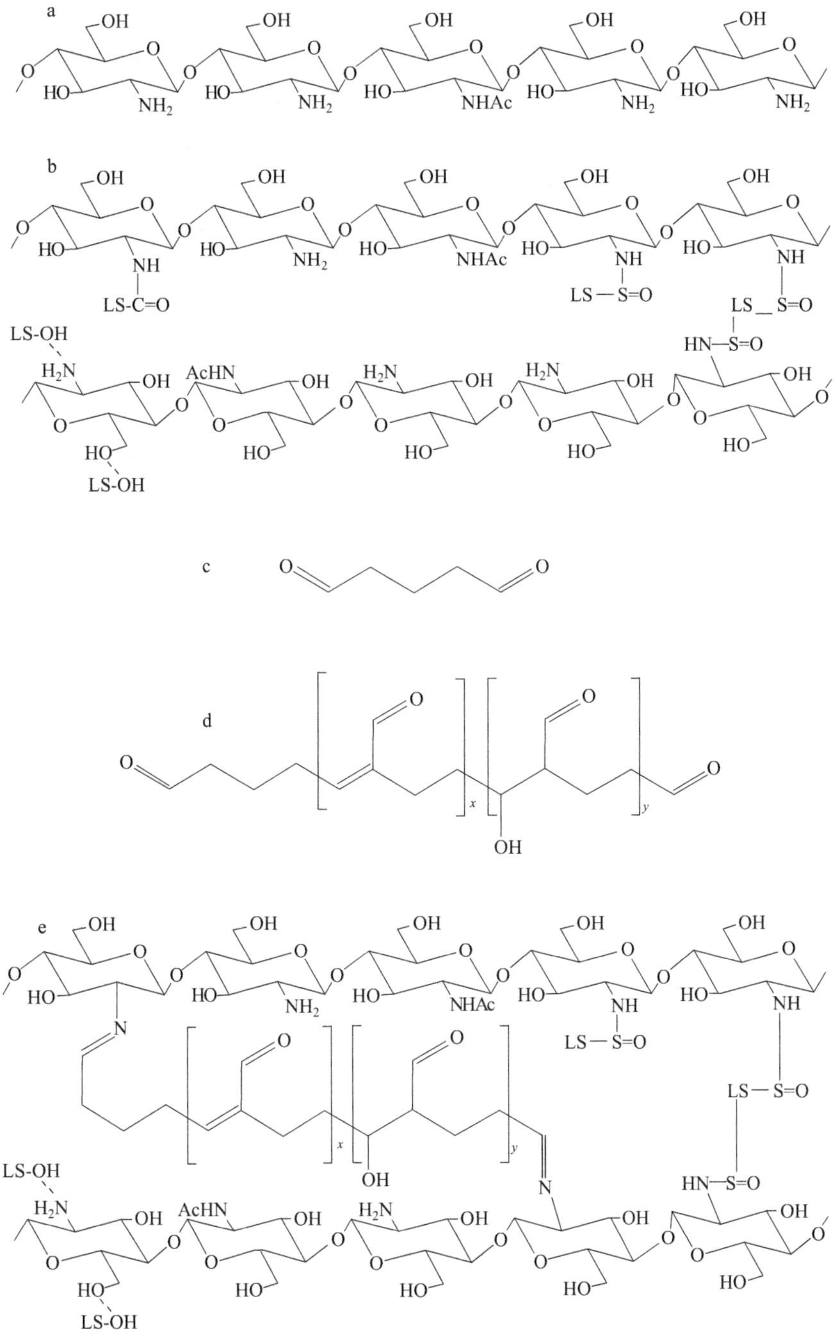

图 6-20 壳聚糖、壳聚糖/木质素、戊二醛以及它们的反应产物结构式

a—壳聚糖；b—壳聚糖/木质素；c—戊二醛单体；d—戊二醛自
聚物；e—戊二醛交联壳聚糖/木质素

戊二醛交联壳聚糖/木质素胶黏剂中戊二醛与壳聚糖的质量比对纤维板力学及尺寸稳定性的影响如图 6-21 所示。从图中可以看出，纤维板的内结合强度、弹性模量和静曲强度随戊二醛与壳聚糖质量比的变化趋势可以分成两个阶段。对于内结合强度的变化趋势来说，第一阶段对应的是戊二醛交联壳聚糖/木质素胶黏剂中戊二醛与壳聚糖的质量比在 0~0.75 范围内，第二阶段对应的是戊二醛与壳聚糖的质量比在 0.75~1 范围内；而对弹性模量和静曲强度来说，第一阶段戊二醛交联壳聚糖/木质素胶黏剂中戊二醛与壳聚糖的质量比则是 0~0.5，第二阶段戊二醛与壳聚糖的质量比是 0.5~1。

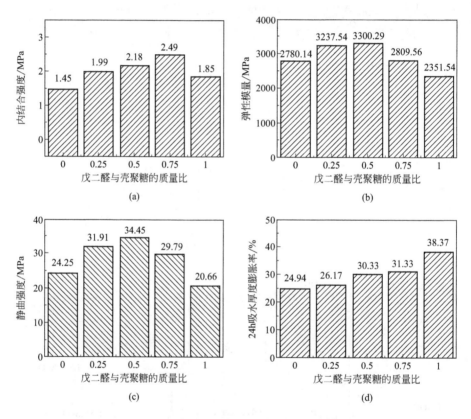

图 6-21　戊二醛与壳聚糖的质量比对纤维板力学及
尺寸稳定性的影响

在第一阶段中，纤维板的内结合强度、弹性模量和静曲强度随着戊二醛交联壳聚糖/木质素胶黏剂中戊二醛与壳聚糖质量比的增加而提高，说明在壳聚糖共混木质素磺酸钠胶黏剂中加入适量的戊二醛可以提高纤维板的力学性能。

而在第二阶段中，随着戊二醛交联壳聚糖/木质素胶黏剂中戊二醛与壳聚糖质量比的进一步增加，纤维板的内结合强度、弹性模量和静曲强度却没有继续增加，即纤维板的力学性能反而出现了下降。上述事实说明戊二醛交联壳聚糖/木质素胶黏剂中高含量的戊二醛会导致纤维板力学强度的下降，原因正是过高的戊二醛含量。如前文所述，无论是基于酸化壳聚糖胶黏剂制备的纤维板、基于戊二醛交联壳聚糖胶黏剂制备的纤维板还是基于壳聚糖/木质素胶黏剂制备的纤维板，其胶合成型依靠的都是胶黏剂中壳聚糖分子链上的氨基基团与木纤维发生反应生成的酰胺键和氢键；而壳聚糖与戊二醛之间的反应也是依靠壳聚糖分子链上的氨基基团。因此，当戊二醛交联壳聚糖/木质素胶黏剂中戊二醛的含量过高时，壳聚糖分子链上能够与木纤维发生反应的自由氨基数量就会大大减少，从而导致壳聚糖与木纤维之间产生的胶合力不足。此外，戊二醛交联壳聚糖/木质素胶黏剂中过高的戊二醛含量还会导致戊二醛交联壳聚糖/木质素胶黏剂的提前固化，这也会造成胶黏剂黏合性能的降低。

值得注意的是，内结合强度与弹性模量、静曲强度的第一阶段与第二阶段所对应的戊二醛与壳聚糖的质量比并不相同。当戊二醛交联壳聚糖/木质素胶黏剂中戊二醛与壳聚糖的质量比超过 0.75 时纤维板的内结合强度才开始下降，而弹性模量和静曲强度在戊二醛与壳聚糖的质量比超过 0.5 时已开始下降，这是因为当戊二醛交联壳聚糖/木质素胶黏剂中戊二醛的含量过高时，戊二醛交联壳聚糖/木质素胶黏剂的交联固化程度也比较高，而高度交联固化的壳聚糖脆性会大大增加，从而导致纤维板弹性模量和静曲强度的下降，这与前人的研究结果相一致。因此，导致纤维板静曲强度和弹性模量下降的戊二醛的量要低于造成内结合强度下降的戊二醛的量。

在 6.2 节中，当戊二醛与壳聚糖的质量比为 0.25 时戊二醛交联壳聚糖胶黏剂的内结合强度、弹性模量和静曲强度达到了最佳，而本节中当戊二醛与壳聚糖的质量比为 0.5 时戊二醛交联壳聚糖/木质素胶黏剂的弹性模量和静曲强度才达到最佳，内结合强度达到最佳时戊二醛与壳聚糖的质量比甚至上升到了 0.75，与 6.2 节中的结果并不相同，原因可能是戊二醛交联壳聚糖/木质素胶黏剂中的木质素磺酸钠对戊二醛交联壳聚糖产生了影响，也可能是木质素磺酸钠影响了胶黏剂与木纤维之间的胶合作用。

纤维板的 24h 吸水厚度膨胀率的变化趋势与内结合强度、弹性模量和静曲强度并不一致。从图 6-21 中可以看出，随着戊二醛交联壳聚糖/木质素胶黏剂中戊二醛与壳聚糖质量比的增加，纤维板的 24h 吸水厚度膨胀率一直呈上升趋势，一直升到当戊二醛与壳聚糖的质量比为 1 时的 38.37%，说明在壳聚糖共混木质素磺酸钠体系中加入戊二醛反而对纤维板的尺寸稳定性有负面作用。高脱乙酰度的壳聚糖疏水性很强，可以防止水分进入它的分子链之间。然而，当壳聚糖被戊二醛交联时，壳聚糖原有的结构遭到了破坏，这会导致它的疏水性下降。此外，过高含量的戊二醛会导致戊二醛交联壳聚糖/木质素胶黏剂的提前固化，从而造成纤维板24h吸水厚度膨胀率的增加。因此，在壳聚糖共混木质素磺酸钠体系中加入戊二醛会导致纤维板尺寸稳定性能的下降。

综上所述，戊二醛交联壳聚糖/木质素胶黏剂中戊二醛与壳聚糖的质量比对纤维板的内结合强度、弹性模量、静曲强度和24h吸水厚度膨胀率的影响并不完全相同。当戊二醛交联壳聚糖/木质素胶黏剂中戊二醛与壳聚糖的质量比为0.75时，纤维板的内结合强度达到最佳；当戊二醛与壳聚糖的质量比为0.5时，弹性模量和静曲强度达到最佳；当戊二醛与壳聚糖的质量比为0时，24h吸水厚度膨胀率达到最佳。纤维板最佳的内结合强度、弹性模量、静曲强度和24h吸水厚度膨胀率分别为2.49MPa、3300.29MPa、34.45MPa和24.94%。从以上结果中可以看出，当纤维板的性能最优时，戊二醛交联壳聚糖/木质素胶黏剂中戊二醛与壳聚糖的质量比在0~1范围内，因此，后续的全面试验设计中选用的戊二醛与壳聚糖质量比的范围依然为0~1。

6.4.3.2　木质素磺酸钠与壳聚糖质量配比对纤维板性能的影响

从前文的研究结果可以判断出，对于戊二醛交联壳聚糖/木质素胶黏剂，除了戊二醛与壳聚糖的质量比对胶黏剂以及纤维板的性质有较大影响外，木质素磺酸钠与壳聚糖的质量比与胶黏剂以及纤维板的性质也有着直接的关系。本小节探讨的是木质素磺酸钠与壳聚糖的质量比对胶黏剂以及纤维板性质的影响，其中戊二醛与壳聚糖的质量比固定为0.5。

如图6-22所示是戊二醛交联壳聚糖/木质素胶黏剂中木质素磺酸钠与壳聚糖的质量比对纤维板力学及尺寸稳定性的影响。从图中可以看出，随着戊二醛交联壳聚糖/木质素胶黏剂中木质素磺酸钠与壳聚糖质量比的上升，纤维板的力学性能及尺寸稳定性能的变化趋势可以分为两个阶段。第一阶段对应的是木质素磺酸钠与壳聚糖的质量比在0~1∶2的范围内，在此阶段中，随着戊二醛交联壳聚糖/木质素胶黏剂中木质素磺酸钠与壳聚糖质量比的上升，纤维板的内结合强度、弹性模量和静曲强度也在上升，而纤维板的24h吸水厚度膨胀率却出现了下降的趋势，说明随着木质素磺酸钠与壳聚糖质量比的上升，纤维板的力学性能与尺寸稳定性能都在变好，表明戊二醛交联壳聚糖/木质素胶黏剂中适量的木质素磺酸钠有利于纤维板力学及尺寸稳定性能的提高。

第二阶段对应的是戊二醛交联壳聚糖/木质素胶黏剂中木质素磺酸钠与壳聚糖的质量比在（1∶2）~（3∶1）范围内，在此阶段中，随着戊二醛交联壳聚糖/木质素胶黏剂中木质素磺酸钠与壳聚糖质量比的上升，纤维板的内结合强度、弹性模量和静曲强度不但没有上升，反而还出现了下降，24h吸水厚度膨胀率也转

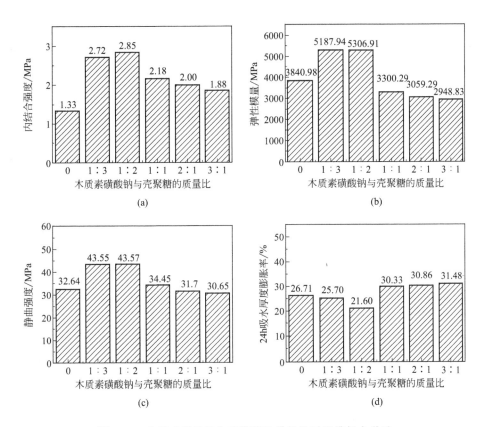

图 6-22 木质素磺酸钠与壳聚糖的质量比对纤维板力学及
尺寸稳定性的影响

变成了上升趋势,说明当戊二醛交联壳聚糖/木质素胶黏剂中木质素磺酸钠与壳聚糖的质量比大于 1∶2 时,进一步提升木质素磺酸钠与壳聚糖的质量比并不能进一步增强纤维板的力学性能与尺寸稳定性能。

值得注意的是,在 6.3 节中,当壳聚糖/木质素胶黏剂中木质素磺酸钠与壳聚糖的质量比大于 1∶3 时,纤维板的内结合强度、弹性模量和静曲强度就已经开始下降,即当壳聚糖/木质素胶黏剂中木质素磺酸钠与壳聚糖的质量比为 1∶3时,采用壳聚糖/木质素胶黏剂的纤维板的力学性能达到最佳;对于戊二醛交联壳聚糖/木质素胶黏剂来说,当木质素磺酸钠与壳聚糖的质量比大于 1∶3 时,纤维板的力学性能却并没有立即开始下降,而是在木质素磺酸钠与壳聚糖质量比上升到 1∶2 时达到最佳,之后随着木质素磺酸钠与壳聚糖质量比的进一步提高才开始下降,说明壳聚糖/木质素胶黏剂中木质素磺酸钠的含量与戊二醛交联壳聚糖/木质素胶黏剂中木质素磺酸钠的含量对纤维板的力学性能的影响并不完全一致。此外，在 6.3 节中，对于壳聚糖/木质素胶黏剂来说，随着壳聚糖/木质素胶黏剂中木质素磺酸钠与壳聚糖质量比的上升，纤维板的 24h 吸水厚度膨胀率一直呈上升趋势，而对于戊二醛交联壳聚糖/木质素胶黏剂来说，随着戊二醛交联壳聚糖/木质素胶黏剂中木质素磺酸钠与壳聚糖质量比的上升，纤维板的 24h 吸水厚度膨胀率却呈现先降低后升高的趋势，木质素磺酸钠是亲水性高分子，然而戊二醛交联壳聚糖/木质素胶黏剂中适量的木质素磺酸钠却有利于胶黏剂疏水性能的提高，说明壳聚糖/木质素胶黏剂中木质素磺酸钠的含量与戊二醛交联壳聚糖/木质素胶黏剂中木质素磺酸钠的含量对纤维板的尺寸稳定性能的影响也并不一致。出现上述问题的原因可能是戊二醛与木质素磺酸钠发生了某种有利于提高纤维板性能的未知反应。

综上所述，戊二醛交联壳聚糖/木质素胶黏剂中木质素磺酸钠与壳聚糖的质量比对纤维板的力学性能及尺寸稳定性能的影响基本一致，当戊二醛交联壳聚糖/木质素胶黏剂中木质素磺酸钠与壳聚糖的质量比为 1:2 时纤维板的内结合强度、弹性模量、静曲强度和 24h 吸水厚度膨胀率达到最佳，分别为 2.85MPa、5306.91MPa、43.57MPa 和 21.60%。从以上结果中可以看出，在选定的戊二醛交联壳聚糖/木质素胶黏剂中木质素磺酸钠与壳聚糖的质量比范围内，纤维板的性能出现了最优结果，因此，后续的全面试验设计中选用的木质素磺酸钠与壳聚糖质量比的范围依然为这个范围。

6.4.3.3 戊二醛交联壳聚糖/木质素胶黏剂合成条件优化

全面试验结果见表 6-6～表 6-9，根据国家标准（GB/T 11718—2009）规定，静曲强度和弹性模量重复测量了 12 次，内结合强度和 24h 吸水厚度膨胀率重复测量了 8 次，表中显示的是平均值。对全面试验结果进行方差分析，方差分析结果见表 6-10。从表中可以得知，戊二醛与壳聚糖的质量比、木质素磺酸钠与壳聚糖的质量比以及二者的交互作用对纤维板内结合强度、静曲强度和弹性模量的影响都极为显著。

表 6-6　内结合强度测试全面试验结果　　　　　单位：MPa

木质素磺酸钠：壳聚糖	不同戊二醛与壳聚糖质量比下的内结合强度			
	0.25	0.5	0.75	1
1:3	2.33	2.72	2.88	1.35
1:2	2.08	2.85	3.01	1.52
1:1	1.99	2.18	2.49	1.85
2:1	1.74	2.00	2.32	1.65
3:1	1.22	1.88	2.02	0.75

表 6-7 静曲强度测试全面试验结果 单位：MPa

木质素磺酸钠：壳聚糖	不同戊二醛与壳聚糖质量比下的静曲强度			
	0.25	0.5	0.75	1
1：3	34.23	43.55	38.12	18.23
1：2	33.45	43.57	40.28	19.26
1：1	31.91	34.45	29.79	20.66
2：1	29.27	31.70	28.17	17.33
3：1	26.76	30.65	26.35	16.25

表 6-8 弹性模量测试全面试验结果 单位：MPa

木质素磺酸钠：壳聚糖	不同戊二醛与壳聚糖质量比下的弹性模量			
	0.25	0.5	0.75	1
1：3	3586.73	5187.94	4689.36	2223.69
1：2	3329.86	5306.91	4892.03	2345.94
1：1	3237.54	3300.29	2809.56	2351.54
2：1	2872.73	3059.29	2709.12	2286.45
3：1	2779.76	2948.83	2635.26	1696.03

表 6-9 24h 吸水厚度膨胀率测试全面试验结果 单位：%

木质素磺酸钠：壳聚糖	不同戊二醛与壳聚糖质量比下的 24h 吸水厚度膨胀率			
	0.25	0.5	0.75	1
1：3	18.23	25.70	26.56	28.54
1：2	20.59	21.60	22.37	30.26
1：1	26.17	30.33	31.33	38.37
2：1	28.28	30.86	32.47	39.12
3：1	29.36	31.48	35.69	40.33

表 6-10 纤维板方差分析及显著性

项目	内结合强度/MPa	弹性模量/MPa	静曲强度/MPa	24h 吸水厚度膨胀率/%
戊二醛：壳聚糖	179.31＊＊	350.92＊＊	259.85＊＊	67.38＊＊
木质素磺酸钠：壳聚糖	74.34＊＊	73.69＊＊	168.16＊＊	61.44＊＊
戊二醛：壳聚糖＊木质素磺酸钠：壳聚糖	7.97＊＊	9.43＊＊	30.10＊＊	1.51

注：＊表示二者的交互作用。＊＊表示极显著。

戊二醛与壳聚糖的质量比以及木质素磺酸钠与壳聚糖的质量比对纤维板 24h

吸水厚度膨胀率的影响也极为显著，然而，戊二醛与壳聚糖的质量比和木质素磺酸钠与壳聚糖的质量比二者间的交互作用对纤维板 24h 吸水厚度膨胀率的影响却不显著。说明虽然戊二醛与壳聚糖的质量比以及木质素磺酸钠与壳聚糖的质量比对纤维板的尺寸稳定性有着显著的影响，但二者间却并没有显著的交互作用。

从表 6-6～表 6-9 中可以看出，当戊二醛与壳聚糖的质量比为 0.75，木质素磺酸钠与壳聚糖质量比为 1：2 时，纤维板的内结合强度最佳，为 3.01MPa；当戊二醛与壳聚糖的质量比为 0.5，木质素磺酸钠与壳聚糖的质量比为 1：2 时，纤维板的静曲强度和弹性模量最佳，分别为 43.57MPa 和 5306.91MPa；当戊二醛与壳聚糖的质量比为 0.25，木质素磺酸钠与壳聚糖的质量比为 1：3 时，纤维板的 24h 吸水厚度膨胀率最佳，为 18.23%。经过综合对比可以得知，当戊二醛与壳聚糖的质量比为 0.5，木质素磺酸钠与壳聚糖的质量比为 1：2 时，纤维板的性能最佳，此时纤维板的内结合强度、静曲强度、弹性模量和 24h 吸水厚度膨胀率分别为 2.85MPa、43.57MPa、5306.91MPa 和 21.60%。

本章分别合成了戊二醛交联壳聚糖胶黏剂、壳聚糖共混木质素胶黏剂和戊二醛交联壳聚糖共混木质素胶黏剂，探讨了胶黏剂中原料配比对胶黏剂胶合性能的影响，分析了胶黏剂的合成机理。主要结论如下：

① 对于戊二醛交联壳聚糖胶黏剂，当戊二醛与壳聚糖的质量比为 0.25 时纤维板的性能最佳，此时纤维板的内结合强度、弹性模量、静曲强度和 24h 吸水厚度膨胀率分别为 1.22MPa、3162.69MPa、29.10MPa 和 26.94%，满足国家标准中的相关要求。综合 FTIR、TG-DTG 和 XRD 分析结果，可以发现戊二醛交联壳聚糖胶黏剂三维体型结构中在戊二醛单体（戊二醛不足）或者戊二醛自聚物（戊二醛充足）的羰基与壳聚糖的氨基之间形成了大量的亚胺键。

② 对于壳聚糖共混木质素胶黏剂，当壳聚糖与木质素磺酸钠的质量比为 3：1 时纤维板的性能最佳，此时纤维板的内结合强度、弹性模量、静曲强度和 24h 吸水厚度膨胀率分别为 2.06MPa、4252、22MPa、43.95MPa 和 18.33%，满足国家标准中的相关要求。综合 FTIR、TG-DTG 和 XRD 分析结果，可以发现木质素磺酸钠与壳聚糖之间生成了磺酰胺键、酰胺键和氢键。

③ 对于戊二醛交联壳聚糖共混木质素胶黏剂，当戊二醛与壳聚糖的质量比为 0.5，木质素磺酸钠与壳聚糖的质量比为 1：2 时，纤维板的性能最佳，此时纤维板的内结合强度、静曲强度、弹性模量和 24h 吸水厚度膨胀率分别为 2.85MPa、43.57MPa、5306.91MPa 和 21.60%，达到了国家标准中的相关规定。综合 FTIR、TG-DTG 和 XRD 分析结果，可以发现未加入戊二醛时木质素磺酸钠与壳聚糖之间生成了磺酰胺键、酰胺键和氢键，加入戊二醛后戊二醛的自聚物与壳聚糖发生反应生成了 C＝N 连接，戊二醛与壳聚糖之间的反应影响了木质素磺酸钠与壳聚糖之间的酰胺键。

参考文献

［1］ Ruocco N, Costantini S, Guariniello S, et al. Polysaccharides from the marine environment with pharmacological, cosmeceutical and nutraceutical potential. Molecules, 2016, 21（5）: 551.

［2］ Silva T H, Alves A, Ferreira B M, et al. Materials of marine origin: a review on polymers and ceramics of biomedical interest. International Materials Reviews, 2012, 57（5）: 276-306.

［3］ Azuma K, Izumi R, Osaki T, et al. Chitin, chitosan, and its derivatives for wound healing: old and new materials. Journal of Functional Biomaterials, 2015, 6（1）: 104-142.

［4］ Khan F I, Rahman S, Queen A, et al. Implications of molecular diversity of chitin and its derivatives. Applied Microbiology & Biotechnology, 2017, 101（9）: 3513-3536.

［5］ Hamed I, Özogul F, Regenstein J M. Industrial applications of crustacean by-products（chitin, chitosan, and chitooligosaccharides）: A review. Trends in Food Science & Technology, 2016, 48: 40-50.

［6］ Leceta I, Etxabide A, Cabezudo S, et al. Bio-based films prepared with by-products and wastes: environmental assessment. Journal of Cleaner Production, 2014, 64（2）: 218-227.

［7］ Philibert T, Lee B H, Fabien N. Current status and new perspectives on chitin and chitosan as functional biopolymers. Applied Biochemistry & Biotechnology, 2017, 181: 1314-1337.

［8］ Bedian L, Villalba-Rodríguez A M, Hernández-Vargas G, et al. Bio-based materials with novel characteristics for tissue engineering applications - A review. International Journal of Biological Macromolecules, 2017, 98（x）: 837-846.

［9］ Lizardi-Mendoza J, Monal W M A, Valencia F M G. Chemical Characteristics and Functional Properties of Chitosan. Chitosan in the Preservation of Agricultural Commodities. Elsevier Inc. 2016: 3-31.

［10］ Sayari N, Sila A, Abdelmalek B E, et al. Chitin and chitosan from the Norway lobster by-products: Antimicrobial and anti-proliferative activities. International Journal of Biological Macromolecules, 2016, 87: 163-171.

［11］ Younes I, Rinaudo M. Chitin and chitosan preparation from marine sources. Structure, properties and applications. Marine Drugs, 2015, 13（3）: 1133-1174.

［12］ Verlee A, Mincke S, Stevens C V. Recent developments in antibacterial and antifungal chitosan and its derivatives. Carbohydrate Polymers, 2017, 164: 268-283.

［13］ Chang K, Wr L J F, Tsai G. Heterogeneous N-deacetylation of chitin in alkaline solution. Carbohydrate Research, 1997, 303（3）: 327-332.

［14］ Cazón P, Velazquez G, Ramírez J A, et al. Polysaccharide-based films and coatings for food packaging: A review. Food Hydrocolloids, 2016, 68: 136-148.

［15］ Ahmed S, Ikram S. Chitosan based scaffolds and their applications in wound healing. Achievements in the Life Sciences, 2016, 10（1）: 27-37.

［16］ Ardila N, Daigle F, Heuzey M C, et al. Antibacterial activity of neat chitosan powder and flakes. Molecules, 2017, 22（1）: 100-119.

[17] Anitha A, Sowmya S, Kumar P T S, et al. Chitin and chitosan in selected biomedical applications. Progress in Polymer Science, 2014, 39（9）: 1644-1667.

[18] Bugnicourt L, Ladaviere C. Interests of chitosan nanoparticles ionically cross-linked with tripolyphosphate for biomedical applications. Progress in Polymer Science, 2016, 60: 1-17.

[19] Vunain E, Mishra A K, Mamba B B. Fundamentals of chitosan for biomedical applications. Chitosan Based Biomaterials. 2017, 1: 3-30.

[20] Leceta I, Guerrero P, Ibarburu I, et al. Characterization and antimicrobial analysis of chitosan-based films. Journal of Food Engineering, 2013, 116（4）: 889.

[21] Leceta I, Molinaro S, Guerrero P, et al. Quality attributes of MAP packaged ready-to-eat baby carrots by using chitosan-based coatings. Postharvest Biology & Technology, 2015, 100: 142-150.

[22] Singh R P, Sharma G, Sonali, et al. Chitosan-folate decorated carbon nanotubes for site specific lung cancer delivery. Materials Science & Engineering C, 2017, 77: 446-458.

[23] Wu C, Fu S, Xiang Y, et al. Effect of chitosan gallate coating on the quality maintenance of refrigerated（4℃） silver pomfret（Pampus argentus）. Food & Bioprocess Technology, 2016, 9（11）: 1-9.

[24] Awad M A, Al-Qurashi A D, Mohamed S A, et al. Postharvest chitosan, gallic acid and chitosan gallate treatments effects on shelf life quality, antioxidant compounds, free radical scavenging capacity and enzymes activities of 'Sukkari' bananas. Journal of Food Science & Technology, 2017, 54（2）: 447-457.

[25] Wei Z, Gao Y. Evaluation of structural and functional properties of chitosan-chlorogenic acid complexes. International Journal of Biological Macromolecules, 2016, 86: 376-382.

[26] Rui L, Xie M, Bing H, et al. Enhanced solubility and antioxidant activity of chlorogenic acid-chitosan conjugates due to the conjugation of chitosan with chlorogenic acid. Carbohydrate Polymers, 2017, 170: 206-216.

[27] Shaw G S, Pandey P M, Yogalakshmi Y, et al. Synthesis and assessment of novel gelatin-chitosan lactate co-hydrogels for controlled delivery and tissue engineering applications. Polymer-Plastics Technology and Engineering, 2017, 1: 1-11.

[28] Yildirim-Aksoy M, Beck B H. Antimicrobial activity of chitosan and a chitosan oligomer against bacterial pathogens of warmwater fish. Journal of Applied Microbiology, 2017, 122: 1570-1578.

[29] Hu Q, Luo Y. Polyphenol-chitosan conjugates: Synthesis, characterization, and applications. Carbohydrate Polymers, 2016, 151: 624-639.

[30] Kamaly N, Yameen B, Wu J, et al. Degradable controlled-release polymers and polymeric nanoparticles: mechanisms of controlling drug release. Chemical Reviews, 2016, 116（4）: 2602-2663.

[31] Hayes M. Chitin, Chitosan and their derivatives from marine rest raw materials: potential food and pharmaceutical applications. Marine Bioactive Compounds, 2012: 115-128.

[32] Zhao X, Wu H, Guo B, et al. Antibacterial anti-oxidant electroactive injectable hydrogel as self-healing wound dressing with hemostasis and adhesiveness for cutaneous wound healing. Biomaterials, 2017, 122: 34-47.

[33] Bui V, Park D, Lee Y C. Chitosan combined with ZnO, TiO$_2$ and Ag nanoparticles for antimi-

crobial wound healing applications: A mini review of the research trends. Polymers, 2017, 9 (1): 21-45.

[34] Behera S S, Das U, Kumar A, et al. Chitosan/TiO$_2$ composite membrane improves proliferation and survival of L929 fibroblast cells: Application in wound dressing and skin regeneration. International Journal of Biological Macromolecules, 2017, 98: 329-340.

[35] Sivashankari P R, Prabaharan M. Prospects of chitosan-based scaffolds for growth factor release in tissue engineering. International Journal of Biological Macromolecules, 2016, 93: 1382-1389.

[36] Casimiro M H, Lancastre J J H, Rodrigues A P, et al. Chitosan-based matrices prepared by gamma irradiation for tissue regeneration: structural properties vs. preparation method. Applications of Radiation Chemistry in the Fields of Industry, Biotechnology and Environment. Springer International Publishing, 2017: 5.

[37] Badawi M A, Negm N A, Abou Kana M T, et al. Adsorption of aluminum and lead from wastewater by chitosan-tannic acid modified biopolymers: Isotherms, kinetics, thermodynamics and process mechanism. International Journal of Biological Macromolecules, 2017, 99: 465-476.

[38] Oladoja N A, Unuabonah E I, Amuda O S, et al. Polysaccharides as green and sustainable resources for water and wastewater treatment. Switzerland: Springer International Publishing, 2017.

[39] Boardman S J, Lad R, Green D C, et al. Chitosan hydrogels for targeted dye and protein adsorption. Journal of Applied Polymer Science, 2017, 134 (21): 44846-44856.

[40] Rahmi, Lelifajri, Julinawati, et al. Preparation of chitosan composite film reinforced with cellulose isolated from oil palm empty fruit bunch and application in cadmium ions removal from aqueous solutions. Carbohydrate Polymers, 2017, 170: 226-233.

[41] Azzam E M S, Eshaq G, Rabie A M, et al. Preparation and characterization of chitosan-clay nanocomposites for the removal of Cu (Ⅱ) from aqueous solution. International Journal of Biological Macromolecules, 2016, 89: 507-517.

[42] de Souza J F, Da S G, Fajardo A R. Chitosan-based film supported copper nanoparticles: A potential and reusable catalyst for the reduction of aromatic nitro compounds. Carbohydrate Polymers, 2017, 161: 187-196.

[43] Alshehri S M, Almuqati T, Almuqati N, et al. Chitosan based polymer matrix with silver nanoparticles decorated multiwalled carbon nanotubes for catalytic reduction of 4-nitrophenol. Carbohydrate Polymers, 2016, 151: 135-143.

[44] Xing K, Zhu X, Peng X, et al. Chitosan antimicrobial and eliciting properties for pest control in agriculture: a review. Agronomy for Sustainable Development, 2015, 35 (2): 569-588.

[45] Kashyap P L, Xiang X, Heiden P. Chitosan nanoparticle based delivery systems for sustainable agriculture. International Journal of Biological Macromolecules, 2015, 77: 36-51.

[46] Oliveira H C, Gomes B C, Pelegrino M T, et al. Nitric oxide-releasing chitosan nanoparticles alleviate the effects of salt stress in maize plants. Nitric Oxide, 2016, 61: 10-19.

[47] dos Santos B R, Bacalhau F B, Pereira T S, et al. Chitosan-Montmorillonite microspheres: A sustainable fertilizer delivery system. Carbohydrate Polymers, 2015, 127: 340-346.

[48] Deshpande P, Dapkekar A, Oak M D, et al. Zinc complexed chitosan/TPP nanoparticles: A

promising micronutrient nanocarrier suited for foliar application. Carbohydrate Polymers, 2017, 165: 394-401.

[49] Bastarrachea L, Wong D, Roman M, et al. Active Packaging Coatings. Coatings, 2015, 5 (4): 771-791.

[50] Han J H. Innovations in Food Packaging. TX: Elsevier, Plano, 2005.

[51] ŞahinAyça, Çarkcıoglu E, Demirhan B, et al. Chitosan edible coating and oxygen scavenger effects on modified atmosphere packaged sliced sucuk. Journal of Food Processing & Preservation, 2017: 13213-13221.

[52] Talón E, Trifkovic K T, Nedovic V A, et al. Antioxidant edible films based on chitosan and starch containing polyphenols from thyme extracts. Carbohydrate Polymers, 2016, 157: 1153-1161.

[53] Jin L, Hua Y, Zhang J, et al. Preparation and characterization of antioxidant edible chitosan films incorporated with epigallocatechin gallate nanocapsules. Carbohydrate Polymers, 2017, 171: 300-306.

[54] Corinaldesi C, Barone G, Marcellini F, et al. Marine microbial-derived molecules and their potential use in cosmeceutical and cosmetic products. Marine Drugs, 2017, 15 (4): 118-139.

[55] Morsy R, Ali S S, El-Shetehy M. Development of hydroxyapatite-chitosan gel sunscreen combating clinical multidrug-resistant bacteria. Journal of Molecular Structure, 2017, 1143: 251-258.

[56] Wongkom L, Jimtaisong A. Novel biocomposite of carboxymethyl chitosan and pineapple peel carboxymethylcellulose as sunscreen carrier. International Journal of Biological Macromolecules, 2017, 95: 873-880.

[57] Chaouat C, Balayssac S, Maletmartino M, et al. Green microparticles based on a chitosan/lacto-bionic acid/linoleic acid association. Characterization and evaluation as a new carrier system for cosmetics. Journal of Microencapsulation, 2017, 34 (2): 162-170.

[58] Libio I C, Demori R, Ferrão M F, et al. Films based on neutralized chitosan citrate as innovative composition for cosmetic application. Materials Science & Engineering C Materials for Biological Applications, 2016, 67: 115-124.

[59] Xiao Z, Tian T, Hu J, et al. Preparation and characterization of chitosan nanoparticles as the delivery system for tuberose fragrance. Flavour & Fragrance Journal, 2014, 29 (1): 22-34.

[60] Khwaldia K, Basta A H, Hajer A, et al. Chitosan-caseinate bilayer coatings for paper packaging materials. Carbohydrate Polymers, 2014, 99: 508-516.

[61] Raghavendra G M, Jung J, Kim D, et al. Effect of chitosan silver nanoparticle coating on functional properties of Korean traditional paper. Progress in Organic Coatings, 2017, 110: 16-23.

[62] Tang Y, Hu X, Zhang X, et al. Chitosan/titanium dioxide nanocomposite coatings: Rheological behavior and surface application to cellulosic paper. Carbohydrate Polymers, 2016, 151: 752-759.

[63] Shahidul I, Shahid M, Mohammad F. Green chemistry approaches to develop antimicrobial textiles based on sustainable biopolymers-A review. Industrial & Engineering Chemistry Research, 2013, 52 (15): 5245-5260.

[64] Revathi T, Thambidurai S. Synthesis of chitosan incorporated neem seed extract (Azadirachta

indica) for medical textiles. International Journal of Biological Macromolecules, 2017, 104: 1890-1896.

[65] Chandrasekar S, Vijayakumar S, Rajendran R. Application of chitosan and herbal nanocomposites to develop antibacterial medical textile. Biomedicine & Aging Pathology, 2014, 4 (1): 59-64.

[66] Yang Z, Zeng Z, Xiao Z, et al. Preparation and controllable release of chitosan/vanillin microca-psules and their application to cotton fabric. Flavour & Fragrance Journal, 2014, 29 (2): 114-120.

[67] Martin G P. Applications and environmental aspects of chitin and chitosan. Journal of Macromolecular Science Part A, 1995, 32 (4): 629-640.

[68] Wong T W. Chitosan and its use in design of insulin delivery system. Recent Patents on Drug Delivery & Formulation, 2009, 3 (1): 8-25.

[69] Goycoolea F M, Heras A, Aranaz I, et al. Effect of chemical crosslinking on the swelling and shrinking properties of thermal and pH-responsive chitosan hydrogels. Macromolecular Bioscience, 2003, 3 (10): 612-619.

[70] Mi F L, Tan Y C, Liang H F, et al. In vivo biocompatibility and degradability of a novel injectable-chitosan-based implant. Biomaterials, 2002, 23 (1): 181-191.

[71] Pangburn S H, Trescony P V, Heller J, Lysozyme degradation of partially deacetylated chitin, its films and hydrogels. Biomaterials, 1982, 3 (2): 105-108.

[72] Jameela S R, Jayakrishnan A. Glutaraldehyde cross-linked chitosan microspheres as a long acting biodegradable drug delivery vehicle: studies on the in vitro release of mitoxantrone and in vivo degradation of microspheres in rat muscle. Biomaterials, 1995, 16 (10): 769-775.

[73] Yuan Y, Chesnutt B M, Utturkar G, et al. The effect of cross-linking of chitosan microspheres with genipin on protein release. Carbohydrate Polymers, 2007, 68 (3): 561-567.

[74] Ibrahim V, Mamo G, Gustafsson P J, et al. Production and properties of adhesives formulated from laccase modified Kraft lignin. Industrial Crops & Products, 2013, 45 (45): 343-348.

[75] Peshkova S, Li K C. Investigation of chitosan-phenolics systems as wood adhesives. Journal of Biotechnology, 2003, 102 (2): 199-207.

[76] Umemura K, Kawai S. Modification of chitosan by the Maillard reaction using cellulose model compounds. Carbohydrate Polymers, 2007, 68 (2): 242-248.

[77] Patel A K, Mathias J D, Michaud P. Polysaccharides as adhesives: A critical review. Reviews of Adhesion & Adhesives, 2013, 1 (3): 312-345.

[78] Patel A K, Michaud P, Baynast H D, et al. Preparation of chitosan-based adhesives and assessment of their mechanical properties. Journal of Applied Polymer Science, 2013, 127 (5): 3869-3876.

[79] Patel A K, Michaud P, Petit E, et al. Development of a chitosan-based adhesive. Application to wood bonding. Journal of Applied Polymer Science, 2013, 127 (6): 5014-5021.

[80] Ashori A, Cordeiro N, Faria M, et al. Effect of chitosan and cationic starch on the surface chemistry properties of bagasse paper. International Journal of Biological Macromolecules, 2013, 58 (2): 343-348.

[81] Umemura K, Inoue A, Kawai S. Development of new natural polymer-based wood adhesives I: dry bond strength and water resistance of konjac glucomannan, chitosan, and their com-

posites. Journal of Wood Science, 2003, 49（3）: 221-226.

[82] Mima S, Miya M, Iwamoto R, et al. Highly deacetylated chitosan and its properties. Journal of Applied Polymer Science, 2010, 28（6）: 1909-1917.

[83] Montazer M, Afjeh M G. Simultaneous x-linking and antimicrobial finishing of cotton fabric. Journal of Applied Polymer Science, 2007, 103（1）: 178-185.

[84] Li B, Shan C L, Zhou Q, et al. Synthesis, characterization, and antibacterial activity of cross-linked chitosan-glutaraldehyde. Marine Drugs, 2013, 11（5）: 1534-1552.

[85] Wysokowski M, Łukasz Klapiszewski, Moszyński D, et al. Modification of chitin with kraft lignin and development of new biosorbents for removal of cadmium（Ⅱ）and nickel（Ⅱ）ions. Marine Drugs, 2014, 12（4）: 2245-2268.

[86] Kildeeva N R, Perminov P A, Vladimirov L V, et al. About mechanism of chitosan cross-linking with glutaraldehyde. Russian Journal of Bioorganic Chemistry, 2009, 35（3）: 360-369.

[87] Jr M O, Airoldi C. Some studies of crosslinking chitosan-glutaraldehyde interaction in a homogeneous system. International Journal of Biological Macromolecule, 1999, 26（2-3）: 119-128.

[88] Kurita K, Koyama Y, Taniguchi A. Studies on chitin X. Homogeneous cross-linking of chitosan for enhanced cupric ion adsorption. Journal of Applied Polymer Science, 1987, 33（1）: 239.

[89] Neto C G T, Giacometti J A, Job A E, et al. Thermal analysis of chitosan based networks. Carbohydrate Polymers, 2005, 62（2）: 97-103.

[90] Rueda D R, Secall T, Bayer R K. Differences in the interaction of water with starch and chitosan films as revealed by infrared spectroscopy and differential scanning calorimetry. Carbohydrate Polymers, 1999, 40（1）: 49-56.

[91] 李飞，董金桥，沈青. 高分子共混物中氢键的作用Ⅰ. 氢键的特征描述以及影响因素. 高分子通报，2009（7）: 45-52.

[92] 宗源. 远红外聚酰胺纤维及其织物的制备和性能研究. 上海：东华大学，2013.

[93] L Q F, He Z W, Zhang J Y, et al. Preparation and properties of nitrogen-containing hollow carbon nanospheres by pyrolysis of polyaniline-lignosulfonate composites. Journal of Analytical & Applied Pyrolysis, 2011, 92（1）: 152-157.

[94] Ye D Z, Jiang X C, Xia C, et al. Graft polymers of eucalyptus lignosulfonate calcium with acrylic acid: Synthesis and characterization. Carbohydrate Polymers, 2012, 89（3）: 876-882.

[95] 肖子寒，邢航，肖进新. 具有较高表面活性的木质素磺酸盐的制备. 日用化学工业，2015（10）: 550-556.

[96] Hasegawa M, Isogai A, Onabe F. Preparation of low-molecular-weight chitosan using phosphoric acid. Carbohydrate Polymers, 1993, 20（4）: 279-283.

[97] Silva R M, Silva G A, Coutinho O P, et al. Preparation and characterisation in simulated body conditions of glutaraldehyde crosslinked chitosan membranes. Journal of Materials Science Materials in Medicine, 2004, 15（10）: 1105-1112.

7

壳聚糖胶黏剂基无醛纤维板的成型技术

本章将研究基于壳聚糖胶黏剂、戊二醛交联壳聚糖胶黏剂、壳聚糖共混木质素胶黏剂和戊二醛交联壳聚糖共混木质素胶黏剂纤维板的制备技术，详细研究不同胶黏剂添加量对纤维板力学及尺寸稳定性能的影响，优化胶黏剂的添加量。最后，通过 FTIR、XRD 以及 XPS 等现代仪器分析技术对纤维板化学特性进行分析表征，解析采用上述胶黏剂纤维板的成型机制。本章的研究目的在于优化纤维板中胶黏剂的添加量，为基于壳聚糖的胶黏剂在纤维板行业的应用打下基础。

7.1 酸化壳聚糖胶黏剂基无醛纤维板的成型技术

本小节以木纤维为基体材料，以壳聚糖的冰醋酸溶液为胶黏剂，通过高温热压的方法压制纤维板，研究酸化壳聚糖胶黏剂的添加量对纤维板力学及防水性能的影响，以优化酸化壳聚糖胶黏剂的添加量，为壳聚糖作为纤维板用胶黏剂的利用奠定基础。

7.1.1 试验材料与方法

7.1.1.1 试验材料

同 6.2.1.1（除戊二醛外）。

7.1.1.2 胶黏剂与纤维板制备

酸化壳聚糖胶黏剂按以下步骤制备：首先将 1g 冰醋酸和 99g 蒸馏水于一烧

杯中混合搅拌，直至形成一均一的冰醋酸溶液；再将 2g 壳聚糖粉末加入一烧杯中，之后将冰醋酸溶液倒入盛有壳聚糖的烧杯中，于室温下混合搅拌均匀，直至形成均一的壳聚糖溶液。得到的壳聚糖溶液即为酸化壳聚糖胶黏剂。

纤维板按以下步骤压制：首先将木纤维放入高速混料机（SHR-10A，张家港市通沙塑料机械有限公司）中，然后将准备好的酸化壳聚糖胶黏剂倒入其中，高速混合搅拌（750r/min)5min。然后将混好的木纤维/胶黏剂混合物取出，置于室内调质。之后再将其手工铺装成 250mm×250mm 的正方形板坯，再将板坯放于预压机（50t 试验预压机：功率 3kW，哈尔滨东大人造板机械制造有限公司）中进行预压（1MPa，1min）。最后将预压后的板坯取出放入热压机（100t 试验预压机：功率 18kW，哈尔滨东大人造板机械制造有限公司）中进行热压，经过前期预实验，采用如图 6-3 所示的热压曲线，热压温度为 170℃。所压制的纤维板胶黏剂添加量依次为 0、1%、2%、3%、4% 和 5%。

7.1.1.3 测试与表征

采用 Thermo Electron 生产的 X 射线光电子能谱仪（XPS）分析壳聚糖、木纤维和纤维板的表面化学组成。X 射线源为 Al Kα，工作电压为 15kV，功率为 150W，高分辨率扫描时通能为 40eV，低分辨率时则为 160eV。C2、C3 和 C4 相对于 C1(284.3eV) 的化学偏移分别为 1.5eV±0.1eV，3eV±0.1eV 和 4eV±0.1eV。

其他同 6.2.1.3。

7.1.2 酸化壳聚糖胶黏剂基无醛纤维板的工艺探索

酸化壳聚糖胶黏剂添加量对纤维板力学及尺寸稳定性的影响如图 7-1 所示。从图 7-1 中可以看出，纤维板内结合强度、弹性模量、静曲强度和 24h 吸水厚度膨胀率的变化趋势可以分成两个阶段。在第一阶段（对应酸化壳聚糖胶黏剂添加量为 0~4%）中，纤维板的内结合强度、弹性模量、静曲强度随着酸化壳聚糖胶黏剂添加量的增加而增加，这意味着适量的酸化壳聚糖胶黏剂可以显著提高纤维板的力学性能，结果说明酸化壳聚糖非常适合作为一种纤维板用胶黏剂。与力学性能的变化规律相反，24h 吸水厚度膨胀率随着酸化壳聚糖胶黏剂添加量的升高而下降，说明适量添加酸化壳聚糖胶黏剂可以提高纤维板的尺寸稳定性，这可能是因为当壳聚糖的脱乙酰度很高时，其疏水性也很高，因此它可以防止水分进入到它分子链之间。

第二阶段对应酸化壳聚糖胶黏剂的添加量为 4%~5%。在这一阶段中，

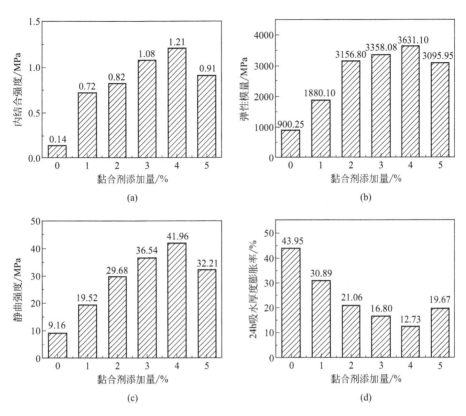

图 7-1 酸化壳聚糖胶黏剂添加量对纤维板力学及尺寸稳定性的影响

可以看出纤维板的内结合强度、弹性模量、静曲强度和 24h 吸水厚度膨胀率有所下降，说明纤维板的力学性能和尺寸稳定性随着酸化壳聚糖胶黏剂添加量的增加而降低。这可能是因为当酸化壳聚糖胶黏剂的添加量过高时，木纤维/胶黏剂混合物中的水分也过高；当壳聚糖溶液的浓度一定时，酸化壳聚糖胶黏剂添加量越高，木纤维/胶黏剂混合物的水分就越多。因此，混合搅拌时过高的水分会导致难以搅拌充分，使得酸化壳聚糖胶黏剂和木纤维难以分布均匀，造成纤维结团。所以，当酸化壳聚糖胶黏剂添加量过高时纤维板的力学及尺寸稳定性能会下降。

当酸化壳聚糖胶黏剂的添加量为 4% 时，纤维板的力学及尺寸稳定性达到最佳，此时纤维板的内结合强度、弹性模量、静曲强度和 24h 吸水厚度膨胀率分别为 1.21MPa、3631.10MPa、41.96MPa 和 12.73%。相比于胶黏剂含量为 0 的纤维板，添加有 4% 酸化壳聚糖胶黏剂的纤维板内结合强度、弹性模量和静曲强度分别提高了 764.2%、303.3% 和 358.1%，24h 吸水厚度膨胀率下降了71.0%。添加有 4% 酸化壳聚糖胶黏剂的纤维板的力学性能及尺寸稳定性都满足国家标准（GB/T 11718—2009《中密度纤维板》）中关于干燥状态下使用的普通型中密度纤维板（MDF-GP REG）的规定（内结合强度≥0.6MPa，弹性模量≥2600MPa，静曲强度≥26.0MPa，24h 吸水厚度膨胀率≤35.0%），甚至满足在潮湿状态下使用的性能要求（MDF-GP MR）（内结合强度≥0.6MPa，弹性模量≥2600MPa，静曲强度≥26.0MPa，24h 吸水厚度膨胀率≤18.0%）。结果说明使用酸化壳聚糖溶液作胶黏剂可以制造出性能卓越的环保型纤维板。

7.1.3　酸化壳聚糖胶黏剂基无醛纤维板的成型机理

7.1.3.1　基于酸化壳聚糖胶黏剂的纤维板 FTIR 分析

壳聚糖、木纤维、不含胶黏剂的纤维板（素板）与添加有 4% 酸化壳聚糖胶黏剂的纤维板 FTIR 图谱如图 7-2 所示。由于纤维板中胶黏剂含量很低，因此素板与添加有 4% 酸化壳聚糖胶黏剂的纤维板 FTIR 图谱极为相似，很难看清楚其中的差别，所以将整个 FTIR 图谱分段作图，以便更清楚地观察。在壳聚糖的 FTIR 图谱中，位于 $3362cm^{-1}$、$3285cm^{-1}$、$1655cm^{-1}$ 和 $1588cm^{-1}$ 处的特征峰分别对应于羟基（—OH）、自由氨基（—NH$_2$）、酰胺 I 带（C═O）和酰胺 II 带（C—N）。木纤维、素板和添加有 4% 酸化壳聚糖胶黏剂的纤维板 FTIR 图谱非常相似，但仍然可以观察到一些细微的不同。

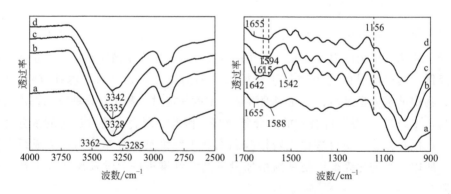

图 7-2　壳聚糖、木纤维、素板和添加有 4% 酸化壳聚糖胶黏剂纤维板的 FTIR 图谱
a—壳聚糖；b—木纤维；c—素板；d—含 4% 酸化壳聚糖胶黏剂的纤维板

与木纤维相比，在热压过后素板的 FTIR 图谱中有一些峰发生了变化：位于 $1156cm^{-1}$ 处醚键（C—O）的伸缩振动峰峰强有所增强；木纤维中在 $1615cm^{-1}$ 处无峰，而素板在 $1615cm^{-1}$ 处出现了峰，此处对应的是羰基（C═O）的振动

峰。这两处峰的变化说明在热压过程中半纤维素、木质素和无定形纤维素发生了降解，产生了一些小分子量有机物，包括呋喃、糠醛和甲基糠醛等。此外，抽提物的降解也会导致羰基的增加。一般人们认为半纤维素、木质素和无定形纤维素降解生成的小分子量有机物会使木纤维产生自胶合，有利于素板的成型。位于 $1642cm^{-1}$ 和 $1542cm^{-1}$ 处抽提物中酯键羰基（C＝O）的振动峰峰强度在热压后有所减弱，说明热压可能导致了抽提物的降解。木纤维中 $3328cm^{-1}$ 处的峰对应的是羟基的峰，而素板中羟基的对应峰却发生了蓝移，位于 $3335cm^{-1}$ 处，说明热压后木纤维之间形成了氢键，这有利于纤维板的自胶合。

对比素板和添加有 4％酸化壳聚糖胶黏剂纤维板的力学及尺寸稳定性能，可以发现酸化壳聚糖胶黏剂对纤维板性能的作用要远大于纤维板的自胶合。因此，分析木纤维和酸化壳聚糖胶黏剂之间的化学反应对了解纤维板的成型机理具有非常重要的理论及实际意义。

素板在 $1655cm^{-1}$ 处无峰，而在添加有 4％酸化壳聚糖胶黏剂的纤维板中 $1655cm^{-1}$ 处出现了峰，此处的峰对应的是酰胺键，说明热压过后壳聚糖和木纤维之间有酰胺键形成，这对纤维板的性能非常有利。添加有 4％酸化壳聚糖胶黏剂的纤维板在 $1594cm^{-1}$ 处的峰比素板要强，此处对应的是木质素中碳碳双键（C＝C）和酰胺键的重合峰，这也说明壳聚糖和木纤维之间形成了酰胺键。与素板相比，添加有 4％酸化壳聚糖胶黏剂的纤维板中对应于羟基的峰进一步蓝移至 $3342cm^{-1}$ 处，这是因为木纤维的羟基和壳聚糖的氨基与羟基间产生的氢键，并且氢键的强度要大于素板。

上述 FTIR 分析结果表明在热压时木纤维和壳聚糖之间产生了氢键和酰胺键，这些氢键和酰胺键的共同作用使得纤维板具有优异的性能。

7.1.3.2 基于酸化壳聚糖胶黏剂纤维板的 XPS 分析

XPS 分析可以鉴定壳聚糖、木纤维、素板和添加有 4％酸化壳聚糖胶黏剂纤维板的表面官能团和化学组成。壳聚糖、木纤维、素板和添加有 4％酸化壳聚糖胶黏剂纤维板的 C1s 高分辨率图谱和 XPS 总图谱如图 7-3 所示。与木纤维相比，素板的 O/C 比（氧碳化）有所增加（表 7-1），说明经过热压后生成了一些含氧化合物，包括呋喃、糠醛和甲基糠醛等，这些分析结果与 FTIR 分析相一致。而添加有 4％酸化壳聚糖胶黏剂的纤维板 O/C 比进一步增加（表 7-1），这是因为加入了壳聚糖的缘故。木纤维和素板的 XPS 图谱中未观察到 N 元素的峰（399eV 处），而添加有 4％酸化壳聚糖胶黏剂的纤维板 XPS 图谱中在 399eV 位置处有峰，这也是因为加入了壳聚糖的缘故。

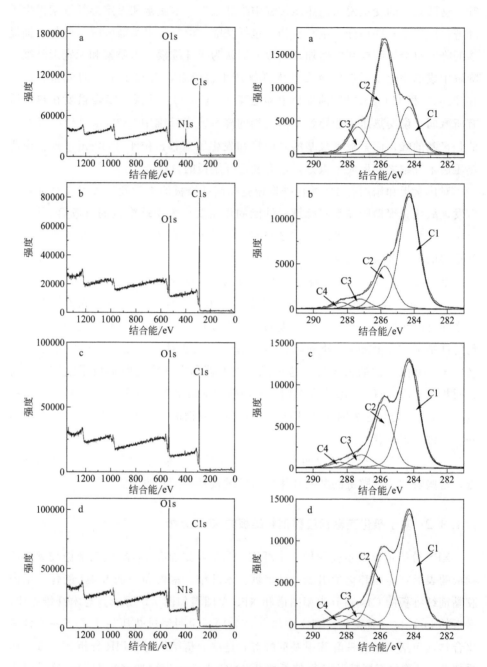

图 7-3　壳聚糖、木纤维、素板和含有 4％酸化壳聚糖胶黏剂纤维板的
C1s 高分辨率图谱和 XPS 总图谱

a—壳聚糖；b—木纤维；c—素板；d—含 4％酸化壳聚糖胶黏剂的纤维板

表 7-1 壳聚糖、木纤维、素板和含 4%酸化壳聚糖胶黏剂纤维板的 XPS 分析结果

样品	元素/%			碳成分 C1s/%				结合能/eV				O/C 比
	C	O	N	C1	C2	C3	C4	C1	C2	C3	C4	
a	60.3	32.4	7.3	25.3	60.9	13.8	0	284.3	285.8	287.4		0.54
b	78.6	21.4	0	66.1	25.0	5.9	3.0	284.3	285.8	287.3	288.3	0.27
c	74.7	25.3	0	57.2	32.2	7.7	2.9	284.3	285.8	287.3	288.4	0.34
d	73.2	26.5	0.3	53.1	35.9	6.0	5.0	284.3	285.8	287.3	288.3	0.36

注：a 为壳聚糖，b 为木纤维，c 为素板，d 为含 4%酸化壳聚糖胶黏剂的纤维板。

C1s 可以被分解成四部分：284.3eV±0.1eV 处的 C—C/C—H(C1)，285.8eV±0.1eV 处的 C—O/C—N(C2)，287.3eV±0.1eV 处的 C＝O/O—C—O(C3) 和 288.3eV±0.1eV 处的 O—C＝O/N—C＝O(C4)。与木纤维相比，素板的 XPS 图谱中最大的不同是 C1 的下降和 C2、C3 的增加，同时 C4 也出现了些许下降，这可能是因为呋喃、糠醛和甲基糠醛的产生以及抽提物降解导致的酯键的减少，这与 FTIR 分析一致。与素板相比，在添加有 4%酸化壳聚糖胶黏剂的纤维板 XPS 图谱中，C1 和 C3 有所下降，而 C2 和 C4 有所上升，这是因为壳聚糖的加入。然而壳聚糖的 XPS 图谱中并没有 C4，这与前人的研究一致。因此 C4 的增加说明壳聚糖和木纤维之间酰胺键的形成，这有利于纤维板的性能。

7.1.3.3 基于酸化壳聚糖胶黏剂纤维板的 XRD 分析

图 7-4 是木纤维、素板和添加有 4%酸化壳聚糖胶黏剂纤维板的 XRD 图谱和相对结晶度。木纤维、素板和添加有 4%酸化壳聚糖胶黏剂纤维板的 XRD 图谱中都在 $2\theta = 16.5°$ 和 22.6°处观察到了衍射峰，说明木纤维、素板和添加有 4%酸化壳聚糖胶黏剂纤维板中纤维素属于纤维素 I 型。因此，可以认为热压或者添加壳聚糖并未影响样品中纤维素的晶型结构，然而素板和添加有 4%酸化壳聚糖胶黏剂的纤维板相对结晶度却有所改变。木纤维的相对结晶度是 56.89%，然而素板的相对结晶度却增加到了 71.15%，部分原因是半纤维素、木质素和部分的无定形纤维素在热压过程中降解掉了，导致结晶区纤维素的相对含量有所增加，从而使得相对结晶度增加；同时热压过程中的高压也会使纤维素分子链上的羟基距离更近，从而增加了纤维素羟基之间的氢键，这也会导致相对结晶度的增加。素板产生自胶合的部分原因即是高压所造成的纤维素羟基之间的氢键，这使得纤维素发生聚集，有利于纤维板力学性能和防水性能的提升。

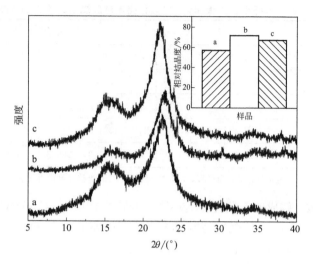

图 7-4　木纤维、素板和添加有 4％酸化壳聚糖胶黏剂纤维板的 XRD 图谱和相对结晶度
a—木纤维；b—素板；c—含 4％酸化壳聚糖胶黏剂的纤维板

与素板相比，添加有 4％酸化壳聚糖胶黏剂纤维板的相对结晶度降低到了 67.30％，这可能是因为纤维素之间的氢键有所减少。因为壳聚糖的氨基和纤维素之间的羟基会形成酰胺键和氢键，从而导致木纤维之间的氢键减少，以致添加有 4％酸化壳聚糖胶黏剂的纤维板相对结晶度有所降低。因此，XRD 的分析结果印证了 FTIR 和 XPS 的分析结果，共同证明了壳聚糖和木纤维之间酰胺键和氢键的存在。

7.2　戊二醛交联壳聚糖胶黏剂基无醛纤维板的成型技术

在 6.2 节中，成功地采用戊二醛交联壳聚糖合成了一种三维体型结构的胶黏剂，并利用该胶黏剂压制了纤维板，研究了戊二醛与壳聚糖的质量比对纤维板力学及尺寸稳定性能的影响，得到了最佳的戊二醛交联壳聚糖胶黏剂的合成参数。

然而，在 6.2 节中，采用最佳工艺条件下的胶黏剂压制的纤维板力学及尺寸稳定性虽然满足国家标准中的相关要求，不过与 7.1 节中 4％酸化壳聚糖胶黏剂添加量纤维板的性能仍有些差距，并且戊二醛交联壳聚糖胶黏剂的添加量也未优化。因此，在本小节中，以木纤维为基体材料，以戊二醛与壳聚糖的质量比为 0.25 的戊二醛交联壳聚糖胶黏剂为黏结材料，采用平板热压的方法压制纤维板；以纤维板的力学性能及尺寸稳定性能为指标，优化戊二醛交联壳聚糖胶黏剂的添加量；通过 FTIR、XPS 以及 XRD 等现代仪器分析技术对纤维板的化学特性及纤维素的晶型结构进行分析表征，探索基于戊二醛交联壳聚糖胶黏剂制备的纤维板的成型机理。

7.2.1 试验材料与方法

7.2.1.1 试验材料

试验材料同 6.2.1.1。

7.2.1.2 胶黏剂与纤维板制备

戊二醛与壳聚糖的质量比为 0.25 的戊二醛交联壳聚糖胶黏剂的合成步骤如下：首先将 3g 壳聚糖粉末和适量蒸馏水加入一四颈圆底烧瓶中，在室温下搅拌直至壳聚糖均匀分散在蒸馏水中；之后再将 2g 冰醋酸加入一含有适量蒸馏水的烧杯中，搅拌至形成均匀的冰醋酸溶液；然后将冰醋酸溶液倒入含有壳聚糖的烧瓶中搅拌至壳聚糖完全溶解，形成均一的壳聚糖溶液。与此同时，配制含有 0.75g 戊二醛的戊二醛溶液。在戊二醛交联壳聚糖胶黏剂中，壳聚糖溶液是主剂，戊二醛溶液是交联固化剂。

纤维板的制备步骤如下：采用传统的平板热压法制备纤维板。首先将木纤维放入高速混料机（SHR-10A，张家港市通沙塑料机械有限公司）中，与此同时，将戊二醛溶液倒入壳聚糖溶液之中，并立即搅拌一小段时间直至二者混合均匀。之后迅速将混合体系倒入木纤维中，高速混合搅拌（750r/min）5min。之后再将其手工铺装成 250mm×250mm 的正方形板坯，再将板坯放于预压机（50t 试验预压机：功率 3kW，哈尔滨东大人造板机械制造有限公司）中进行预压（1MPa，1min）。最后将预压后的板坯取出放入热压机（100t 试验预压机：功率 18kW，哈尔滨东大人造板机械制造有限公司）中进行热压，经过前期预实验，采用如图 6-3 所示的热压曲线，热压温度为 170℃。纤维板中胶黏剂的添加量分别为 0、1%，2%、3%、4% 和 5%，板坯含水率为 60%。

7.2.1.3 测试与表征

木纤维与纤维板的测试与表征方法同 7.1.1.3。

7.2.2 戊二醛交联壳聚糖胶黏剂基无醛纤维板的工艺探索

戊二醛交联壳聚糖胶黏剂添加量对纤维板力学及尺寸稳定性的影响如图 7-5 所示。值得注意的是纤维板的静曲强度、弹性模量与内结合强度随胶黏剂添加量增多的变化趋势可以分成两个阶段。第一阶段对应的是戊二醛交联壳聚糖胶黏剂添加量在 0～3％范围内，在这个阶段内，当纤维板中戊二醛交联壳聚糖胶黏剂添加量从 0 上升到 3％时，纤维板的静曲强度、弹性模量和内结合强度分别从 9.16MPa、900.25MPa 和 0.14MPa 上升到了 39.78MPa、3960.31MPa 和 1.86MPa。可以看出纤维板的力学性能有着显著的提高，说明适量地添加戊二醛交联壳聚糖胶黏剂可以明显提高纤维板的力学性能。

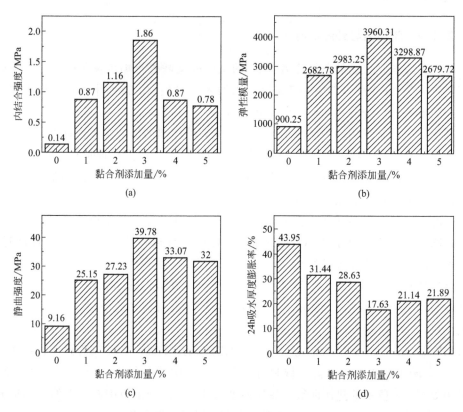

图 7-5　戊二醛交联壳聚糖胶黏剂添加量对纤维板力学及尺寸稳定性的影响

第二阶段对应的纤维板中戊二醛交联壳聚糖胶黏剂添加量的范围为 3％～5％，在这一阶段中，当胶黏剂的添加量从 3％上升到 5％时，纤维板的静曲强度、弹性模量和内结合强度分别从 39.78MPa、3960.31MPa 和 1.86MPa 下降到了 32MPa、2679.72MPa 和 0.78MPa，说明纤维板的力学性能不会随着戊二醛交联壳聚糖胶黏剂的增多而一直增强，在戊二醛交联壳聚糖胶黏剂添加量为 3％时纤维板的力学性能就已达到了极限。当胶黏剂中水分含量较低时，胶黏剂会变得非常黏稠，不利于将胶黏剂与木纤维混合均匀，因此胶黏剂中水分不能过少；由于戊二醛交联壳聚糖胶黏剂的固化速度较快，因此在将木纤维与胶黏剂混合均匀后需要立即进行热压，而胶黏剂中水分含量过高会导致板坯含水率过高，从而造成热压时纤维板开裂，因此，胶黏剂中水分不能太高。前期试验表明，当板坯中的含水率高于60%时，在热压过程中水分的移动和释放会造成纤维板开裂，因此板坯的含水率最高只能是60%，因此，本小节中板坯的含水率固定为60%，所以胶黏剂中水分与木纤维的比值也是定值。当胶黏剂添加量从3%上升到5%，即胶黏剂中固含量与木纤维的绝干质量的比值从3%上升到5%时，胶黏剂溶液的浓度也在上升，自然而然，胶黏剂溶液中壳聚糖和戊二醛的浓度都在上升，这导致了胶黏剂的黏度也在上升，从而造成木纤维与戊二醛交联壳聚糖胶黏剂难以混合均匀，并且，胶黏剂溶液中过高的壳聚糖与戊二醛浓度会导致胶黏剂提前固化。最终，未能均匀混合的木纤维与胶黏剂以及提前固化的胶黏剂共同造成了纤维板性能的下降。

纤维板的防水性能随胶黏剂添加量增多的变化趋势与力学性能较为相似，也可以分成两个阶段。当纤维板中戊二醛交联胶黏剂添加量从0上升到3%时，纤维板的防水能力有所上升，当胶黏剂添加量从3%进一步上升到5%时，纤维板的防水能力又有所下降，这可以从纤维板的24h吸水厚度膨胀的变化趋势中看出来。最优的24h吸水厚度膨胀率是17.63%，与素板相比下降显著。添加有3%戊二醛交联壳聚糖胶黏剂的纤维板防水性能优异的部分原因是壳聚糖本身的防水性能就很好，它可以阻止水分进入它分子链之间；另一原因是木纤维之间依靠胶黏剂形成了强烈的黏合力，这也使得水分难以侵入。因此，添加3%戊二醛交联壳聚糖胶黏剂的纤维板防水性能优异。

总之，当纤维板中戊二醛交联壳聚糖胶黏剂的添加量为3%时，纤维板的静曲强度、弹性模量、内结合强度和24h吸水厚度膨胀率达到了最佳，并且要比未添加胶黏剂的纤维板高出很多，也达到了国家标准（GB/T 11718—2009《中密度纤维板》）中关于干燥状态下使用的普通型中密度纤维板（MDF-GP REG）的规定（内结合强度≥0.6MPa，弹性模量≥2600MPa，静曲强度≥26.0MPa，24h吸水厚度膨胀率≤35.0%）。

7.2.3 戊二醛交联壳聚糖胶黏剂基无醛纤维板的成型机理

7.2.3.1 基于戊二醛交联壳聚糖胶黏剂纤维板的 FTIR 分析

木纤维、素板和胶黏剂添加量为3%时纤维板的FTIR图谱如图7-6所示。由于纤维板中胶黏剂含量很低，因此素板与添加有3%戊二醛交联壳聚糖胶黏剂纤维板的FTIR图谱极为相似，很难看清楚其中的差别，所以将整个FTIR图谱分段作图，以便更清楚地观察。与木纤维相比，素板的FTIR图谱有一些变化。

原位于木纤维 FTIR 图谱中位于 $1642cm^{-1}$ 和 $1543cm^{-1}$ 两处的峰强度在热压后有所减弱，这两处峰对应的是半纤维素和抽提物中的酯键，说明热压过后半纤维素和酯键发生了降解。位于 $1507cm^{-1}$、$1242cm^{-1}$ 和 $780cm^{-1}$ 三处的峰分别对应的是木质素中的 C═C 对称伸缩振动峰、C—O 伸缩振动峰和 CH 平面外振动峰，这些峰的强度在热压后也有所减弱，说明木质素也发生了降解。位于 $1596cm^{-1}$ 处的峰是 C═O 键的振动峰和木质素中 C═C 键的振动峰的重合峰，其峰强度在热压后有所增强，说明热压过后产生了一些小分子类含氧有机物，例如呋喃、糠醛和甲基糠醛等，这些小分子量有机物是由抽提物、半纤维素和木质素降解产生的，被认为有利于素板的自胶合成型。木纤维的 FTIR 图谱中位于 $1740cm^{-1}$ 处的峰对应的是半纤维素中的羧基，然而在素板的 FTIR 图谱中，位于 $1720cm^{-1}$ 处出现了对应于 C═O 键的峰，并且在素板的 FTIR 图谱中位于 $1720cm^{-1}$ 处峰的强度要弱于木纤维的 FTIR 图谱中 $1740cm^{-1}$ 处峰的强度，强度的下降说明半纤维素在热压过程中发生了降解，峰位置的偏移说明热压过后有连接于 COOH 官能团的氢键产生。木纤维的 FTIR 图谱中对应 OH 官能团的峰位于 $3321cm^{-1}$ 处，然而热压过后，它却蓝移到了 $3332cm^{-1}$ 处，说明有连接于 OH 官能团的氢键产生。因此，热压过后，木纤维的 COOH 官能团和 OH 官能团之间产生了氢键，这些新生成的氢键和小分子量有机物有利于素板的自胶合成型。

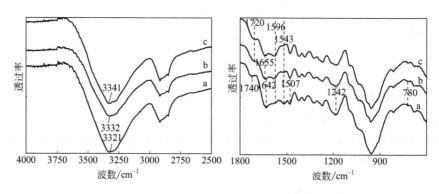

图 7-6　木纤维、素板和添加有 3% 戊二醛交联壳聚糖胶黏剂纤维板的 FTIR 图谱
a—木纤维；b—素板；c—含 3% 戊二醛交联壳聚糖胶黏剂的纤维板

　　与素板相比，在含有 3% 胶黏剂纤维板的 FTIR 图谱中，位于 $1655cm^{-1}$ 处对应于酰胺键的峰有所增强，说明在含有 3% 胶黏剂纤维板中木纤维羧基和戊二醛交联壳聚糖胶黏剂的氨基之间生成了酰胺键。位于 $1596cm^{-1}$ 处的峰也有所增强，此处的峰是 C═O 键、酰胺键和木质素中 C═C 键的重合峰，因此也说明酰胺键的生成。素板的 FTIR 图谱中位于 $3332cm^{-1}$ 处 OH 的峰进一步蓝移，在含

有 3％胶黏剂纤维板的 FTIR 图谱中移动到了 3341cm^{-1} 处，说明产生了更多的与 OH 相关联的氢键，这些氢键可能位于木纤维的羟基和戊二醛交联壳聚糖的氨基与羟基之间。位于含有 3％胶黏剂纤维板的 FTIR 图谱中 1720cm^{-1} 处对应于 C＝O 的峰有所增强，这是因为加入的戊二醛交联壳聚糖胶黏剂中含有 C＝O 键的缘故。

上述 FTIR 分析结果说明，戊二醛交联壳聚糖胶黏剂与木纤维之间主要形成了酰胺键和氢键。7.1 节中酸化壳聚糖胶黏剂与木纤维之间也是酰胺键和氢键，说明戊二醛交联并未改变胶黏剂与木纤维之间的黏合机理。

7.2.3.2 基于戊二醛交联壳聚糖胶黏剂纤维板的 XPS 分析

本部分采用 XPS 分析来鉴别木纤维、素板和含有 3％胶黏剂纤维板的表面化学组成。从表 7-2 中可以看出木纤维中的氧碳比为 0.28，然而素板中氧碳比却是 0.33，比木纤维中有所提高。结合 FTIR 分析结果可以推断出氧碳比的升高是因为热压过后生成了一些小分子量有机物，这些有机物中含氧丰富。而含有 3％戊二醛交联壳聚糖胶黏剂纤维板的氧碳比为 0.34，相比于素板进一步上升，这是因为戊二醛交联壳聚糖胶黏剂富含氧元素。在含有 3％戊二醛交联壳聚糖胶黏剂的纤维板 XPS 图谱中新出现了氮元素的峰，这也是因为戊二醛交联壳聚糖胶黏剂中含有氮元素。

表 7-2　木纤维、素板和添加有 3％戊二醛交联壳聚糖胶黏剂纤维板的 XPS 表面分析结果

样品	元素/％			碳成分 C1s/％				结合能/eV				O/C 比
	C	O	N	C1	C2	C3	C4	C1	C2	C3	C4	
a	78.1	21.9	0	71.3	20.9	4.7	3.1	284.3	285.8	287.3	288.3	0.28
b	75.2	24.8	0	59.1	32.7	5.2	3.0	284.3	285.8	287.2	288.4	0.33
c	71.1	24.4	4.5	57.2	34.0	5.3	3.5	284.3	285.8	287.3	288.3	0.34

注：a 为木纤维，b 为素板，c 为含 3％戊二醛交联壳聚糖胶黏剂的纤维板。

木纤维、素板和含有 3％戊二醛交联壳聚糖胶黏剂纤维板的 XPS 总图谱和 C1s 高分辨率图谱如图 7-7 所示。C1s 峰可以被分解成四部分，即：284.3eV±0.1eV 处的 C1（C—C/C—H），285.8eV±0.1eV 处的 C2（C—O/C—N），287.3eV±0.1eV 处的 C3（C＝O/O—C—O）和 288.3eV±0.1eV 处的 C4（O—C＝O/N—C＝O）。与木纤维相比，素板中 C1 峰的面积有所减少，C2 和 C3 峰的面积却有所增加。C1 只存在于木质素和抽提物中，因此，C1 的减少说明部分抽提物和木质素在热压过程中被降解掉了。另外，富含氧元素的小分子量有机物的产生会造成 C2 和 C3 的增多，也会导致 C1 的相对含量降低。与木纤维相比，素板中 C4 面积有了轻微的减少，C4 只存在于半纤维素中，因此，这个现象说明

热压过后部分半纤维素被降解掉了。上述分析结果与 FTIR 分析相一致。

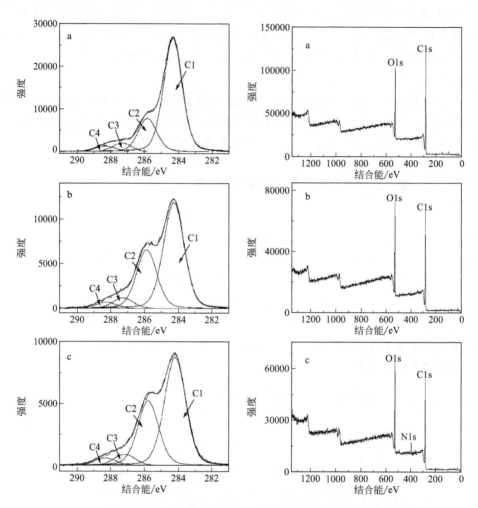

图 7-7 木纤维、素板和添加有 3％戊二醛交联壳聚糖胶黏剂纤维板的
XPS 总图谱和 C1s 高分辨率图谱
a—木纤维；b—素板；c—含 3％戊二醛交联壳聚糖胶黏剂的纤维板

与素板相比，在含有 3％胶黏剂纤维板的 XPS 总图谱中，C1 的面积进一步降低，C2 和 C3 的面积进一步升高，这都是因为戊二醛交联壳聚糖胶黏剂中 C2 和 C3 成分较多。与木纤维相比，由于热压造成了半纤维素降解，因此素板中 C4 的面积有所下降，然而，与素板相比，含有 3％胶黏剂的纤维板中 C4 面积却有所增加，而戊二醛交联壳聚糖胶黏剂中是没有 C4 组分的，因此，C4 的增多是因为木纤维与戊二醛交联壳聚糖胶黏剂之间新生成了酰胺键，这也与 FTIR 分析结果相一致。

7.2.3.3　基于戊二醛交联壳聚糖胶黏剂纤维板的 XRD 分析

图 7-8 是木纤维、素板与含有 3% 戊二醛交联壳聚糖胶黏剂纤维板的 XRD 图和相对结晶度。如图所示，木纤维、素板和含有 3% 戊二醛交联壳聚糖胶黏剂纤维板的 XRD 图谱中都在 $2\theta = 16.5°$ 和 $22.6°$ 处出现了两个峰，说明木纤维、素板和含有 3% 戊二醛交联壳聚糖胶黏剂的纤维板都是典型的纤维素 I 型晶型结构。因此，热压和添加戊二醛交联壳聚糖胶黏剂没有改变纤维素的晶型结构。然而，木纤维、素板和含有 3% 戊二醛交联壳聚糖胶黏剂的纤维板相对结晶度却互不相同。与木纤维相比，素板的相对结晶度有所增加，这是因为在热压作用下，木纤维之间的缝隙大大减小，从而增加了纤维素羟基之间产生的氢键数量，导致了相对结晶度的提高，这有助于素板的自胶合成型。另外，半纤维素、木质素和抽提物的降解会造成纤维素相对含量的增加，这也会造成相对结晶度的提高。

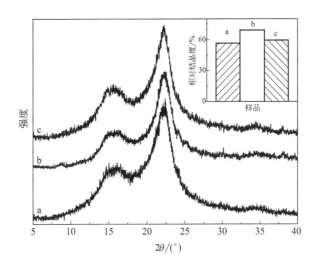

图 7-8　木纤维、素板和添加有 3% 戊二醛交联壳聚糖胶黏剂纤维板的 XRD 图谱和相对结晶度
a—木纤维；b—素板；c—含 3% 戊二醛交联壳聚糖胶黏剂的纤维板

与素板的相对结晶度变化趋势不同的是，含有 3% 戊二醛交联壳聚糖胶黏剂的纤维板相对结晶度却有轻微的下降。这是因为随着戊二醛交联壳聚糖胶黏剂的加入，戊二醛交联壳聚糖胶黏剂的氨基会与木纤维中的羟基形成氢键，从而减少了木纤维中羟基之间的氢键，进而降低了相对结晶度。此外，戊二醛交联壳聚糖胶黏剂的加入也会造成纤维素含量的相对降低，这也会导致相对结晶度的降低。

结合 FTIR 分析、XPS 分析、XRD 分析以及作者及其他研究人员的研究成果，可以大致总结出含有戊二醛交联壳聚糖胶黏剂纤维板的胶合机理。首先，在高压作用下木纤维被压缩得极为致密，木纤维之间的缝隙变得极小，使得木纤维的羟基、羧基之间产生了氢键；同时在高温高压作用下半纤维素、木质素和抽提物发生了降解，生成了一些小分子量有机物；在高温高压作用下，戊二醛交联壳聚糖胶黏剂的氨基与木纤维的羰基与羟基间也形成了酰胺键和氢键。这些氢键、小分子量有机物和酰胺键的共同作用导致了含有戊二醛交联壳聚糖胶黏剂纤维板的胶合成型。从以上分析结果可以看出，本节中从木纤维到素板之间的变化与7.1节基本一致，因此后续内容将不再重复分析从纯木纤维到素板之间的变化，着重讨论素板与含有不同种类胶黏剂纤维板之间的异同。

7.3 壳聚糖共混木质素胶黏剂基无醛纤维板的成型技术

在6.3节中，成功地采用壳聚糖共混木质素磺酸钠合成了一种壳聚糖/木质素胶黏剂，分析了该胶黏剂的合成机制与化学结构，并利用该胶黏剂压制了纤维板，研究了壳聚糖与木质素磺酸钠的质量比对纤维板力学及尺寸稳定性能的影响，得到了最佳的壳聚糖/木质素胶黏剂的合成参数。

胶黏剂添加量是影响纤维板质量的一项主要因素，在6.3节中并未优化壳聚糖/木质素胶黏剂的添加量。因此，在本小节中，以木纤维为基体材料，以壳聚糖与木质素磺酸钠的质量比为3∶1的壳聚糖/木质素胶黏剂为黏结材料，采用平板高温热压的方法压制纤维板；以纤维板的力学性能及尺寸稳定性能为指标，优化壳聚糖/木质素胶黏剂的添加量，分析壳聚糖/木质素胶黏剂添加量对纤维板性能的影响；通过FTIR、XPS以及XRD等现代仪器分析技术对纤维板的化学特性及纤维素的晶型结构进行分析表征，探索基于壳聚糖/木质素胶黏剂制备的纤维板的成型机理。

7.3.1 试验材料与方法

7.3.1.1 试验材料

试验材料同6.3.1.1。

7.3.1.2 胶黏剂与纤维板制备

壳聚糖与木质素磺酸钠的质量比为3∶1的壳聚糖/木质素胶黏剂的合成步骤如下：首先分别称量3g壳聚糖粉末和1g木质素磺酸钠粉末，将称量好的壳聚糖粉末与木质素磺酸钠粉末放在一烧杯中混合均匀，然后加入 76.87g 蒸馏水，快速搅拌使木质素磺酸钠完全溶解而壳聚糖粉末均匀分散在木质素磺酸钠的溶液中；然后将 2g 冰醋酸倒入一含有 19.96g 蒸馏水的烧杯中，配制成冰醋酸溶液；最后将配制好的冰醋酸溶液倒入盛有壳聚糖和木质素磺酸钠溶液的烧杯中，快速搅拌直至壳聚糖完全溶解，形成均一的棕褐色黏稠液体，得到的液体即为壳聚糖与木质素磺酸钠质量比为 3∶1 的壳聚糖/木质素胶黏剂。以上所有操作均在室温下进行。

纤维板的制备步骤如下：采用传统的平板热压法制备纤维板。首先将木纤维放入高速混料机 (SHR-10A，张家港市通沙塑料机械有限公司)，之后迅速将壳聚糖/木质素胶黏剂倒入木纤维中，高速混合搅拌 (750r/min)5min。取出混合均匀的木纤维与胶黏剂的混合体系，放置于室内调质一段时间。之后再将其手工铺装成 250mm×250mm 的正方形板坯，再将板坯放于预压机 (50t 试验预压机：功率 3kW，哈尔滨东大人造板机械制造有限公司) 中进行预压 (1MPa，1min)。最后将预压后的板坯取出放入热压机 (100t 试验预压机：功率 18kW，哈尔滨东大人造板机械制造有限公司) 中进行热压，经过前期预实验，采用如图 6-3 所示的热压曲线，热压温度为 170℃。纤维板中胶黏剂的添加量分别为 0、2%、3%、4%、5% 和 6%，其中，胶黏剂添加量为 0 的是对照组，由于本小节中的实验是和 6.3 节中的实验在同一批次下进行的，因此，本小节中的对照组即为 6.3 节中的对照组。

7.3.1.3 测试与表征

木纤维与纤维板的测试与表征方法同 7.1.1.3。

7.3.2 壳聚糖共混木质素胶黏剂基无醛纤维板的工艺探索

壳聚糖/木质素胶黏剂添加量对纤维板力学及尺寸稳定性能的影响如图 7-9 所示。从图 7-9 中可以看出，纤维板的力学及尺寸稳定性随壳聚糖/木质素胶黏剂添加量的变化趋势可以分为两个阶段。在第一阶段 (对应于纤维板中壳聚糖/木质素胶黏剂的添加量为 2%～3%) 中，随着壳聚糖/胶黏剂添加量从 2% 上升到 3%，纤维板的内结合强度、弹性模量和静曲强度也分别从 1.96MPa、4164.3MPa 和 42.47MPa 上升到了 2.25MPa、4731.19MPa 和 45.82MPa，24h 吸水厚度膨胀率从 20.54% 下降到了 16.64%，说明纤维板的力学强度及尺寸稳定性能都有所提高，这意味着适量地提高纤维板中壳聚糖/木质素胶黏剂的含量可以全面改善纤维板的性能。

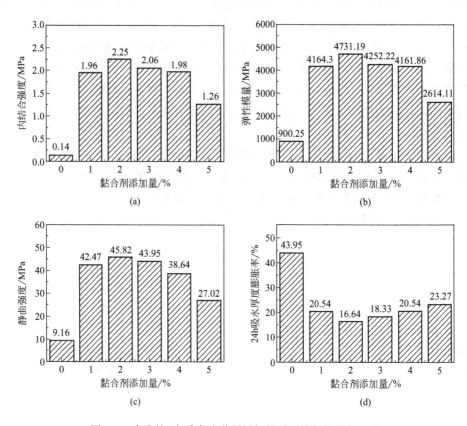

图 7-9　壳聚糖/木质素胶黏剂添加量对纤维板性能的影响

　　然而当进一步提高纤维板中壳聚糖/木质素胶黏剂的含量时，纤维板的性能却没有继续上升。从图 7-9 中可以看出，在第二阶段（对应于纤维板中壳聚糖/木质素胶黏剂的添加量为 3%～6%）中，当壳聚糖/木质素胶黏剂的添加量从 3% 进一步增加至 6% 时，纤维板的内结合强度、弹性模量和静曲强度却分别从 2.25MPa、4731.19MPa 和 45.82MPa 下降到了 1.26MPa、2614.11MPa 和 27.02MPa，24h 吸水厚度膨胀率也从 16.64% 上升到了 23.27%，说明纤维板的力学强度和尺寸稳定性能出现了不同程度的下降，意味着纤维板的性能不会随着壳聚糖/木质素胶黏剂添加量的提升而无限增强，而是在壳聚糖/木质素胶黏剂的添加量为 3% 时达到了极限。一般而言，纤维板的性能会随着胶黏剂含量的提升而增强，然而本次试验中，当壳聚糖/木质素胶黏剂的添加量超过 3% 时，纤维板的性能却随着壳聚糖/木质素胶黏剂含量的提升而出现了下降，这是因为，在向木纤维中加入壳聚糖/木质素胶黏剂时，随着加入胶黏剂量的增加，胶黏剂中的水分也在增加，即随着木纤维/胶黏剂混合体系中胶黏剂含量的升高，木纤维/胶黏剂混合体系中水分的含量也在升高，而过多的水分却不利于将木纤维和壳聚糖/木质素胶黏剂混合均匀，容易造成纤维结团，从而导致纤维板性能的下降。因此，当纤维板中壳聚糖/木质素胶黏剂的含量超过3％时，进一步提高胶黏剂含量反而会造成纤维板质量的下降。

综合来看，当纤维板中壳聚糖/木质素胶黏剂的添加量为3％时，纤维板的性能达到最佳，此时纤维板的内结合强度、弹性模量、静曲强度和24h吸水厚度膨胀率分别为2.25MPa、4731.19MPa、45.82MPa和16.64％，四项指标都达到了国家标准（GB/T 11718—2009《中密度纤维板》）中关于干燥状态下使用的普通型中密度纤维板（MDF-GP REG）的规定（内结合强度≥0.6MPa，弹性模量≥2600MPa，静曲强度≥26.0MPa，24h吸水厚度膨胀率≤35.0％）。与7.1节中添加有4％酸化壳聚糖胶黏剂的纤维板相比，本小节中壳聚糖/木质素胶黏剂添加量为3％的纤维板性能更优，虽然尺寸稳定性能稍差一些，但是，本小节中纤维板内壳聚糖的含量却低于4％。因此，在本小节中，成功地开发出了一种壳聚糖用量更少、成本降低、性能更强的纤维板产品。

7.3.3　壳聚糖共混木质素胶黏剂基无醛纤维板的成型机理

7.3.3.1　基于壳聚糖/木质素胶黏剂纤维板的FTIR分析

素板和壳聚糖/木质素胶黏剂添加量为3％的纤维板FTIR图谱如图7-10所示。由于纤维板中胶黏剂含量很低，因此素板与添加有4％酸化壳聚糖胶黏剂纤维板的FTIR图谱极为相似，很难看清楚其中的差别，所以将整个FTIR图谱分段作图，以便更清楚的观察。从图7-10中可以看出，对照组纤维板中对应于羟基的峰在3332cm⁻¹处，而在壳聚糖/木质素胶黏剂添加量为3％的纤维板中，对应于羟基的特征峰却位于3344cm⁻¹处，即在添加壳聚糖/木质素胶黏剂后，纤维板的FTIR图谱中对应于羟基的特征峰发生了蓝移，说明在添加壳聚糖/木质素胶黏剂后纤维板内的氢键数量有所增多，这是因为壳聚糖的氨基与羟基、木质素磺酸钠的羟基和木纤维的羟基之间容易形成氢键。从图7-10中可以看出，与对照组纤维板相比，壳聚糖/木质素胶黏剂添加量为3％的纤维板FTIR图谱中位于1655cm⁻¹和1596cm⁻¹两处的峰强度有所增强，这两处对应的分别是酰胺键的特征峰和C＝O键、酰胺键和木质素中C＝C键的重合峰，因此，这两处峰强度的变化说明壳聚糖/木质素胶黏剂添加量为3％的纤维板中新生成了酰胺键，这是因为壳聚糖的氨基与木纤维羰基之间在热压条件下发生了反应。因此，从FTIR图谱中可以看出，在热压过程中，壳聚糖/木质素胶黏剂和木纤维之间主要生成了酰胺键和氢键。

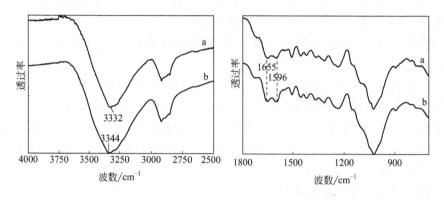

图 7-10　素板和添加有 3％壳聚糖/木质素胶黏剂的纤维板 FTIR 图谱

a—素板；b—含 3％壳聚糖/木质素胶黏剂的纤维板

7.3.3.2　基于壳聚糖/木质素胶黏剂纤维板的 XPS 分析

对照组纤维板和壳聚糖/木质素胶黏剂添加量为 3％的纤维板 XPS 总图、C1s 高分辨率图以及解析结果分别如图 7-11 和表 7-3 所示。从图 7-11 中可以看出，相比于未添加胶黏剂的纤维板，在添加了 3％壳聚糖/木质素胶黏剂纤维板的 XPS 总图中出现了 N 的峰，这是因为壳聚糖中含有大量 N 元素的缘故。然而在壳聚糖/木质素胶黏剂添加量为 3％的纤维板 XPS 总图谱中却并未看到木质素磺酸钠中含有的 S 和 Na 等元素的峰，这可能是因为纤维板中木质素磺酸钠含量太低，以至于未能被检测到的原因。相比于未添加胶黏剂的纤维板，添加有 3％壳聚糖/木质素胶黏剂的纤维板氧碳比稍有增加，这是因为壳聚糖/木质素胶黏剂中氧含量较高的缘故。

从图 7-11 和表 7-3 中可以看出，相比于未添加胶黏剂的纤维板，在添加有 3％壳聚糖/木质素胶黏剂纤维板的 XPS 图谱中，C1 峰的面积有所降低，这是因为虽然木质素磺酸钠中 C1 成分所占的比例很高，壳聚糖中 C1 成分所占的比例却比较低，然而在壳聚糖/木质素胶黏剂中，木质素磺酸钠所占的比例较低，因此所添加的壳聚糖/木质素胶黏剂中 C1 成分所占的比例较低，从而导致了在添加有 3％壳聚糖/木质素胶黏剂纤维板的 XPS 图谱中 C1 峰面积的降低。然而相比于未添加胶黏剂的纤维板，在添加有 3％壳聚糖/木质素胶黏剂纤维板的 XPS 图谱中，C2 峰的面积却有所增加，原因与 C1 峰基本相同。C3 峰的面积基本保持不变，这可能是因为壳聚糖/木质素胶黏剂中 C3 成分所占比例太低，同时纤维板中 C3 成分含量也很低，以致在未添加胶黏剂的纤维板和添加有 3％壳聚糖/木质素胶黏剂的纤维板中基本看不出来差异。然而，与 C3 的变化不同的

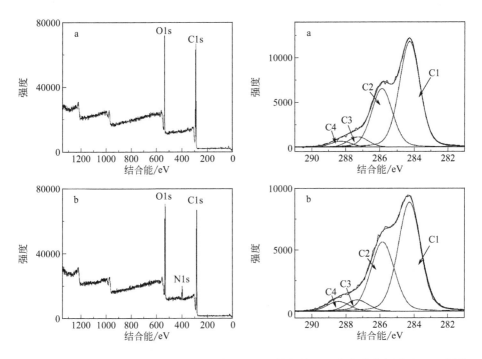

图 7-11 素板和添加有 3% 壳聚糖/木质素胶黏剂纤维板的 C1s 高分辨率图谱及 XPS 图谱
a—素板；b—含 3% 壳聚糖/木质素胶黏剂的纤维板

是，相比于未添加胶黏剂的纤维板，在添加有 3% 壳聚糖/木质素胶黏剂纤维板的 XPS 图谱中，C4 峰的面积却大大增加，说明木纤维和壳聚糖/木质素之间生成了酰胺键，这与 FTIR 分析结果相一致，说明木纤维和壳聚糖/木质素胶黏剂之间的黏合方式与酸化壳聚糖胶黏剂、戊二醛交联壳聚糖胶黏剂相同，都是依靠木纤维与壳聚糖之间生成的酰胺键连接。

表 7-3 素板和添加有 3% 壳聚糖/木质素胶黏剂纤维板的 XPS 表面分析结果

样品	元素/%			碳成分 C1s/%				结合能/eV				氧碳比
	C	O	N	C1	C2	C3	C4	C1	C2	C3	C4	
a	75.2	24.8	0	59.1	32.7	5.2	3.0	284.3	285.8	287.2	288.4	0.33
b	70.7	24.7	4.6	54.8	35.5	5.2	4.5	284.3	285.8	287.3	288.4	0.35

注：a 为素板，b 为含 3% 壳聚糖/木质素胶黏剂的纤维板。

7.3.3.3 基于壳聚糖/木质素胶黏剂纤维板的 XRD 分析

图 7-12 是未添加胶黏剂的纤维板和添加有 3% 壳聚糖/木质素胶黏剂纤维板

的 XRD 图谱。从图中可以看出，在未添加胶黏剂纤维板的 XRD 图谱和添加有
3％壳聚糖/木质素胶黏剂纤维板的 XRD 图谱中位于 $2\theta=16.5°$ 和 $22.6°$ 处都观察
到了衍射峰，说明未添加胶黏剂的纤维板和添加有 3％壳聚糖/木质素胶黏剂的
纤维板都是典型的纤维素 I 型晶型结构，即在纤维板中添加壳聚糖/木质素胶
黏剂不会改变纤维板中纤维素的晶型结构。虽然如此，但在纤维板中添加壳聚
糖/木质素胶黏剂却会改变纤维板的相对结晶度。未添加胶黏剂纤维板的相对结
晶度为 69.12％，而添加有 3％壳聚糖/木质素胶黏剂纤维板的相对结晶度却为
67.43％，比未添加胶黏剂的纤维板稍有降低，这是因为添加的壳聚糖/木质素胶
黏剂和木纤维中结晶纤维素的羟基发生反应生成了氢键，这导致了纤维素本身之
间的氢键减少，从而造成相对结晶度有所降低。另一个原因是加入的壳聚糖/木
质素胶黏剂造成纤维板中结晶纤维素本身所占的比例下降，这也导致了相对结晶
度的轻微降低。

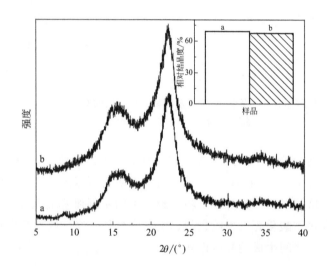

图 7-12　素板和添加有 3％壳聚糖/木质素胶
黏剂纤维板的 XRD 图和相对结晶度
a—素板；b—含 3％壳聚糖/木质素胶黏剂的纤维板

　　结合 FTIR 分析结果、XPS 分析结果以及 XRD 分析结果来看，在添加有壳
聚糖/木质素胶黏剂纤维板的热压成型过程中，壳聚糖/木质素胶黏剂与木纤维之
间也发生了反应，生成了酰胺键和氢键。此外，结合 7.1 和 7.2 节的结果可以看
出，在热压过程中，木纤维受热分解产生了小分子量有机物，同时木纤维各组分
之间也产生了氢键。这些酰胺键、氢键以及木纤维受热分解产生的小分子量有机
物的共同作用使得纤维板在高温热压过后能够胶合成型。

7.4 戊二醛交联壳聚糖共混木质素胶黏剂基无醛纤维板的成型技术

在 6.4 节中，成功地采用戊二醛交联壳聚糖共混木质素磺酸钠体系合成了一种戊二醛交联壳聚糖/木质素胶黏剂，分析了该胶黏剂的合成机制与化学结构，并利用该胶黏剂压制了纤维板，研究了戊二醛与壳聚糖的质量比、木质素磺酸钠与壳聚糖的质量比以及二者的交互作用对纤维板力学及尺寸稳定性能的影响，得到了最佳的戊二醛交联壳聚糖/木质素胶黏剂的合成参数。

在 6.4 节成功合成戊二醛交联壳聚糖/木质素胶黏剂的基础上，本小节以木纤维为基体材料，以戊二醛与壳聚糖质量比为 0.5，木质素磺酸钠与壳聚糖的质量比为 1∶2 的戊二醛交联壳聚糖/木质素胶黏剂为黏结材料，采用平板高温热压的方法压制纤维板；以纤维板的力学性能及尺寸稳定性能为指标，优化戊二醛交联壳聚糖/木质素胶黏剂的添加量，分析戊二醛交联壳聚糖/木质素胶黏剂添加量对纤维板性能的影响；通过 FTIR、XPS 以及 XRD 等现代仪器分析技术对纤维板的化学特性及纤维素的晶型结构进行分析表征，探索基于戊二醛交联壳聚糖/木质素胶黏剂制备的纤维板的成型机理。

7.4.1 试验材料与方法

7.4.1.1 试验材料

试验材料同 6.4.1.1。

7.4.1.2 胶黏剂与纤维板制备

戊二醛与壳聚糖质量比为 0.5，木质素磺酸钠与壳聚糖的质量比为 1∶2 的戊二醛交联壳聚糖/木质素胶黏剂的合成步骤如下：首先分别称量 2g 壳聚糖粉末和 1g 木质素磺酸钠粉末，将称量好的壳聚糖粉末与木质素磺酸钠粉末放在一烧杯中混合均匀，然后加入适量蒸馏水，快速搅拌使木质素磺酸钠完全溶解而壳聚糖粉末均匀分散在木质素磺酸钠的溶液中；然后将 1.33g 冰醋酸倒入一含有适量蒸馏水的烧杯中，配制成冰醋酸溶液；最后将配制好的冰醋酸溶液倒入盛有壳聚糖和木质素磺酸钠溶液的烧杯中，快速搅拌直至壳聚糖完全溶解，形成均一的棕褐色黏稠液体，得到的液体即为戊二醛交联壳聚糖/木质素胶黏剂的主剂。与此同时，配制含有 1g 戊二醛的戊二醛溶液，作为戊二醛交联壳聚糖/木质素胶黏剂的交联固化剂。以上所有操作均在室温下进行。

纤维板的制备步骤如下：采用传统的平板热压法制备纤维板。首先将木纤维放入高速混料机（SHR-10A，张家港市通沙塑料机械有限公司），与此同时，将戊二醛交联壳聚糖/木质素胶黏剂的主剂与交联固化剂迅速混合在一起，立即搅拌至二者混合均匀，之后快速将戊二醛交联壳聚糖/木质素胶黏剂倒入木纤维中，高速混合搅拌（750r/min）5min。取出混合均匀的木纤维与胶黏剂的混合体系，将其手工铺装成 250mm×250mm 的正方形板坯，再将板坯放于预压机（50t 试验预压机：功率 3kW，哈尔滨东大人造板机械制造有限公司）中进行预压（1MPa，1min）。最后将预压后的板坯取出放入热压机（100t 试验预压机：功率 18kW，哈尔滨东大人造板机械制造有限公司）中进行热压，经过前期预实验，采用如图 6-3 所示的热压曲线，热压温度为 170℃。纤维板中胶黏剂的添加量分别为 0、2%、3%、4%、5% 和 6%，板坯含水率为 60%。

7.4.1.3　测试与表征

木纤维与纤维板的测试与表征方法同 7.1.1.3。

7.4.2　戊二醛交联壳聚糖共混木质素胶黏剂基无醛纤维板的工艺探索

不同戊二醛交联壳聚糖/木质素胶黏剂对纤维板力学及尺寸稳定性的影响如图 7-13 所示。从图中可以看出，当纤维板中戊二醛交联壳聚糖/木质素胶黏剂的添加量在 2%～6% 范围内时，纤维板的力学性能和尺寸稳定性能变化幅度都不大，但仍然有一些差别。

和其他三种基于壳聚糖的胶黏剂一样，本小节中纤维板的性能随着戊二醛交联壳聚糖/木质素胶黏剂添加量的变化趋势也可以分成两个阶段。对于内结合强度来说，第一阶段对应的是戊二醛交联壳聚糖/木质素胶黏剂的添加量在 2%～5% 范围内，在此范围内时，纤维板的内结合强度随着胶黏剂添加量的增加而增加；对于弹性模量、静曲强度和 24h 吸水厚度膨胀率来说，第一阶段对应的戊二醛交联壳聚糖/木质素胶黏剂的添加量范围为 2%～4%，在此阶段内，纤维板的弹性模量和静曲强度随着胶黏剂添加量的增加而增加，24h 吸水厚度膨胀率随着胶黏剂添加量的增加而降低，说明纤维板的尺寸稳定性随着胶黏剂添加量的增加而变强。在第一阶段中，纤维板的力学性能与尺寸稳定性能都随着纤维板中胶黏剂添加量的增加而变强，说明适度的增加戊二醛交联壳聚糖/木质素胶黏剂的添加量有利于纤维板的性能。

对于内结合强度来说，第二阶段对应的是纤维板中戊二醛交联壳聚糖/木质

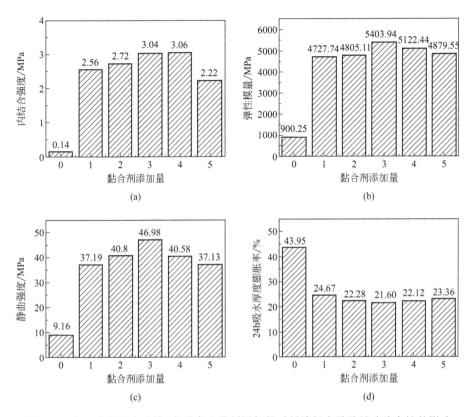

图 7-13   戊二醛交联壳聚糖/木质素胶黏剂添加量对纤维板力学及尺寸稳定性的影响

素胶黏剂添加量在 5%～6%范围内，而对于弹性模量、静曲强度和 24h 吸水厚度膨胀率来说，第二阶段对应的纤维板中戊二醛交联壳聚糖/木质素胶黏剂添加量的范围则是 4%～6%。在第二阶段中，纤维板的内结合强度、弹性模量和静曲强度随着胶黏剂添加量的上升而下降，24h 吸水厚度膨胀率随着胶黏剂添加量的上升而上升，说明在第二阶段中，纤维板的力学强度与尺寸稳定性能会随着胶黏剂添加量的增加而下降。戊二醛交联壳聚糖/木质素胶黏剂的主剂壳聚糖/木质素磺酸钠共混体系是一种黏稠的棕褐色溶液，它的黏度随着体系中壳聚糖浓度的增加而升高，而高黏度的壳聚糖/木质素磺酸钠共混体系并不利于胶黏剂与木纤维混合均匀，因此，壳聚糖/木质素磺酸钠共混体系中壳聚糖浓度适当低一些，水分适当多一些会有利于胶黏剂与木纤维混合均匀。戊二醛交联壳聚糖/木质素胶黏剂的固化速度很快，在将胶黏剂与木纤维混合均匀后需要立即进行后续的热压步骤以避免戊二醛交联壳聚糖/木质素胶黏剂提前固化，然而在热压时板坯中含水率过高会导致热压失败，因此，适当低的板坯含水率有利于纤维板的热压成型。然而，胶黏剂与木纤维的均匀混合却要求板坯中的含水率适当地高些，这就与纤维板热压成型的低含水率要求形成了矛盾,经过前期试验发现板坯含水率最高为60%,再高则会造成热压时纤维板出现裂纹,因此,本实验中,板坯的含水率固定为60%。在本实验中,胶黏剂的添加量分别为2%、3%、4%、5%和6%,即胶黏剂中固含量与绝干木纤维质量的比值依次为2%、3%、4%、5%和6%。板坯中的水分基本上来自胶黏剂中的水分,因此,当板坯的含水率固定,即胶黏剂中的水分含量一定时,若想增加板坯中胶黏剂的含量,只能在不增加胶黏剂中水分的情况下增加胶黏剂的固含量。而当胶黏剂中固含量过高时,戊二醛交联壳聚糖/木质素胶黏剂中壳聚糖的浓度也很高,从而导致胶黏剂黏度偏高,不利于胶黏剂与纤维板混合均匀。同时,胶黏剂中戊二醛浓度也会很高,可能会导致胶黏剂的提前固化。非均匀混合的木纤维-胶黏剂体系与提前固化的胶黏剂都会对纤维板的性能造成不利影响,因此,当纤维板中胶黏剂的添加量过高时,随着胶黏剂添加量的进一步增加,纤维板的力学强度与尺寸稳定性反而会出现下降。

综上所述,最适合的戊二醛交联壳聚糖/木质素胶黏剂添加量为4%,此时纤维板的内结合强度、弹性模量、静曲强度和24h吸水厚度膨胀率分别为3.04MPa、5403.94MPa、46.98MPa和21.60%,与对照组相比有着显著的提升,并且满足国家标准(GB/T 11718—2009《中密度纤维板》)中关于干燥状态下使用的普通型中密度纤维板(MDF-GP REG)的规定(内结合强度≥0.6MPa,弹性模量≥2600MPa,静曲强度≥26.0MPa,24h吸水厚度膨胀率≤35.0%)。与7.1、7.2和7.3节的结果相比,本小节的胶黏剂中壳聚糖成分进一步降低,但纤维板的性能却不降反升,成功地实现了环保型纤维板成本的降低和性能的提高。

7.4.3 戊二醛交联壳聚糖共混木质素胶黏剂基无醛纤维板的成型机理

7.4.3.1 基于戊二醛交联壳聚糖/木质素胶黏剂纤维板的FTIR分析

图7-14是戊二醛交联壳聚糖/木质素胶黏剂添加量为4%的纤维板和素板的FTIR图谱。由于纤维板中胶黏剂含量很低,因此素板与添加有4%酸化壳聚糖胶黏剂的纤维板的FTIR图谱极为相似,很难看清楚其中的差别,所以将整个FTIR图谱分段作图,以便更清楚地观察。从图中可以看出,在素板的FTIR图谱中,位于$3333cm^{-1}$处的峰对应的是羟基的特征峰,位于$1649cm^{-1}$处的峰对应的是酰胺键的特征峰,位于$1590cm^{-1}$处的峰对应的是C═O键、酰胺键和木质素中C═C键的重叠峰;与素板的FTIR图谱相比,在戊二醛交联壳聚糖/木

质素胶黏剂添加量为4%纤维板的FTIR图谱中，对应于羟基的特征峰发生了蓝移，即移向了高波数（3348cm^{-1}）处，说明戊二醛交联壳聚糖/木质素胶黏剂添加量为4%的纤维板中氢键的数量变多，这是因为添加的戊二醛交联壳聚糖/木质素胶黏剂的羟基、氨基与木纤维的羟基之间在热压过程中生成了氢键。此外，与素板的FTIR图谱相比，在戊二醛交联壳聚糖/木质素胶黏剂添加量为4%纤维板的FTIR图谱中位于1649cm^{-1}和1590cm^{-1}这两处峰的强度都有所增强，说明戊二醛交联壳聚糖/木质素胶黏剂添加量为4%的纤维板中酰胺键的数目有所增多，这是因为戊二醛交联壳聚糖/木质素胶黏剂的氨基与木纤维的羧基在热压过程中生成了酰胺键。因此，可以看出戊二醛交联壳聚糖/木质素胶黏剂与木纤维之间主要生成了氢键和酰胺键。

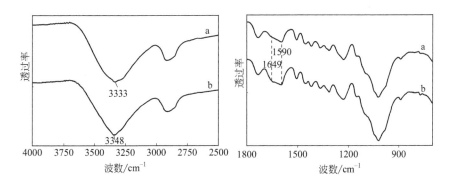

图 7-14　素板和添加有4%戊二醛交联壳聚糖/木质素胶黏剂纤维板的FTIR图谱
a—素板；b—添加有4%戊二醛交联壳聚糖/木质素胶黏剂的纤维板

7.4.3.2　基于戊二醛交联壳聚糖/木质素胶黏剂纤维板的 XPS 分析

图 7-15 和表 7-4 分别是素板和添加有4%戊二醛交联壳聚糖/木质素胶黏剂的纤维板的 XPS 总图谱、C1s 高分辨率图谱以及解析结果。与未添加胶黏剂的纤维板相比，添加有4%戊二醛交联壳聚糖/木质素胶黏剂的纤维板中新出现了N元素，这是因为戊二醛交联壳聚糖/木质素胶黏剂中N元素含量丰富的缘故。同时，其氧碳比有所增加，这是因为戊二醛交联壳聚糖/木质素胶黏剂中壳聚糖成分的氧碳比高的缘故。然而，戊二醛交联壳聚糖/木质素胶黏剂中的木质素磺酸钠成分中含有S和Na等元素，在添加有4%戊二醛交联壳聚糖/木质素胶黏剂纤维板的 XPS 总图谱中却并未发现，这可能是因为纤维板中胶黏剂含量太低，并且胶黏剂中木质素磺酸钠成分太少，同时木质素磺酸钠中S和Na元素含量也不多的原因。

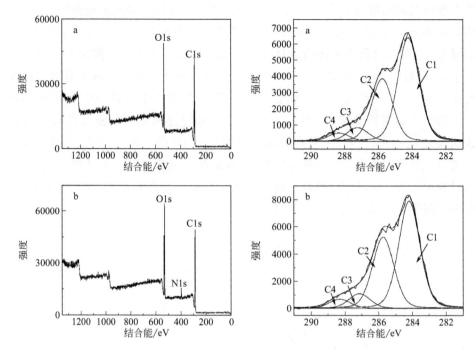

图 7-15　素板（a）和添加有 4％戊二醛交联壳聚糖/木质素胶黏剂

纤维板的 C1s 高分辨率图谱及 XPS 图谱

a—素板；b—添加有 4％戊二醛交联壳聚糖/木质素胶黏剂的纤维板

表 7-4　素板和添加有 4％戊二醛交联壳聚糖/木质素胶黏剂纤维板的 XPS 表面分析结果

样品	元素/%			碳成分 C1s/%				结合能/eV				氧碳比
	C	O	N	C1	C2	C3	C4	C1	C2	C3	C4	
a	75.2	24.8	0	55.3	33.4	7.2	4	284.2	285.8	287.2	288.3	0.33
b	72.5	26.0	1.5	52.9	35.2	7.3	4.5	284.2	285.7	287.2	288.3	0.36

注：a 为素板，b 为添加有 4％戊二醛交联壳聚糖/木质素胶黏剂的纤维板。

从图 7-15 和表 7-4 中可以看出，与素板相比，添加有 4％戊二醛交联壳聚糖/木质素胶黏剂纤维板中 C1 成分有所减少，C2 成分有所增加，这是因为与素板相比，在戊二醛交联壳聚糖/木质素胶黏剂中 C1 成分含量相对较少而 C2 成分含量相对较多的缘故；与素板相比，添加有 4％戊二醛交联壳聚糖/木质素胶黏剂的纤维板中 C3 成分基本不变，这可能是因为在戊二醛交联壳聚糖/木质素胶黏剂中 C3 成分与素板中 C3 成分都比较低，以至于差异不明显的缘故。然而与 C3 成分不同的是，虽然在戊二醛交联壳聚糖/木质素胶黏剂中 C4 成分与素板中 C4 成分也都比较低，然而在添加有 4％戊二醛交联壳聚糖/木质素胶黏剂的纤维板中 C4 成分却明显高于素板，这是因为在热压过程中戊二醛交联壳聚糖/木质素胶黏剂与木纤维之间生成了酰胺键的缘故。上述分析结果与 FTIR 分析结果基本相一致。

7.4.3.3　基于戊二醛交联壳聚糖/木质素胶黏剂纤维板的 XRD 分析

　　图 7-16 是素板和添加有 4%戊二醛交联壳聚糖/木质素胶黏剂纤维板的 XRD 图和相对结晶度。从图中可以看出，在素板和添加有 4%戊二醛交联壳聚糖/木质素胶黏剂纤维板的 XRD 图谱中位于 $2\theta=16.5°$ 和 22.6°处都观察到了衍射峰，说明二者都属于典型的纤维素 I 型晶型结构，即在纤维板中添加戊二醛交联壳聚糖/木质素胶黏剂并未改变纤维板的晶型结构。但是，素板和添加有 4%戊二醛交联壳聚糖/木质素胶黏剂纤维板的相对结晶度却略有不同。素板的相对结晶度为 67.55%，而添加有 4%戊二醛交联壳聚糖/木质素胶黏剂纤维板的相对结晶度却有所降低，为 60.15%，这是因为戊二醛交联壳聚糖/木质素胶黏剂的加入导致纤维板中纤维素成分相对降低，同时加入的戊二醛交联壳聚糖/木质素胶黏剂会与纤维素的羟基间形成氢键，这会导致纤维素分子间的氢键减少，从而造成纤维板的相对结晶度有所降低。

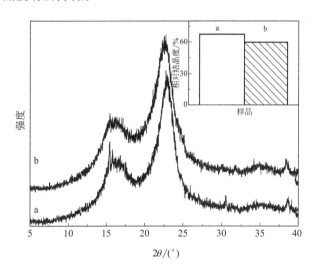

图 7-16　素板和添加有 4%戊二醛交联壳聚糖/木质素
胶黏剂纤维板的 XRD 图和相对结晶度

　　综合 FTIR 分析结果、XPS 分析结果、XRD 分析结果以及前文的研究结果，可以大致推断出基于戊二醛交联壳聚糖/木质素胶黏剂制备的纤维板的成板机理，即首先在高压条件下，木纤维之间结合得非常紧密，同时在高温的作用下，木纤维中的半纤维素、木质素和抽提物开始降解，生成一些小分子量有机物。因此，在高温高压作用下，结合得非常紧密的木纤维的纤维素、半纤维素、木质素和抽提物以及小分子量有机物之间会产生氢键。此外，木纤维和戊二醛交联壳聚糖/木质素胶黏剂之间也会产生酰胺键和氢键。以上因素都有利于基于戊二醛交联壳聚糖/木质素胶黏剂制备的纤维板的胶合成型。

从上述结果可以看出，基于戊二醛交联壳聚糖/木质素胶黏剂制备的纤维板的成板机理与基于酸化壳聚糖胶黏剂制备的纤维板的成板机理，基于戊二醛交联壳聚糖胶黏剂制备的纤维板的成板机理和基于壳聚糖/木质素胶黏剂制备的纤维板的成板机理基本一致，然而这几种胶黏剂的化学成分并不完全相同，说明还有部分的胶合机理与成板机理并未完全研究清楚，因此，未来还需要继续探索上述几种纤维板的成板机理。

本章以木纤维为基体材料，分别添加酸化壳聚糖胶黏剂、戊二醛交联壳聚糖胶黏剂、壳聚糖共混木质素胶黏剂和戊二醛交联壳聚糖共混木质素胶黏剂压制了纤维板，讨论了胶黏剂添加量对纤维板力学及尺寸稳定性能的影响，研究了纤维板的胶合成板机理。主要结论如下：

① 对于酸化壳聚糖胶黏剂，当酸化壳聚糖胶黏剂的添加量为4%时，纤维板的力学性能及尺寸稳定性能达到最佳，此时纤维板的内结合强度、弹性模量、静曲强度和24h吸水厚度膨胀率分别是1.21MPa、3631.10MPa、41.96MPa和12.73%。与素板相比，添加有4%酸化壳聚糖胶黏剂的纤维板力学及尺寸稳定性能都显著升高，并且满足国家标准（GB/T 11719—2009）中的相关规定。FTIR、XPS和XRD的分析结果表明在热压过程中木纤维和壳聚糖之间形成了氢键和酰胺键，这对纤维板的力学及尺寸稳定性贡献很大。

② 对于戊二醛交联壳聚糖胶黏剂，当戊二醛与壳聚糖的质量比为0.25的戊二醛交联壳聚糖胶黏剂添加量为3%时，纤维板的尺寸稳定性及力学性能最佳，此时纤维板的内结合强度、弹性模量、静曲强度和24h吸水厚度膨胀率分别为1.86MPa、3960.31MPa、39.78MPa和17.63%，都远优于国家标准中的相关规定。综合FTIR、XPS和XRD分析结果，可以发现戊二醛交联壳聚糖胶黏剂与木纤维之间在热压作用下形成了酰胺键和氢键，这对纤维板的胶合成型起着主要的作用；同时，在热压作用下由半纤维素、木质素和抽提物降解生成的小分子量有机物和木纤维之间的氢键结合也有利于纤维板的胶合成型。含有3%戊二醛交联壳聚糖胶黏剂纤维板的力学性能与添加了4%酸化壳聚糖胶黏剂的纤维板不相上下，虽然尺寸稳定性和静曲强度有所降低，但内结合强度和弹性模量都有所升高。

③ 对于壳聚糖共混木质素胶黏剂，当壳聚糖与木质素磺酸钠的质量比为3∶1的壳聚糖/木质素胶黏剂的添加量为3%时，纤维板的尺寸稳定性及力学性能最佳，此时纤维板的内结合强度、弹性模量、静曲强度和24h吸水厚度膨胀率分别为2.25MPa、4731.19MPa、45.82MPa和16.64%，都远优于国家标准中的相关规定。综合FTIR、XPS和XRD分析结果，可以发现壳聚糖/木质素胶黏

剂与木纤维之间在热压作用下形成了酰胺键和氢键，这对纤维板的胶合成型起着主要的作用；木纤维各组分之间的氢键和木纤维受热分解产生的小分子量有机物对纤维板的成型也有一定的积极作用。含有 3％壳聚糖/木质素胶黏剂纤维板的性能要全面优于添加了 3％戊二醛交联壳聚糖胶黏剂纤维板，虽然其尺寸稳定性略低于 7.1 节中含有 4％酸化壳聚糖胶黏剂纤维板，但内结合强度、弹性模量和静曲强度却远远超过 4％酸化壳聚糖胶黏剂纤维板，并且相对于来源于石油工业的戊二醛，木质素磺酸钠来源于造纸废液，是一种废弃的生物质资源，成本更低。

④ 对于戊二醛交联壳聚糖共混木质素胶黏剂，当戊二醛与壳聚糖的质量比为 0.5，木质素磺酸钠与壳聚糖的质量比为 1∶2 的戊二醛交联壳聚糖/木质素胶黏剂的添加量为 4％时，纤维板的尺寸稳定性及力学性能最佳，此时纤维板的内结合强度、弹性模量、静曲强度和 24h 吸水厚度膨胀率分别为 3.04MPa、5403.94MPa、46.98MPa 和 21.60％，远远优于国家标准中的相关规定。综合 FTIR、XPS 和 XRD 分析结果，可以发现在热压作用下，戊二醛交联壳聚糖/木质素胶黏剂与木纤维之间形成了酰胺键和氢键，对纤维板的成型起着主要的作用；木纤维各组分之间的氢键和木纤维受热分解产生的小分子量有机物对纤维板的成型也有一定的积极作用；同时胶黏剂与木纤维之间还可能发生了其他反应，需要进一步探索。虽然含有 4％戊二醛交联壳聚糖/木质素胶黏剂纤维板的尺寸稳定性能要低于添加了 4％酸化壳聚糖胶黏剂的纤维板、添加了 3％戊二醛交联壳聚糖胶黏剂的纤维板与含有 3％壳聚糖/木质素胶黏剂的纤维板，但其力学强度更强，其中内结合强度和弹性模量更是远远超过其他三种纤维板。同时，虽然 7.4 节纤维板中胶黏剂的添加量稍高于 7.2 和 7.3 节中的纤维板，但其胶黏剂中壳聚糖含量更低，因此纤维板中壳聚糖成分也更低，即纤维板成本更低。

参考文献

[1] Mima S, Miya M, Iwamoto R, et al. Highly deacetylated chitosan and its properties. Journal of Applied Polymer Science, 2010, 28 (6): 1909-1917.

[2] Cristescu C, Karlsson O. Changes in content of furfurals and phenols in Self-bonded laminated boards. Bioresources, 2013, 8 (3): 4056-4071.

[3] Okuda N, Hori K, Sato M. Chemical changes of kenaf core binderless boards during hot pressing (I): influence of the pressing temperature condition. Journal of Wood Science, 2006, 52 (3): 244-248.

[4] Essabir H, Bensalah M O, Rodrigue D, et al. Biocomposites based on Argan nut shell and a polymer matrix: Effect of filler content and coupling agent. Carbohydrate Polymers, 2016,

143: 70-83.

[5] Xia G, Sadanand V, Ashok B, et al. Preparation and properties of cellulose/waste leather buff biocomposites. International Journal of Polymer Analysis & Characterization, 2015, 20 (8): 693-703.

[6] Chen S H, Tsao C T, Chang C H, et al. Synthesis and characterization of reinforced poly (ethylene glycol) /chitosan hydrogel as wound dressing materials. Macromolecular Materials & Engineering, 2013, 298 (4): 429-438.

[7] Zhang D, Zhou W, Wei B, et al. Carboxyl-modified poly (vinyl alcohol) -crosslinked chitosan hydrogel films for potential wound dressing. Carbohydrate Polymers, 2015, 125: 189-199.

[8] Wang J, Wei L, Ma Y, et al. Collagen/cellulose hydrogel beads reconstituted from ionic liquid solution for Cu (Ⅱ) adsorption. Carbohydrate Polymers, 2013, 98 (1): 736.

[9] Hopper A P, Dugan J M, Gill A A, et al. Amine functionalized nanodiamond promotes cellular adhesion, proliferation and neurite outgrowth. Biomedical Materials, 2014, 9 (4): 045009.

[10] Rück-Braun K, Petersen M Å, Michalik F, et al. Formation of carboxy- and amide-terminated alkyl monolayers on Silicon (111) investigated by ATR-FTIR, XPS, and X-ray scattering: construction of photoswitchable surfaces. Langmuir the Acs Journal of Surfaces & Colloids, 2013, 29 (37): 11758-11769.

[11] Amaral I F, Granja P L, Barbosa M A. Chemical modification of chitosan by phosphorylation: an XPS, FT-IR and SEM study. Journal of Biomaterials Science Polymer Edition, 2005, 16 (12): 1575-1593.

[12] Ji X, Dong Y, Yuan B, et al. Influence of glutaraldehyde on the performance of a lignosulfonate/chitosan-based medium density fiberboard adhesive. Journal of Applied Polymer Science, 2018, 135 (7): 45870.